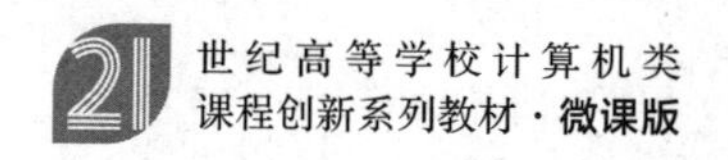

世纪高等学校计算机类
课程创新系列教材·**微课版**

Java语言与编程

微课视频版

赵逢禹 朱丽娟 / 主编
齐福利 李 锐 赵 欣 / 副主编

清華大學出版社
北京

内容简介

面向对象程序设计是当今程序设计的主流技术，Java语言作为经典的面向对象语言，受到程序设计人员的广泛欢迎。本书作为Java语言程序设计的教程，在详细介绍程序设计的基础知识后，着重讲解Java面向对象的编程思想，通过精选的实例与基于开发平台的代码调试与运行，使读者轻松掌握Java编程的核心技术。全书共15章，内容主要包括Java语言的基本组成元素、流程控制语句与算法设计、类与对象、数组与字符串的应用、类的继承与多态、抽象类/接口及泛型、异常处理、控制台输入/输出与文件操作、多线程编程、图形用户界面的开发与基于事件驱动的编程、集合类与数据库编程。

本书还详细介绍了集成开发环境IDEA、MySQL数据库系统以及数据库管理平台MySQL Workbench的下载、安装与使用。全书提供了大量的应用实例且都在IDEA平台上调试运行通过。每章的最后均附有习题。

本书适合作为高等学校计算机相关专业“Java程序设计”或“面向对象程序设计”课程的教材，也可作为Java技术的培训教材，对于广大Java技术爱好者亦是一本有价值的参考书。

图书在版编目(CIP)数据

Java语言与编程：微课视频版/赵逢禹，朱丽娟主编．—北京：清华大学出版社，2023.9(2024.8重印)
21世纪高等学校计算机类课程创新系列教材：微课版
ISBN 978-7-302-64241-1

Ⅰ．①J… Ⅱ．①赵… ②朱… Ⅲ．①JAVA语言－程序设计－高等学校－教材 Ⅳ．①TP312.8

中国国家版本馆CIP数据核字(2023)第136015号

责任编辑：黄 芝 李 燕
封面设计：刘 键
责任校对：胡伟民
责任印制：沈 露

出版发行：清华大学出版社
网 址：https://www.tup.com.cn，https://www.wqxuetang.com
地 址：北京清华大学学研大厦A座 **邮 编**：100084
社 总 机：010-83470000 **邮 购**：010-62786544
投稿与读者服务：010-62776969，c-service@tup.tsinghua.edu.cn
质量反馈：010-62772015，zhiliang@tup.tsinghua.edu.cn
课件下载：https://www.tup.com.cn，010-83470236
印 装 者：三河市人民印务有限公司
经 销：全国新华书店
开 本：185mm×260mm **印 张**：21.75 **字 数**：543千字
版 次：2023年9月第1版 **印 次**：2024年8月第3次印刷
印 数：3001～4500
定 价：69.80元

产品编号：100794-01

前言

Java 语言是一种纯面向对象的通用程序设计语言，具有跨平台性、可移植性、安全性等优点，该语言自从 1995 年诞生以来，已发布了近 20 个版本，语言的类库不断丰富，具有非常强劲的活力。

Java 语言基本涵盖了通用程序设计所有的技术，内容繁多，如 GUI 与事件驱动编程、多线程并发程序设计、异常处理、I/O 文件系统、数据库编程、网络编程等。为了使本书适合初学者学习，对各章节的内容进行了取舍，在介绍语言的组成与语法的同时，通过示例展示其应用与基本算法，而不是写成 Java 参考手册。本书针对 Java 的基本程序设计、面向对象的设计、GUI 编程、多线程、数据库编程等重要内容，精心挑选典型的案例，在案例程序中展示相关内容的使用方法，使读者在例子程序的编写、运行测试、错误修复中进行学习。

对于程序开发人员，熟练地掌握集成开发环境可以大幅提高程序的设计效率。本书采用 IDEA 集成开发平台，该平台也是当前 Java 程序开发人员广泛使用的平台。本书介绍了 IDEA 的下载与安装、Java 开发包的配置与使用、数据库驱动程序的下载与配置等内容。

本书共有 15 章。第 1 章介绍了 Java 语言的开发工具包、运行机制，给出了 IntelliJ IDEA 集成开发环境的下载与安装方法，通过第一个 Java 程序的创建、编辑与运行，介绍了 IDEA 的使用。第 2 章与第 3 章在介绍了 Java 程序的基本组成要素之后，给出了其主要语句，包括语句块、选择语句与循环语句，并通过示例展示它们的使用。第 4 章在简单介绍面向对象编程的基本概念后，详细讲解了 Java 语言类的定义、对象创建、方法重载与访问修饰符等内容。第 5 章与第 6 章讲解了数组的定义，以及数组作为最常用的数据结构在数据存放与算法设计中的典型应用，并介绍正则表达式及编程中常用的 Java 类。第 7 章与第 8 章讲解了面向对象编程中的继承与多态、抽象类、接口与泛型类，这部分是对第 4 章内容的延伸。第 9 章介绍了异常类、异常对象与异常处理，以及 Java 异常处理机制是如何提高程序的稳健性的。第 10 章介绍了 Java 的输入/输出操作，讲解了字符流与字节流的应用。第 11 章讲解了多线程技术，通过许多典型的案例使读者深刻理解多线程编程。第 12 章与第 13 章讲解了 GUI 设计与基于事件驱动的编程，介绍了常用的 GUI 组件、容器、事件监听与处理方法。第 14 章讲解了集合框架与常用的工具类，通过简单示例展示这些工具类的适用场景。第 15 章首先通过简单的示例介绍了数据库的表与 SQL 语句的使用，使没有学习过数据库的读者也能学习 Java 数据库编程；然后通过详细的步骤介绍了 MySQL 数据库的下载与安装方法，并通过图示说明了数据库管理平台 MySQL Workbench 的简单应用；最后通过示例展示了 Java 数据库编程技术。

在学习 Java 语言之前，如果读者有其他编程语言的基础，可以快速阅读第 2 章、第 3 章与第 5 章的内容，重点学习面向对象编程的相关技术。

本书第1章由赵欣编写，第2、3、10、11、15章由赵逢禹编写，第4、7、9章由朱丽娟编写，第5、12、13章由李锐编写，第6、8、14章由齐福利编写。全书由赵逢禹和朱丽娟担任主编，完成全书的修改及统稿工作。

由于编者水平有限，书中不当之处在所难免，欢迎广大同行和读者批评指正。

编　者

2023年6月

目 录

第1章 Java语言与集成开发环境

Java 是一种简单、安全、跨平台、可移植的面向对象的程序设计语言。本章将简单介绍 Java 语言的特点、集成开发环境、运行机制以及如何编译运行等内容，让读者对 Java 语言有完整的了解，进而能够高效地学习，达到完全掌握 Java 语言的目的。

1.1 Java 语言

Java 是一门高级的面向对象的程序设计语言，其跨平台的特性，使 Java 程序可以在任何操作系统的计算机上以及支持 Java 的硬件设备上运行。Java 语言自诞生以来，在全球范围内受到广大程序员的欢迎，在 TIOBE 编程语言排行榜上，长期名列前茅。在全球云计算和移动互联网产业的带动下，Java 语言拥有更广阔的应用前景。

1.1.1 什么是 Java

1991 年，在 Sun 公司工作的詹姆斯・高斯林受命组织团队开发一个叫 Oak 的项目，其目标是开发一种小型的编程语言来解决诸如电视机、电话、闹钟、烤面包机等家用电器的程序控制和通信问题，但由于这些智能化家电的市场需求没有预期的高，Sun 公司放弃了该项计划。就在 Oak 几近失败之时，詹姆斯・高斯林等人决定将该技术应用于互联网，将该语言改造为网络编程语言，这个语言就是 Java 语言的雏形。随着互联网的发展，Sun 公司看到了 Oak 在互联网上应用的前景，于是改造了 Oak，并于 1995 年 5 月以 Java 的名称正式发布。Java 随着互联网技术的应用得到了快速发展，逐渐成为重要的网络编程语言。

Java 语言的风格十分接近于 C++语言，它继承了 C++语言面向对象技术的核心，舍弃了容易引起错误的指针；移除了 C++语言中的运算符重载和多重继承特性；增加了垃圾自动回收机制。在 Java SE 1.5 版本中引入了泛型编程、类型安全的枚举、不定长参数和自动装拆箱特性。Sun 公司对 Java 语言的解释是："Java 编程语言具有简单性、面向对象、分布式、稳健性、安全性、平台独立性、可移植性、多线程和动态性的特点"。

Java 不同于一般的编译语言或解释型语言。它首先将源代码编译成字节码，再依赖各种不同平台上的虚拟机来解释执行字节码，从而具有"一次编写，到处运行"的跨平台特性。用 Java 语言编写的程序，可以运行在任何平台和设备上，如 IBM 个人计算机、MAC 计算机、各种微处理器硬件平台，以及 Windows、UNIX、OS/2、macOS 等操作系统平台，真正实现跨平台可移植。在早期虚拟机中，这种基于虚拟机的运行机制在一定程度上降低了 Java

程序的运行效率。但在 J2SE 1.4.2 发布后，Java 的运行速度有了大幅提升。

1996 年是 Java 语言里程碑的一年，在这一年，Sun 公司发布了 Java 开发工具包 JDK 1.0，Java 语言有了第一个正式版本的运行环境。JDK 1.0 版本包括 Java 虚拟机、网页应用小程序 Applet、用户界面组件 AWT(抽象窗口工具包)。通过用户界面组件可以开发窗口应用程序。

1998 年对 Java 语言来说又是一个里程碑。Sun 公司正式发布了 Java 1.2 版本，该版本又称为 J2SE，它是面向桌面应用的开发语言。除此以外，Sun 公司还发布了面向企业级开发的 J2EE 和面向手机等移动终端开发的 J2ME。

在此以后，Sun 公司不断地对 Java 语言进行更新与升级，先后推出了 Java 1.3、Java 1.4、Java 1.5。为了表示 Java 1.5 版本的重要性，Java 1.5 版后来改称为 Java 5。2009 年，Sun 公司被 Oracle 公司收购，Java 也随之成为 Oracle 公司的产品，Java 7 以后的版本都由 Oracle 公司负责维护与升级。

1.1.2 Java 语言的特点

Java 语言之所以能成为世界上应用最为广泛的编程语言，是因为它有比较突出的特点，其中主要的特点如下。

1. 跨平台性

许多编程语言编写的程序都与其运行平台有一定的关联，如在使用 C 语言编写程序时，需要针对不同的操作系统，如 Windows、Linux、macOS 等开发出相应的应用程序，也就是说这些语言与平台是密切关联的。

Java 语言的一个显著特点就是跨平台性。跨平台性是指用 Java 语言编写的程序在编译后不用经过任何更改，就能在任何硬件设备与系统上运行。这个特性经常被称为“一次编译，到处运行”，如 Java 语言写的程序可以在 Windows 系统、Linux 系统、macOS 系统上运行。实现跨平台性的方法是 Java 编译器首先把 Java 语言编写的程序编译成字节码文件，Java 虚拟机(Java Virtual Machine，JVM)负责读取并翻译成当前所处硬件平台的机器指令，然后把机器指令交给 CPU 执行。图 1-1 给出了 Java 程序从编写、编译到运行的示意图，从中可以看出 Java 跨平台的原理。

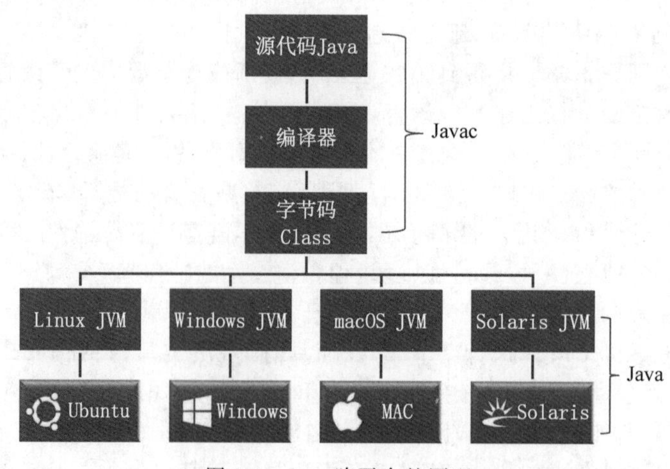

图 1-1　Java 跨平台的原理

2. 面向对象

面向对象是一种符合人类思维习惯的编程思想。现实生活中存在各种形态不同的事物,这些事物之间存在着各种各样的联系。在程序中使用对象来映射现实中的事物,使用对象的关系来描述事物之间的联系,对象间的方法调用反映事物间的相互作用,这种思想就是面向对象的思维。在Java语言中,程序是由对象组成的,程序的功能是由对象间的信息传递与功能调用实现的。

3. 简单性

Java语言是一种相当简单的"面向对象"程序设计语言。Java语言省略了C++语言中许多难以理解、容易混淆的特性,例如头文件、指针、结构、单元、运算符重载、虚拟基础类等。Java提供了丰富的类库和API文档,以及第三方开发工具包及大量的基于Java的开源项目,帮助程序设计人员参考学习使用。JDK就是开放的源代码之一,读者可以通过分析项目的源代码来提高自己的编程水平。

4. 安全性

Java提供了一个自定义的可以在里面运行Java程序的"沙盒",运行Java类时先用加载器载入,并经由字节码校验器校验之后才可以运行。Java类在网络上使用时,对它的访问权限进行了设置,保证了被访问用户的安全性。Java编译时要对代码进行语法检查,保证每个变量对应一个相应合适的值,Java中没有指针,保证了Java程序访问的可靠性。

5. 多线程性

Java语言支持多线程。多线程就是把一个Java程序的任务分解成多个子任务,每个子任务用一个线程完成。在多CPU的计算机上,可以为每个线程分配CPU并独立运行,因而多个线程是实时并行运行的。而对于单CPU的计算机系统,Java虚拟机为每个线程分配CPU时间片,每个线程在分配的时间片内执行代码。由于轮流分配使用CPU的时间片时间较短,用户感觉到多个任务同时在执行,因而,多线程处理能力使得程序能够具有更好的交互性、实时性。

1.2 Java开发工具包JDK

观看视频

1.2.1 什么是JDK

JDK是Java Development Kit的简称,也就是Java开发工具包。JDK是整个Java的核心,它包括Java运行环境(Java Runtime Environment,JRE)、Java工具(如编译工具javac、运行工具java、反编译器javap等)。

JRE是运行Java程序的核心软件。从图1-1可以看出,不同的操作系统下运行Java程序需要不同的JRE软件。JRE中包含了Java虚拟机、Java运行时类库和Java应用程序启动器,这些是运行Java程序的必要组件。与JDK不同,JRE是Java运行环境,它只提供了Java应用程序运行时所需要的支撑。

1.2.2 下载与安装JDK

1. 进入下载页

在浏览器中输入网址https://www.oracle.com/technetwork/java/javase/downloads,

进入如图 1-2 所示的页面，根据操作系统选择不同的 JDK 包。下面以 Windows 系统为例，选择 x64 MSI Installer 对应的下载地址。

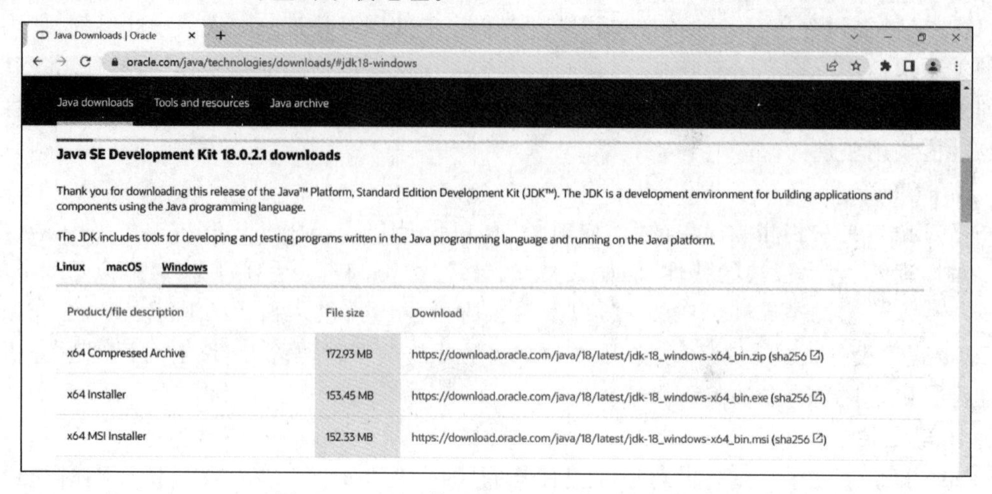

图 1-2　JDK18 的 Windows 系统版本安装包

2. 安装 JDK

双击图 1-2 中的 x64 MSI Installer 安装文件的 Download 链接地址，弹出如图 1-3 所示的安装向导，单击“下一步”按钮。

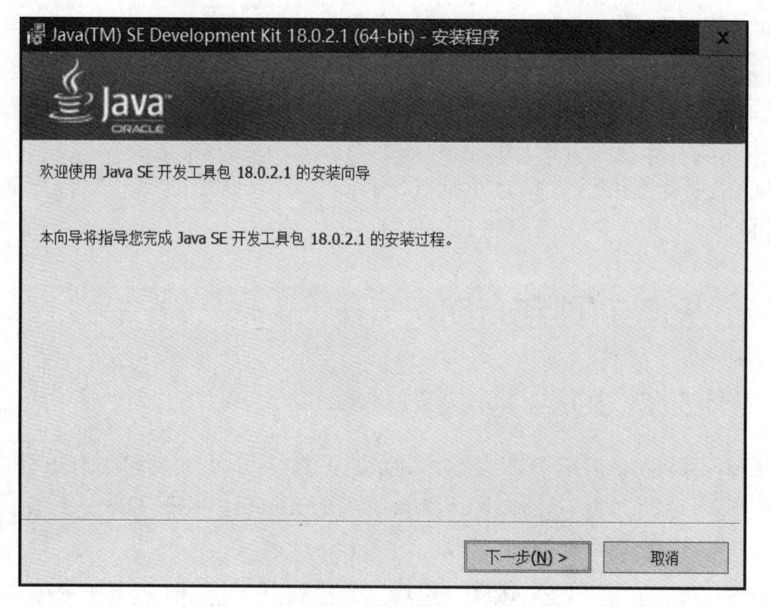

图 1-3　安装向导

3. 选择安装目录

建议使用图 1-4 中显示的默认安装路径，单击“下一步”按钮。安装程序进入下载与安装进度页面。

4. 安装成功

当安装完成时，会提示已成功安装，见图 1-5。

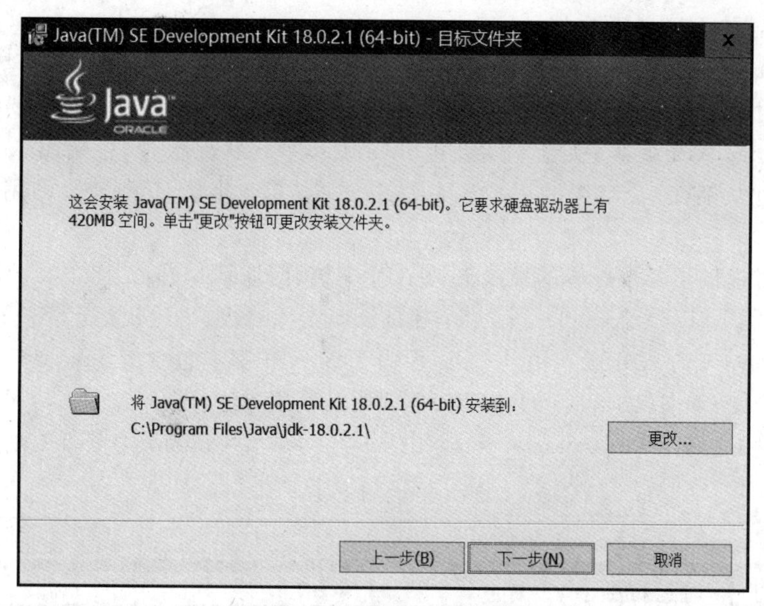

图 1-4　选择默认安装路径

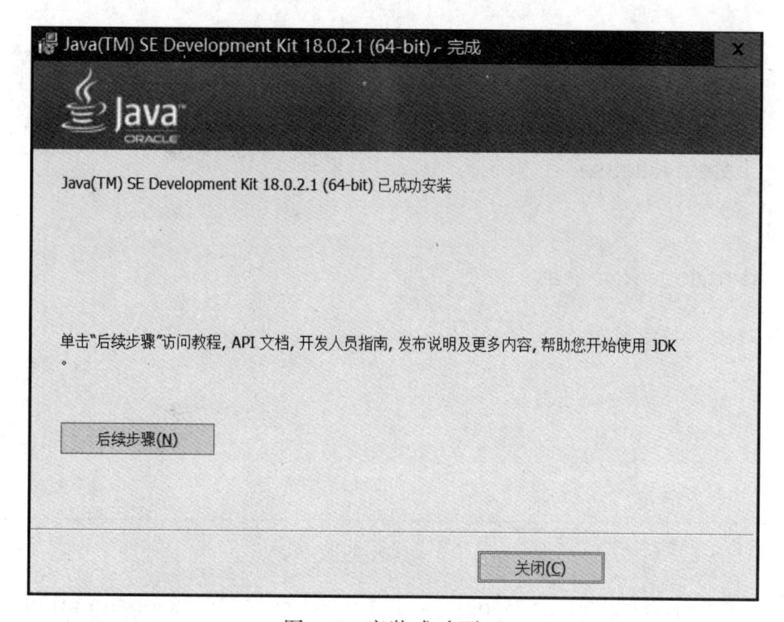

图 1-5　安装成功页面

1.2.3　Java API 文档资源与使用

1. 什么是 Java API 文档

Java 在标准库中有几千个类，每一个类又有很多方法和变量，开发者要想记住这些类、方法与变量以及它们的使用是很困难的。Java API（Application Programming Interface，应用程序接口）文档详细说明了 Java 中类和方法的功能，开发者通过查看 Java API 文档就能够知道它们的使用方法。除了可以把 Java API 文档下载到本地查看外，Java 官方还为 Java SE 提供了 Web 版 Java API 在线文档，Java 初学者可以通过网站在线访问。

2. 在线查看 Java API 文档

Java API 是 Java 语言的重要组成部分。Java 开发过程中，我们经常需要查看 Java API 文档。在使用之前，先要查看自己使用的是什么 Java 版本，查询 Java API 时要根据 Java 版本找对应的 Java API 版本手册。《2022 年 Java 生态系统状况报告》中指出 Java 版本更新到 Java 18，2020 年有 84.48%的用户还在用 Java 8，2022 年仍有近 50%的用户选择使用 Java 8。

Java 官方提供了各个版本的在线 Java API 文档，网址是 https://docs.oracle.com/en/java/javase/。因 Java 8、Java 11、Java 17 都是长期支持的版本，比较稳定，建议选择这三个版本。虽然 Java 8 的 API 版本稍早一点，但由于该 API 基本包含了 Java 语言的所有核心特征且操作方便，本书以 Java 8 的 API 为例介绍其使用方法。

打开官网 https://docs.oracle.com/en/java/javase/，可以看到如图 1-6 所示的 JDK 版本，选择 JDK 8。

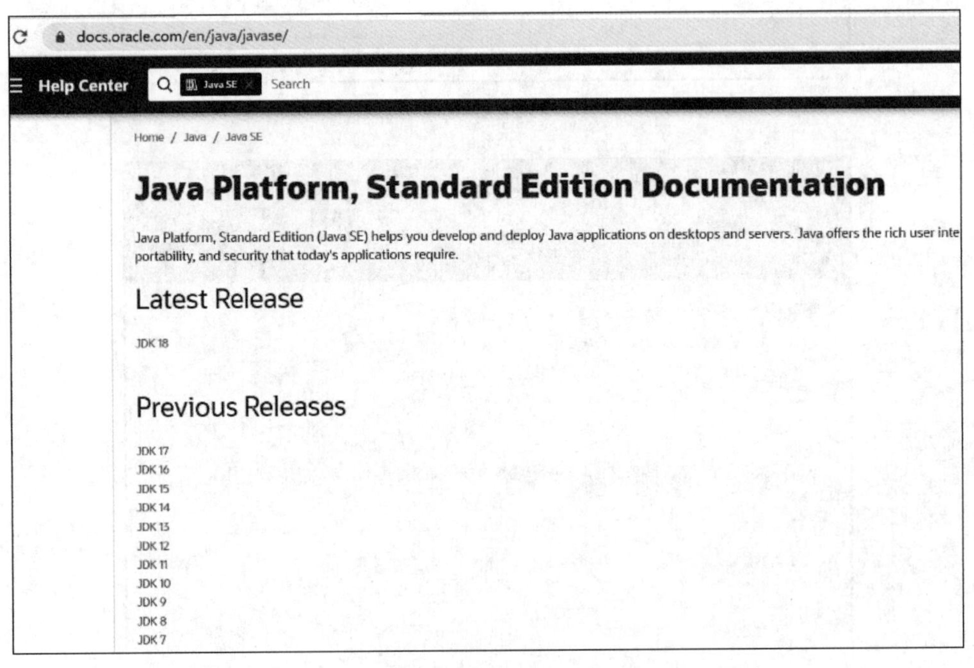

图 1-6　JDK 的版本

选择图 1-7 中方框圈出的 All Books 标签页，然后选择 API Documention 选项，进入如图 1-8 所示的 Java API 页面。

图 1-8 给出了 Java API 文档的显示查询页面，该页面的左边为导航栏，右边为内容框。导航栏的上半部是包含了所有 Java 包的下拉列表框，下半部是每个 Java 包中的接口与类的下拉列表框。如果想查找 java.lang 包中的 System 类，需要在包下拉列表框中单击 java.lang，然后在接口与类的下拉列表框中选择 System，这时 System 类的相关定义与规范会显示在页面的内容框中。

另外，用户还可以直接用类的名字查找类的定义与使用说明。按下 Ctrl+F 键，页面会弹出一个查询输入框，输入需要查询的类名，即可查找出类的相关定义与规范。

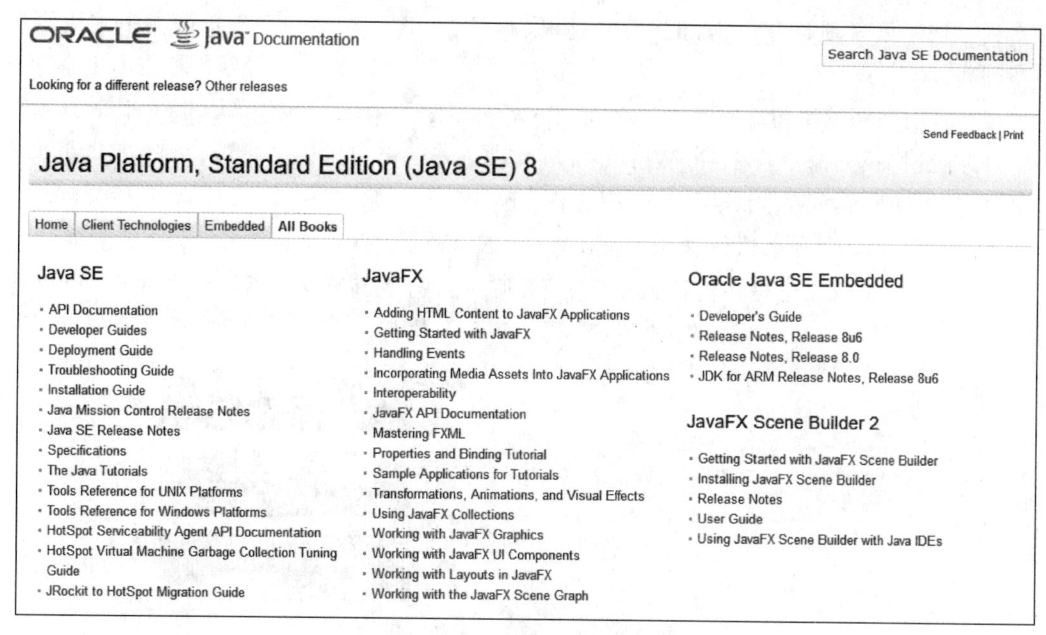

图 1-7 JDK 8 版本

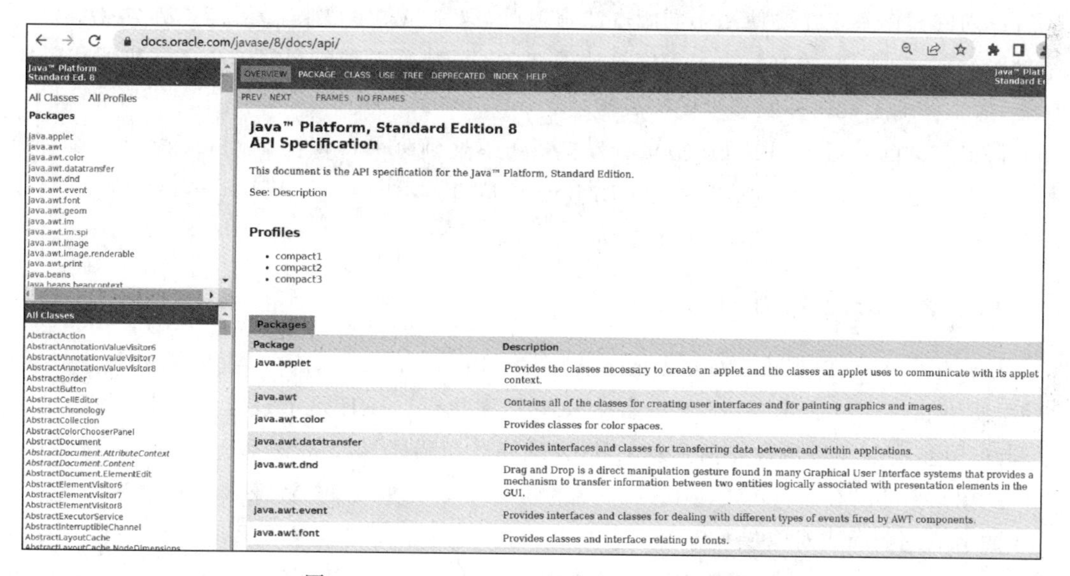

图 1-8 JDK 8 Java API 文档的在线查询页面

1.3 Java 的运行机制与 JVM

观看视频

1.3.1 Java 的运行机制

Java 程序运行是在 Java 虚拟机 JVM 中进行的。用户首先使用文本编辑器录入 Java 源程序(扩展名为.java),再利用 JDK 提供的编译器 javac.exe 将源程序编译成字节码文件,生成的字节码文件的扩展名为.class,最后利用 JDK 提供的虚拟机解释器 java.exe 解释执行这个字节码文件。

为了便于读者理解Java程序运行的过程，下面结合图1-9举一个简单的例子来描述具体步骤。

（1）利用文档编辑器编写一个名为HelloWorld.Java的Java文件。

（2）使用javac命令对HelloWorld.Java文件进行编译。编译通过后，会自动生成一个与类同名的HelloWorld.class的字节码文件。

（3）使用java命令来执行这个HelloWorld.class的字节码文件，这个字节码文件是平台无关的，也就是说无论是在何种操作系统下，编译后的字节码文件都是一样的，都可以在Java虚拟机上运行。Java虚拟机完成字节码的解释与执行。

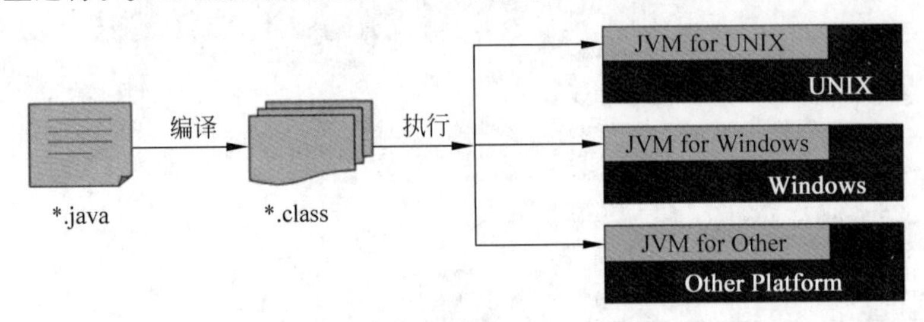

图1-9 Java程序运行的过程

不同的操作系统需要使用不同版本的虚拟机，这种方式使得Java语言具有“一次编写，到处运行”的特性，有效地解决了程序设计语言在不同操作系统编译时产生不同机器代码的问题，大大降低了程序开发和维护的成本。

需要注意的是，Java程序通过Java虚拟机可以达到跨平台特性，但Java虚拟机并不是跨平台的。也就是说，不同操作系统上的Java虚拟机是不同的，即Windows平台上的Java虚拟机不能运行在Linux平台上，反之亦然。

1.3.2 JRE与JVM

JRE包含Java虚拟机JVM及Java程序运行时需要的Java核心类库。在执行Java程序时，使用java.exe加载JVM，然后启动Java程序执行。JRE是Java运行环境，并不是一个开发环境，所以没有包含任何开发工具(如编译器和调试器)。

从图1-9可以看出，JVM在Java程序的执行中至关重要，它就像翻译官，把一个Java程序的字节码翻译成对应操作系统可执行的机器代码并提交给操作系统执行。由于Java程序中会使用各种Java类与接口，JVM在对字节码的翻译过程中，需要访问Java核心类库，因而JRE中还包含了Java核心类库。JRE自带的核心类库是JRE\lib\rt.jar文件。

1.3.3 JDK、JRE、JVM三者的联系与区别

JDK包含了Java的运行环境(即JRE)和Java工具。JRE包含了一个Java虚拟机以及一些标准的类库。总体来说，JDK、JRE、JVM三者都处在一个包含关系内，JDK包含JRE，而JRE又包含JVM。JDK包含了JRE和开发工具集。JRE包含了JVM和Java的核心类库。

1.4　IntelliJ IDEA 开发工具

使用通用的文档编辑器编写程序速度慢且不易排错，编写好的程序在 DOS 窗口中使用 javac 编译程序编译生成字节码文件，然后使用 java 运行编译后的字节码文件，这种方式的编程效率很低。为了提高程序的开发效率，许多公司提供了集成开发环境（Integrated Development Environment，IDE）。目前，Java 开发人员使用最多的 IDE 是 Eclipse 和 IntelliJ IDEA。本书中示例程序的输入、调试与运行都使用 IntelliJ IDEA。

观看视频

IntelliJ IDEA 是一款综合的 Java 编程环境，是 JetBrains 公司推出的一个集成开发工具。它提供了一系列最实用的工具组合，支持 Java EE、Ant、JUnit、SVN 和 Git 集成，能够对 JavaScript、Java、AJAX、JQuery 等代码进行调试。它把 Java 开发人员从一些耗时的常规工作中解放出来，显著地提高了开发效率。IntelliJ IDEA 提供了免费的社区版与付费的旗舰版。作为 Java 编程初学者，下载免费的社区版即可。IDEA 安装及配置步骤如下。

1. 下载与安装、初步配置

在浏览器中输入 IDEA 的官方下载地址：https://www.jetbrains.com/idea/download/#section=windows，进入如图 1-10 所示的 IDEA 官网的主页面，Ultimate 为旗舰版，Community 为社区版。单击 Community 下的 exe 下拉箭头，可以选择下载 zip 文件还是 exe 文件。

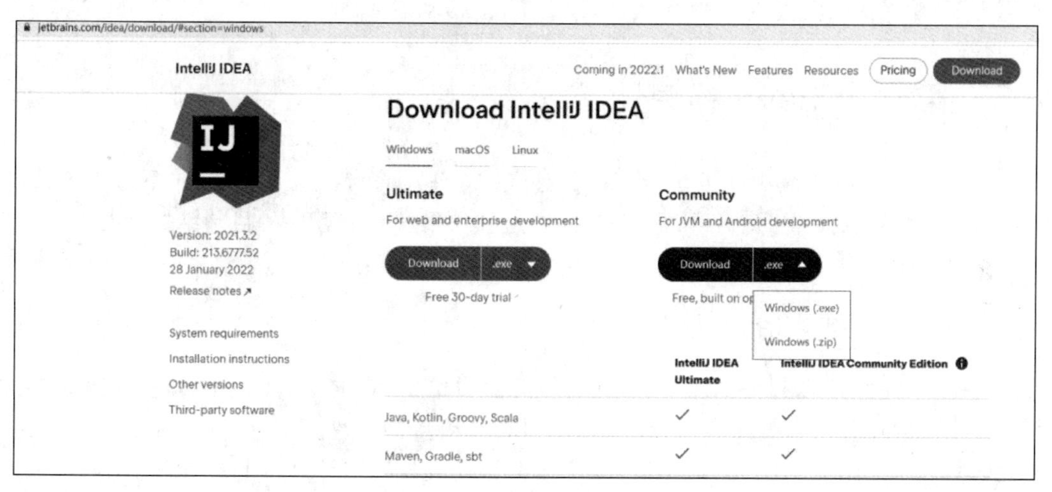

图 1-10　IDEA 官网的主页面（英文版）

如果选择 Windows(.zip)，则下载 Java 解压版本，下载完成后可以将其复制到非中文目录中，然后直接解压该文件。假如下载的是可执行程序 Windows(.exe)，则直接启动可执行程序，然后按照提示一步一步安装即可。

2. IDEA 工具启动

在 idea 根目录下，单击进入 bin 目录找到 idea.bat 或者 idea64.exe 文件，然后直接双击进行启动，IDEA 工具的启动欢迎页面如图 1-11 所示。

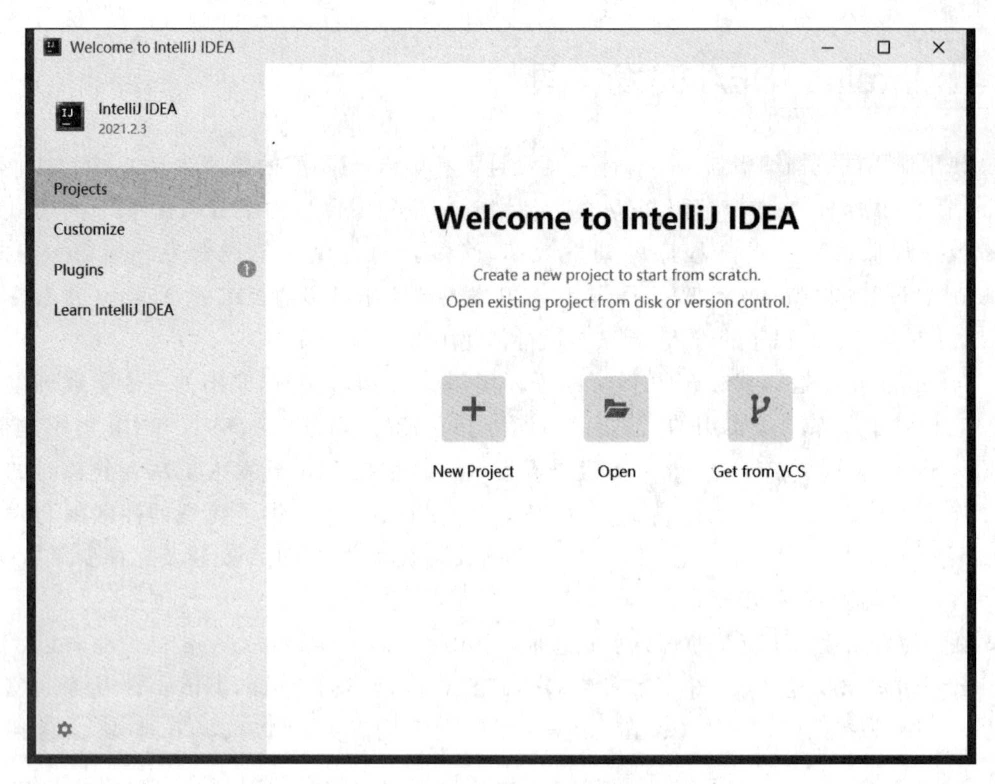

图 1-11　IDEA 工具的启动欢迎页面

1.5　第一个 Java 程序

一个复杂的 Java 应用项目在 IDEA 中对应一个 Project，在这个 Project 下可以创建若干包，每一个包中有一组 Java 程序。IDEA 的这种项目—包—程序的目录结构，便于对大量的 Java 代码进行管理。

1.5.1　创建 Java 项目

启动 IntelliJ IDEA，在如图 1-11 所示的页面中单击 New Project 图标，进入如图 1-12 所示的项目创建对话框页面。选中左侧的 Java，在项目的软件开发包 Project SDK 中需要设置该项目所使用的 JDK 版本。这里 IDEA 会自动查找用户计算机上的 Java JDK，如果计算机上存在多个版本的 JDK，会以列表的形式出现在下拉框中，如图 1-13 所示，SDK 会自动关联计算机上安装的 JDK 的版本，从中选一个即可。

Additional Libraries and Frameworks 选项不需要选择任何框架。单击 Next 按钮进入如图 1-14 所示的选择创建模板页面，这里暂时不作选择，直接单击 Next 按钮，进入如图 1-15 所示的项目名与位置设置页面，在该页面中输入项目的名称与项目的存放路径。

在图 1-15 中，将 Project name（项目名）设置为 Sales，Project location 为项目路径，显示的是默认路径设置。如果不想把项目路径设置在 C：盘上的默认路径下，可以修改路径。在修改路径时，如果输入的路径根本不存在，IDEA 会显示如图 1-16 所示的页面，提示文件夹不存在，单击 Create 按钮则会由 IDEA 创建新路径。

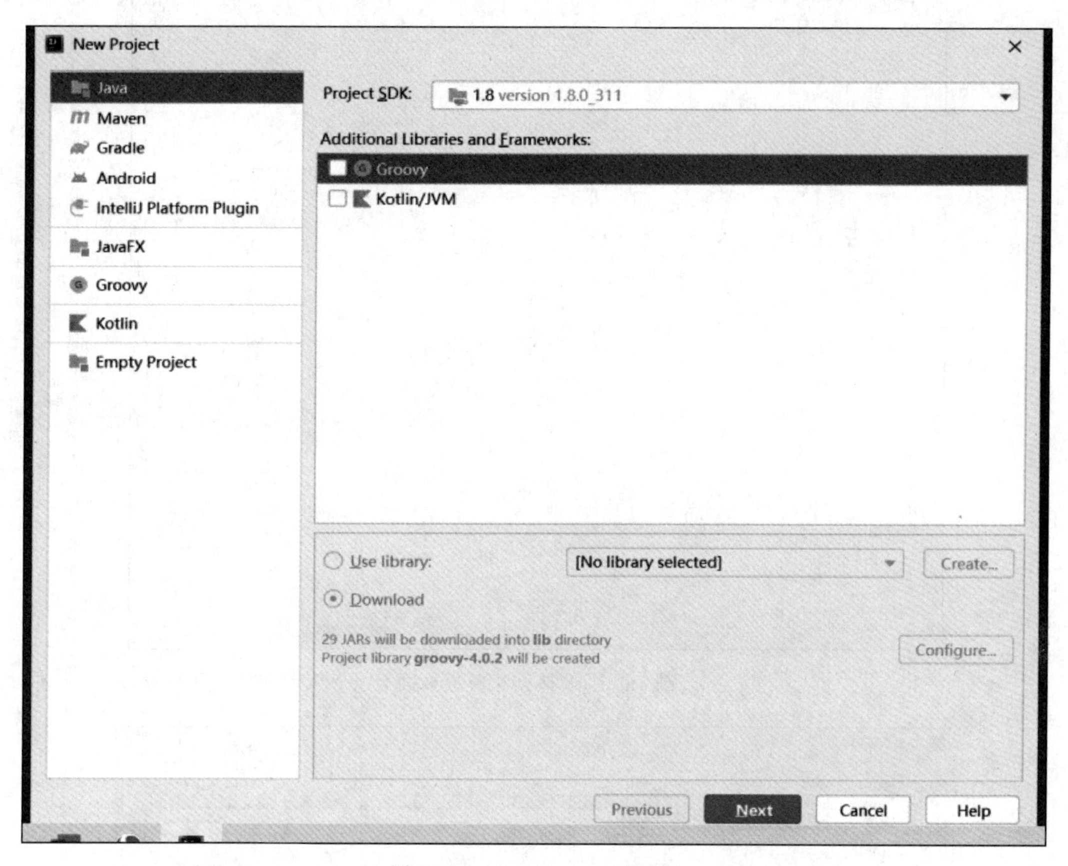

图 1-12　New Project 对话框

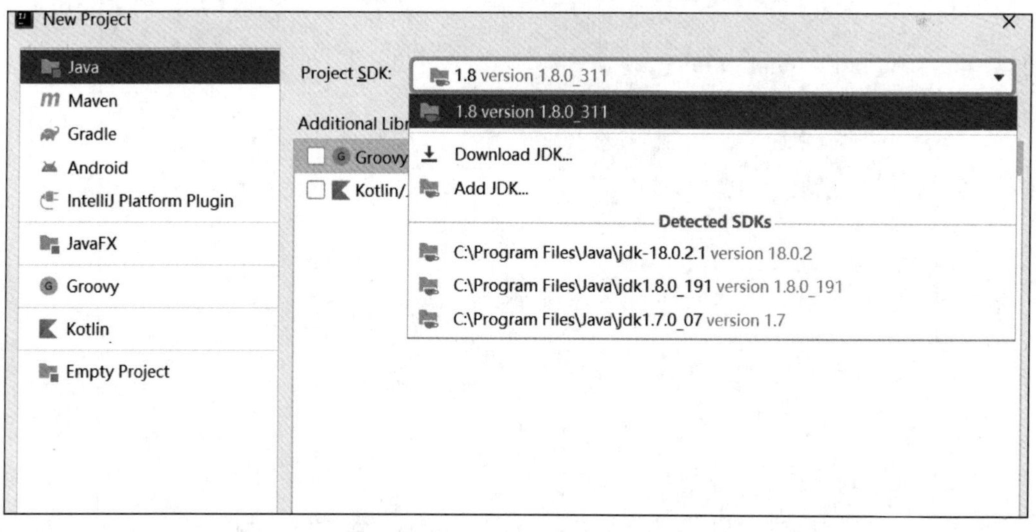

图 1-13　JDK 版本选择页面

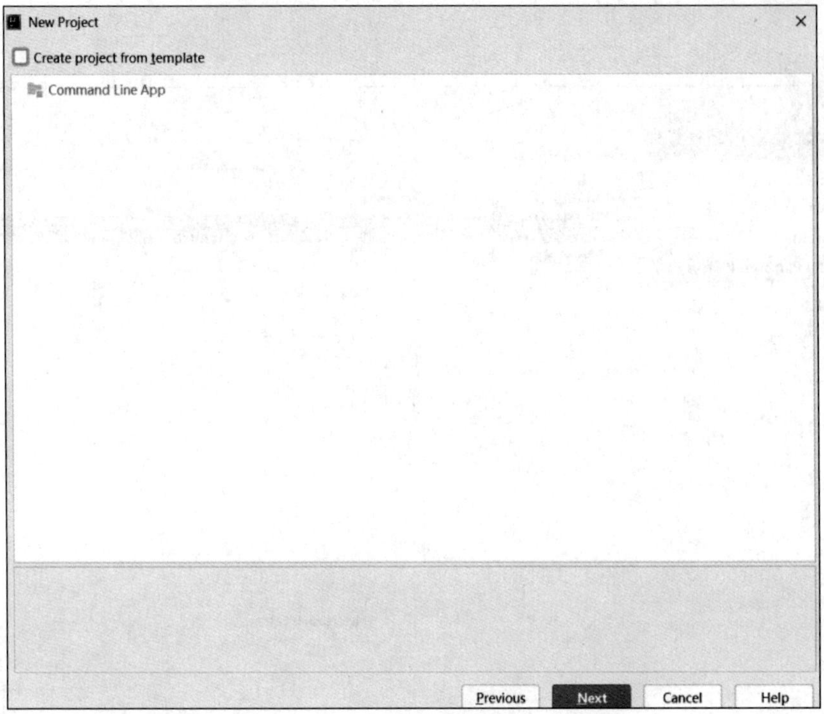

New Project
Create project from template
Command Line App
Previous
Next
Cancel
Help

图 1-14　选择创建模板页面

New Project
Project name:
Sales
Project location:
C:\Users\86180\IdeaProjects\Sales
More Settings
Previous
Finish
Cancel
Help

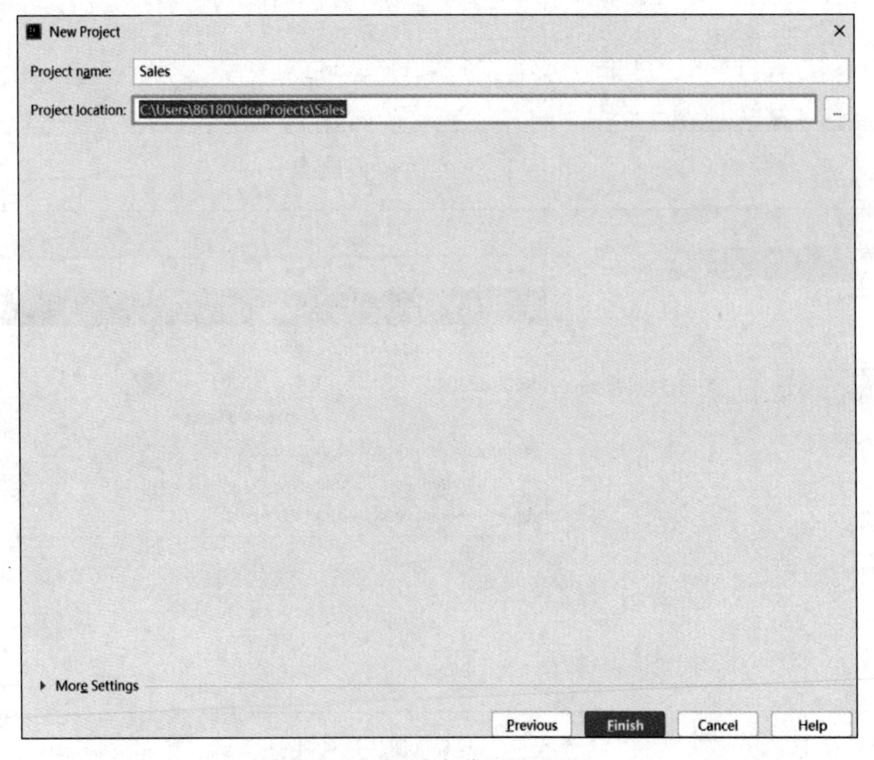

图 1-15　项目名与位置设置页面

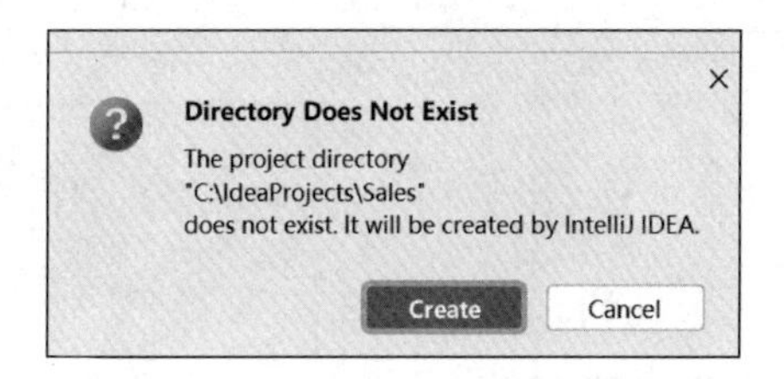

图 1-16 提示文件夹不存在的对话框

单击图 1-15 中的 Finish 按钮，IDEA 会为 Sales 项目创建一组文件夹，图 1-17 展示了 Sales 项目的文件夹结构。

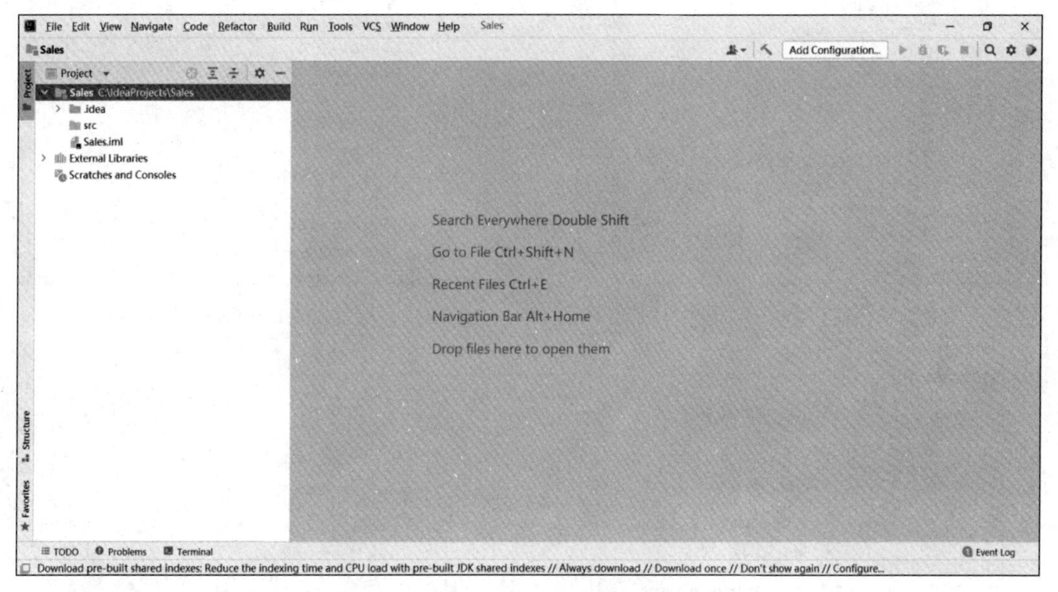

图 1-17 Sales 项目的文件夹结构页面

1.5.2 Java 项目目录结构

在图 1-17 中，Project 下有多个文件夹，这些文件夹的含义如下。

（1） Sales 表示项目名。

（2） C:\IdeaProjects\Sales 表示项目的存放路径，即存放位置。

（3） .idea 和 Sales.iml 是 IDEA 项目自动生成的环境文件。

（4） src 是存放项目的源代码的文件夹。src 是 source 的常用缩写，是项目的源代码。项目中文件夹名 src 和文件夹颜色都不能更改，否则会报错。

（5） External Libraries 是外部库，即安装的 JDK。外部库中有基本的 JAR 包供编程使用。该 External Libraries 可以展开，图 1-18 所示为展开后的 JAR 包。如果其中没有加载 JDK，也就没有 Java 开发工具包与 Java 运行环境 JRE，因此也就不能调试与运行 Java 程序。

也可以对 JDK 的使用进行设置，在图 1-19 所示的页面中选中 JDK，右击，在弹出的下拉菜单中选择 Open Library Settings 命令，弹出如图 1-20 所示的对话框，可以对项目的 JDK 进行修改。

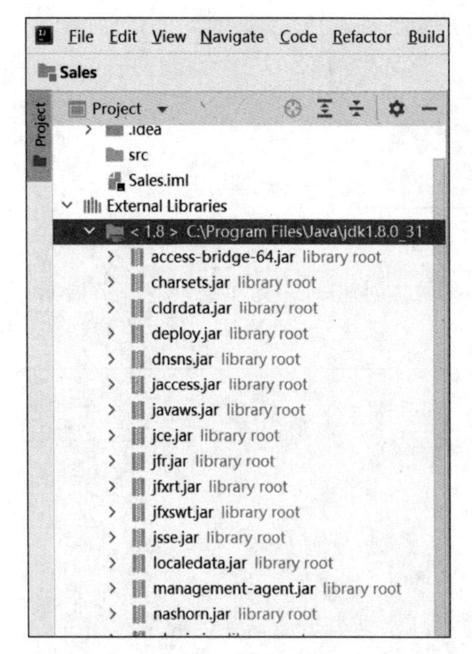

图 1-18　使用的 JAR 包

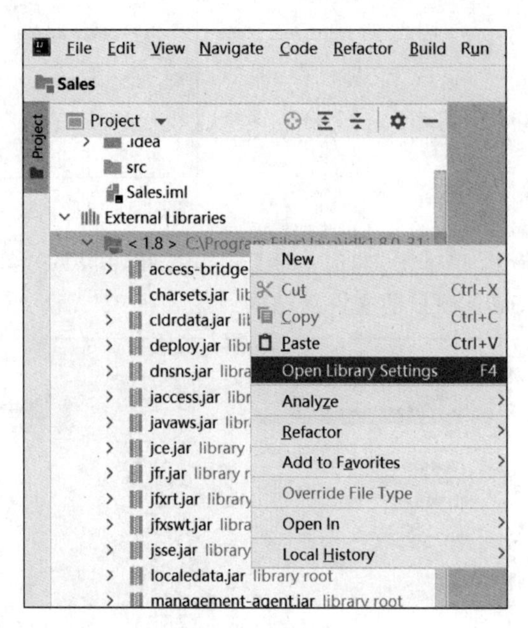

图 1-19　选择 Open Library Settings 命令

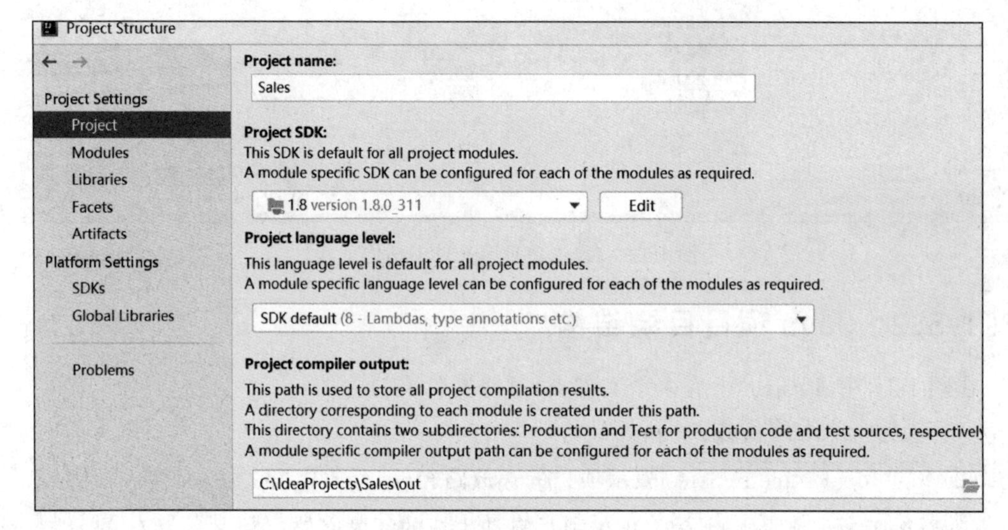

图 1-20　项目设置对话框

1.5.3　在项目中创建包

为了更好地组织大量的程序，Java 项目中可以创建多个包，每个包中都可以存放一组 Java 程序。由于 Java 程序是由类组成的，因而包用于分隔类名空间。如果没有指定包名，则所有类都属于一个默认的 default 包。点开创建的 Sales 项目后，在项目的 src 文件夹上右击，在弹出的快捷菜单中选择 New→Package 命令，如图 1-21 所示，会弹出一个包名输入框。这里如果创建一个名为 sell 的包，则在包名文本框中输入 sell，然后按 Enter 键，这时会在 src 下创建一个 sell 包，参见图 1-22。

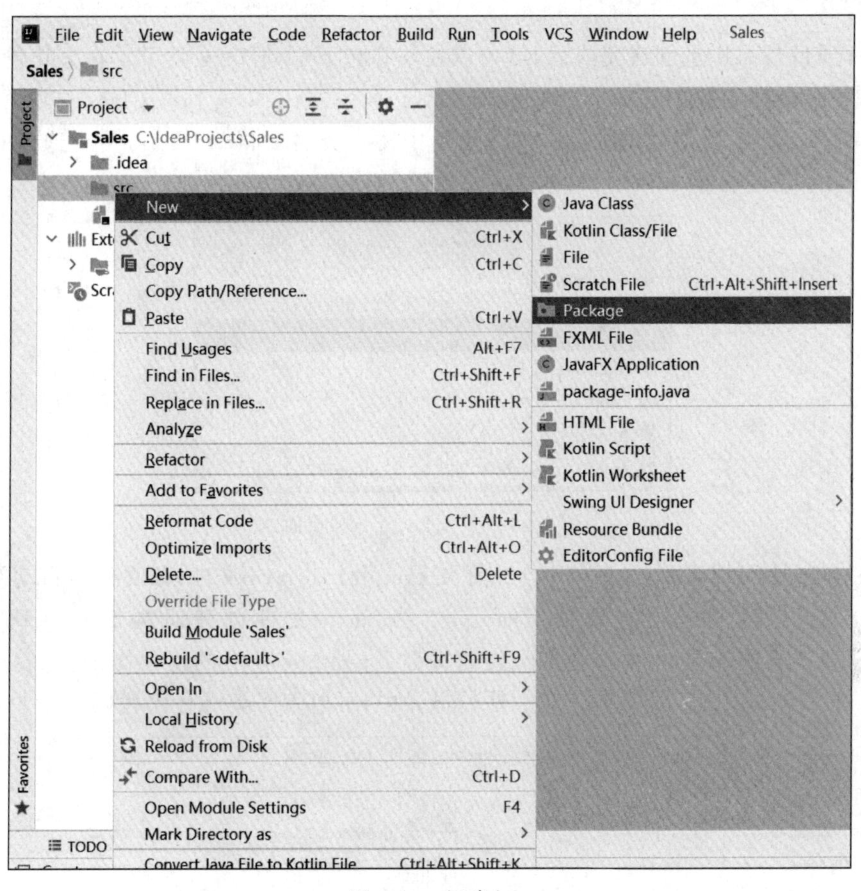

图 1-21 新建包

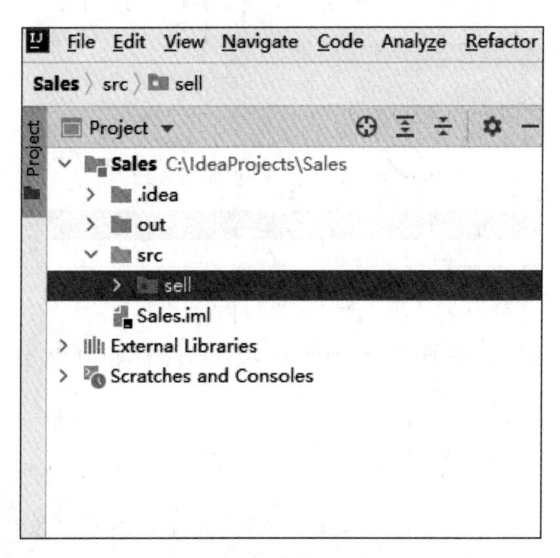

图 1-22 创建 sell 包

1.5.4 创建 Java 类

Seles 项目与 sell 包创建完成后，就可以在 sell 包下创建 Java 类了。在 sell 包上右击，然后在弹出的快捷菜单中选择 New→Java Class 命令，进入 New Java Class 选项页面，该选项页面如图 1-23 所示。在如图 1-23 所示页面中输入类名 Example1_1，类型选择 Class，按 Enter 键确认，这时会显示如图 1-24 所示的页面。

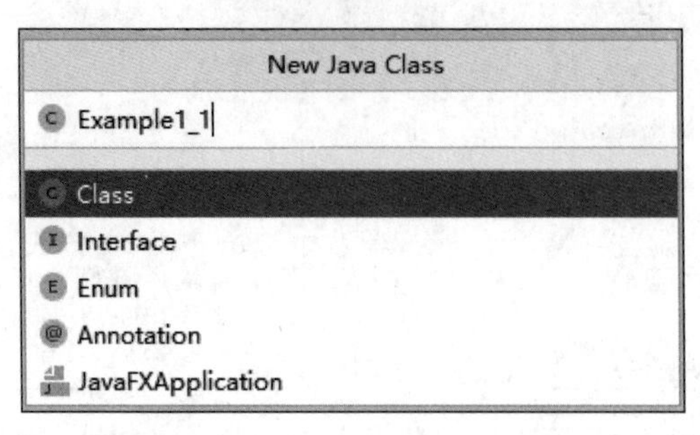

图 1-23　New Java Class 页面

在图 1-24 中可以看到，sell 包中生成了 Example1_1.java 文件，该文件会自动在右侧代码区域打开，右侧区域显示的是 Example1_1.java 文件创建时的默认代码。这里，Example1_1 为类的名称；class 为定义类的关键字；public 是类的权限修饰符，表示该类是公有类；在 Example1_1 后面的一对大括号{　}中，可以编写类的程序代码。

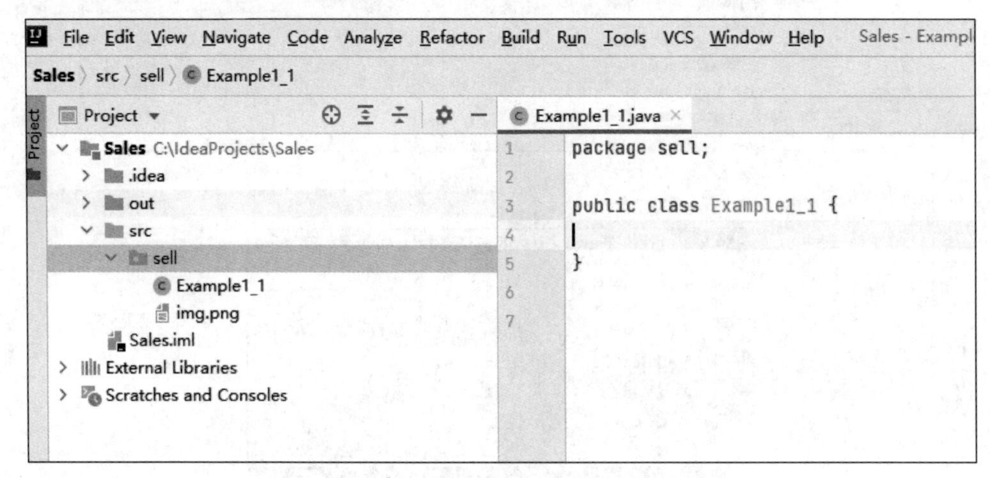

图 1-24　Example1_1 类

关于类的语法格式定义，后面会陆续讲解，这里只需要简单了解 Java 类的创建步骤即可。

1.5.5 编写 Java 程序

Java 类创建完成后，就可以在类中编写程序代码了，代码是使用 IDEA 录入的 Java 程序。IDEA 对代码中的 Java 关键字以特殊颜色标识出来，不同语法成分以不同颜色显示，增强程序的可读性。

【例 1-1】 编写一个 Java 程序，输出“hello world!”，然后换行输出“我是一个销售员”。

在 Example1_1. java 中编辑 Java 源程序。程序代码如下。

```
public class Example1_1 {
      public static void main(String[ ] args) {
            System. out. println("hello world! ");
            System. out. println("我是一个销售员!");
      }
}
```

1.5.6　执行 Java 程序

在 IDEA 集成开发环境下，单击主方法左侧的▶，在弹出的快捷菜单中选择 Run 'Example1_1. main()'命令，即可执行 Java 程序。

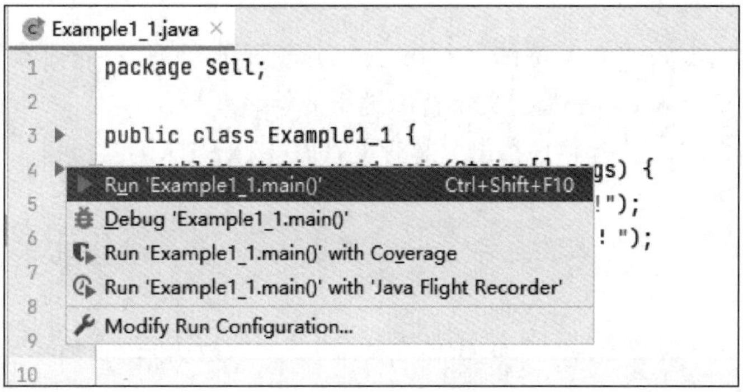

图 1-25　执行 Java 程序

执行完成，运行结果显示在控制台上，即屏幕下方的 Run 区域，如图 1-26 所示。

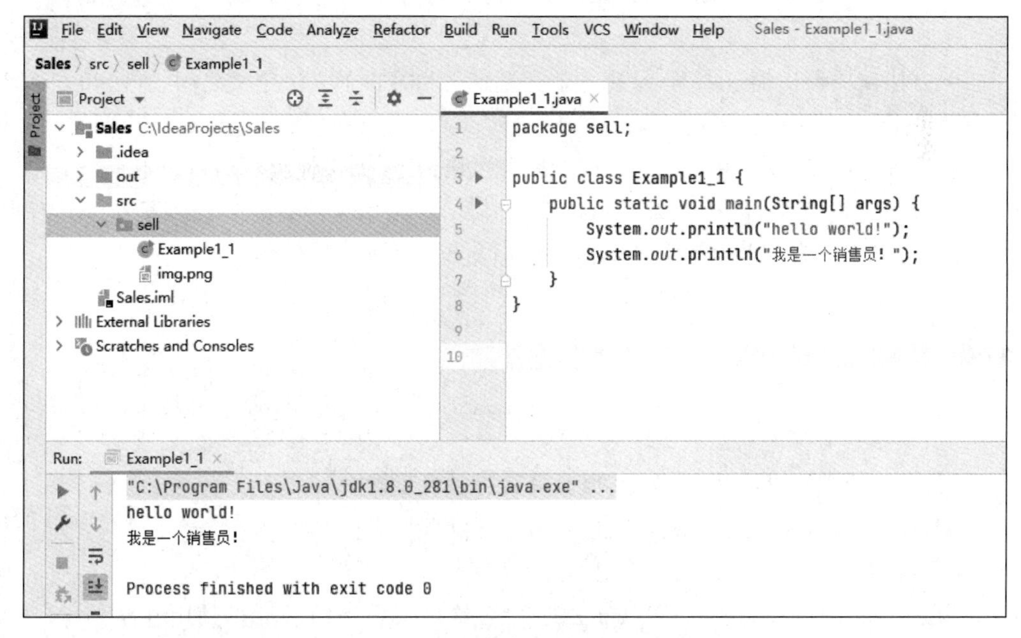

图 1-26　控制台显示运行结果

1.6 Java 程序风格

编写 Java 程序除了需要遵守 Java 语言的语法和语义规定之外，还需要遵循一定的规范，以提高代码的可维护性和可读性。编程规范是对编程的一种约定，主要作用是增强代码的可读性和可维护性，便于代码重用。

1. 命名风格

（1）项目名通常是小写英文，多个单词之间可用下画线分开。

（2）包的名称由一个小写字母序列组成。

（3）类的名称由大写字母开头，其他字母都由小写的单词组成，由多个单词组成的类名，每个单词的首字母都要大写。

（4）类的变量、方法或者实例的名称由一个小写字母开头，一般要求“见名知意”。例如，String name，其中 name 是指定义字符串类型的姓名变量。

（5）常量的名称都大写，并且指出完整含义，如 MAXNUMBER。

2. 编码格式风格

（1）在程序生成包和导入类之后空一行，即用 package 生成包、import 语句导入类之后，空一行。

（2）public class 顶格书写。类的主体左括号“{”不换行书写，右括号“}”顶格书写，参见 Example1_1 中的{}格式。

（3）public 类中的变量，缩进书写。

（4）方法缩进书写，方法的左括号“{”不换行书写，右括号“}”和方法首行的第一个字符对齐。

（5）方法体要再次缩进书写，最后一个变量定义和第一个方法定义之间、方法和方法之间最好空一行。

以上只是 Java 程序员在编写代码时的一种风格约定，如果你编写的代码不符合上述约定但程序是正确的，程序仍然可以正确执行。但是，一名优秀的程序设计人员在编写程序时，尽量遵守这些程序风格，以方便程序的阅读、交流与维护。

习题

1. Java 语言有哪些特点？
2. 为什么说 Java 是结构中立的，而且具有跨平台特性？
3. 简述 Java 的 3 种主要平台，它们各适合开发哪种应用？
4. 简述 JDK、JRE、JVM 三者之间的关系。
5. 在 Internet 上搜索 Java 学习方法的介绍，给出 Java API 文档的使用过程。
6. 安装 JDK 开发运行环境。从官方网站下载最新版的 JDK 安装软件，安装 JDK 软件。

7. 安装集成开发环境 IDEA。从官方网站下载最新版的 IDEA 软件,创建一个 Java 项目并编写简单的 Java 程序,执行该程序并验证安装过程的正确性。

8. 简述建立 Java 项目并在其中创建包的过程。

9. 在项目中创建包的作用是什么?

10. 如何在包中创建类?

本章练习

第2章 Java语言基础

引 言

本章主要介绍Java语言的基础知识,包括Java程序的组成、标识符、分隔符、关键字、基本数据类型、变量、常量、运算符、表达式以及基本输入和输出,为后续章节的学习打下基础。

观看视频

2.1 Java程序的基本概念

2.1.1 Java程序的组成

在第1章中已经介绍了一个简单的Java程序,以及它的运行与输出结果。例2-1是另一个经典的Java入门程序,其功能是在控制台显示"Hello World!"。在IDEA集成开发环境中,控制台就是数据输入输出的窗口。

【例2-1】 一个简单的程序。

```
//* 一个简单的Java程序 */
public class Example2_1 {
    public static void main(String[ ] args) {
      //在控制台显示Hello World!
      System.out.println("Hello World!");
    }
}
```

每个Java程序必须至少有一个类。在Example2_1中,public class定义了一个类。每个类都有一个类名,类名通常以大写字母开头,多个单词组成的类名采用驼峰方式,即每个单词的首字母大写,这里的类名是Example2_1。

public static void main(String[] args)定义了Java程序运行的主方法main(),它是Java程序执行的入口,该main()方法的格式是固定的。

在主方法main()中包含了可执行的语句序列,这个语句序列规定了程序的功能。本程序中的main()方法包含System.out.println语句,此语句在控制台打印一条消息"Hello World!"。Java中的每条语句都以分号(;)结尾,该分号称为语句终止符。需要说明的是程序中的符号,如{}、[]、分号、逗号、引号等都只认英文,如果代码中输入的是中文符号,则会报错。

public、class、static、void为语言的保留字,又称为关键字,它们在Java语言中有特定的含义,不能在程序中用于其他目的。

在 Java 代码中，还允许插入注释语句，用以说明代码的功能，以方便别人阅读理解程序。注释可以帮助程序员理解程序的思想，但是不被执行，因此被编译器忽略。注释有以下 3 种形式。

1）//在控制台显示 Hello World!

2）/* 在控制台显示 Hello World!

当注释内容较多时，可以换行　*/

3）//* …… */

说明：

（1）单行注释：在“//”后填上注释的文字，注释的内容不能换行。

（2）多行注释：把注释的文字写在“/* …… */”的中间，这里的注释内容可以有多行。

（3）文档注释：把文档注释内容填在“//* …… */”的中间。用户可以使用 javadoc 命令将这些文档注释提取出来，形成一个 HTML 帮助文档，这样就避免了编程人员在编写代码的过程中还要切换到其他软件中撰写帮助文档的麻烦。由于 javadoc 命令把程序中的文档注释提取出来形成了一个 HTML 帮助文档，因而可以使用 Web 浏览器来查看。

（4）多行注释或文档注释不能嵌套使用。

2.1.2　关键字

在 Java 语言中有许多单词被赋予了特殊含义，用作专门用途。这些单词不能作为变量名、类名、方法名等使用。在 Java 的不同版本中，关键字有稍微的调整。表 2-1 给出了 Java 语言的常用关键字。

表 2-1　Java 语言的常用关键字

类　别	关键字	说　明
访问控制	public、protected、private	访问控制修饰符
基本数据类型	byte、char、short、int、long	不同取值范围的整型
	boolean	布尔类型
	float、double	不同精度的浮点类型
类、方法	class、extends、implements	类、继承、实现
	abstract、interface	抽象类与抽象方法、接口
	static	静态属性或方法
	final	最终属性或方法
	new	创建对象
	synchronized	定义同步方法、代码
	void	说明方法不返回任何值
变量引用	super	引用父对象的属性与方法
	this	表示当前对象
控制语句	if、else	分支语句中的关键字
	for、while、do	循环语句中的关键字
	switch、case、default	switch 语句中的关键字
	break、continue	用在循环体中，控制循环的执行
	return	方法执行完的返回

续表

类　别	关 键 字	说　明
出错处理	try、catch、finally、throw、throws	异常处理的关键字
	assert	设置断言，用于程序的正确性验证
包	package、import	包的定义、包的引入

需要说明的是，true、false 和 null 看起来像关键字，但实际上并不是。它们就像数值 10、20 一样，是用文字表示的数值常量，在程序中可以直接使用。

2.1.3　标识符

Java 语言中，需要对类、接口、方法、变量、常量、数组等进行命名。标识符就是满足特定规则的字符序列，可以用作这些元素的名称。

Java 语言的标识符是由字母、数字、下画线(_)和美元符号($)组成的任意长度的字符序列，同时必须遵守以下规则。

(1) 标识符必须以字母、下画线(_)或美元符号($)开头。它不能以数字开头。

(2) 标识符不能是保留字(关键字)。

(3) 标识符不能是规定的常量符号 null、true、false。

例如，_x、abc、$、_2、$_、MAX、student 等都是合法的标识符。3ab、class、public、x * y 都是不合法的标识符。尽管某些标识符合法，如 $、_2、$_，但是由于这些符号的含义不明确，编程时不建议使用。

2.1.4　分隔符

Java 程序由关键字、标识符、分隔符、运算符与常量值组成，其中分隔符的作用是把程序中各语法成分分开。Java 分隔符分为空白分隔符与普通分隔符。

1. 空白分隔符

空白分隔符(whitespace)在程序中起分隔作用，包括空格、'\t'、'\f'、'\r'与 '\n'等字符，'\t'为 Tab 键，'\f'为换页符，'\r'为回车符，'\n'为换行符。

2. 普通分隔符

普通分隔符在代码中有确定的语法含义，例如每条语句必须以“;”结束，否则就有语法错误。

表 2-2 给出了常用的普通分隔符。

表 2-2　常用的普通分隔符

符　号	语 法 含 义
{}	类体、方法体、块语句、数组初始值
()	方法参数
[]	数组下标
;	语句结束标志
,	参数分隔、变量定义分隔
.	取对象的属性或方法

2.2 控制台输入/输出

大多数程序都需要输入输出数据，在 Example2_1 中，System. out. println 实现数据输出，将输出内容显示在屏幕上。运行结果如下：

```
Hello World!
```

Java 用 System. out 代表标准输出设备(约定为显示器)，用 System. in 代表标准输入设备(约定为键盘)。为了把数据显示在显示器上，需要调用 System. out 对象的 println()方法输出数据。Java 没有为 System. in 对象提供直接输入数据的方法，而是需要先创建一个 Scanner 对象，然后使用该 Scanner 对象读取输入数据。如下语句创建了一个 Scanner 类型的 input 对象。

```
Scanner input = new Scanner(System.in);
```

在上面的语句中，在使用 new 创建 Scanner 对象时，需要提供一个系统输入对象作为参数，这里 System. in 就是键盘输入对象。

【例 2-2】 从键盘输入圆的半径，计算圆的周长与面积。

```
import java.util.Scanner;
public class Example2_2 {
      static final float PI = 3.14159f;
      public static void main(String[ ] args) {
            Scanner sc = new Scanner(System.in);
            float radius = sc.nextFloat();
            System.out.println("圆的周长是:" + 2 * PI * radius);
            System.out.println("圆的面积是:" + PI * radius * radius);
      }
}
```

在 Example2_2 中定义了一个单精度浮点常量 PI 与单精度浮点变量 radius，radius 的值是从键盘输入的。Scanner 类是 java. util 类库的一部分，必须用 import java. util. Scanner 导入程序中才能使用。以上程序的运行结果如下：

```
输入圆的半径: 6.4
圆的周长是: 40.21235259921074
圆的面积是: 128.67953023494877
```

Scanner 对象从键盘的输入缓冲区中读取数据，它可以读整数、实数(又称为浮点数)、字符串、布尔值。表 2-3 给出了 Scanner 对象读取各种类型数据的方法。

表 2-3 Scanner 对象读取各种类型数据的方法

方 法 名	说 明
nextByte()	读取字节型整数
nextShort()	读取短整数
nextLong()	读取长整数

续表

方 法 名	说 明
nextInt()	读取整数
nextFloat()	读取单精度实数
nextDouble()	读取双精度实数
next()	读取一个字符串，直到遇到分隔符为止
nextLine()	读取一行字符，直到遇到行结束符为止
nextBoolean()	读取布尔值，布尔值只能是 true 与 false

Scanner 对象输入数据的几点说明：

(1) 在输入数据时，一行可以输入多个值，每个值都要用空白分隔符分隔。例如，输入 23 35 a name 12 是 5 个数值，又称为 5 个 token，每个数值间用空格分隔，多个空格与一个空格的分隔意义一样。

(2) 空白分隔符包括空格、Tab、回车符。

2.3 基本数据类型

Java 是一种静态类型语言，每个变量和表达式在编译时都已经知道其类型。Java 的类型限定了取值和可能的运算操作，这有助于在编译时检查程序的错误。

Java 语言的类型分为两类：基本数据类型(primitive types)和引用数据类型(reference types)。基本数据类型包括数值类型、字符类型和布尔类型；引用数据类型有类、接口、数组、集合等。本节主要介绍 Java 的 8 种基本数据类型。

2.3.1 整型

整型是没有小数部分的数据类型。不管在什么样的计算机系统上运行 Java 程序，Java 语言所有整型的长度都是固定的，这里体现了平台无关性。

Java 语言有多种形式的整型，如 byte、short、int、long，不同类型间的主要区别是整数的范围不同。表 2-4 给出了每个整型的字节数与取值范围。

表 2-4 整型的字节数与取值范围

类 型	占 用 内 存	表 示 范 围
byte	1 字节，有符号	$-128 \sim 127(-2^7 \sim 2^7-1)$
short	2 字节，有符号	$-32\ 768 \sim 32\ 767(-2^{15} \sim 2^{15}-1)$
long	8 字节，有符号	$(-2^{63} \sim 2^{63}-1)$
int	4 字节，有符号	$(-2^{31} \sim 2^{31}-1)$

2.3.2 浮点型

Java 语言中有两种浮点型，分别是 float 和 double，它们用于存放实数。由于 double 型比 float 型的取值范围大，因此 float 又称为单精度浮点数，double 称为双精度浮点数。在程序中，当计算精度要求较高时，应该选用 double 型声明变量。浮点型的取值范围见表 2-5。

表 2-5　浮点型的取值范围

类　型	占用字节	表示范围
float	4 字节	负数范围：－3.4028235E＋38～－1.4E－45； 正数范围：1.4E－45～3.4028235E＋38
double	8 字节	负数范围：－1.7976931348623157E＋308～－4.9E－324； 正数范围：4.9E－324～1.7976931348623157E＋308

在默认情况下，浮点数值被视为 double 类型。例如，5.0 被认为是 double 型，而不是 float 型。在程序中可以通过附加字母 f 或 F 使数字成为 float 浮点数，也可以通过附加字母 d 或 D 使数字成为 double 浮点数。例如，可以使用 100.2f 或 100.2F 指定为 float 类型，使用 100.2d 或 100.2D 指定为 double 类型。在表 2-5 中的，数的范围采用的是科学记数法，1.4E－45 表示 1.4×10^{-45}。

2.3.3　字符型

Java 的字符(char)型占用 2 字节，数值表示范围是 0～65535，它通常用来表示一个字符的编码。实际上，char 类型更多的是用来存储 Unicode 字符编码。

Unicode 标准采用固定 16 位二进制的字符编码，几乎可以表示世界上所有的语言文字字符。例如，采用 Unicode 编码，可以对 6 万多个汉字与字符进行编码。

Java 语言中，一些特殊字符，如回车、换行，没有对应的字符。对于这种特殊字符，可以用转义符“\”来实现。例如，程序中用\r 代表回车符，\n 代表换行符。表 2-6 给出了 Java 的常用转义符。

表 2-6　Java 的常用转义符

转　义　符	Unicode 值	说　明
\r	\u000d	回车
\n	\u000a	换行
\b	\u0008	退格
\t	\u0009	横向制表符
\f	\u000c	换页
\”	\u0022	双引号
\’	\u0027	单引号
\\	\u005c	反斜杠
\uxxxx	\u0000～\uffff	Unicode 代码对应的字符

\uxxxx 中，xxxx 为十六进制的数，每个 x 取值为 0 到 15，用十六进制数码表示为 0～9、a～f，这里 a 代表 10，f 代表 15。\u 表示 Unicode 转义序列的开始，xxxx 表示字符的 Unicode 编码。

2.3.4　布尔型

布尔型为 boolean，布尔型的值只有 true 和 false。Java 中规定 true 和 false 都必须是小写。布尔型是独立的类型，不对应任何整数，不能进行整数运算。

2.4 常量和变量

2.4.1 常量

观看视频

在程序中经常用到各种常量，如 25、"Hello"、123.26、true、null 等。根据常量的类型不同，常量可以分为整数常量、浮点数常量、字符常量、字符串常量、布尔常量（true、false）和 null 常量。

1. 整数常量

整数常量是整数类型的数据，Java 允许有二进制、八进制、十进制和十六进制 4 种表示形式，表 2-7 给出了整数常量的具体描述。

表 2-7 整数常量

进　　制	表示形式	举　　例
十进制	由数字 0～9 组成的数字序列	125、87921、234L
十六进制	以 0x 或者 0X 开头并且其后由 0～9、a～f、A～F 组成的数字序列	0x25AF、0X0002、0x12ab
八进制	以 0 开头并且其后由数字 0～7 组成的数字序列	0342、012、02345L
二进制	由 0b 或 0B 开头并且其后由 0 和 1 组成的数字序列	0b01101100、0b110011L 0B10110101

表 2-7 的举例中，数字的末尾可以加上后缀 L 或 l，表示长整型整数。在程序中通常使用十进制数，但是如果别人写的程序中出现其他进制的数，大家应能看懂。

2. 浮点数常量

浮点数常量就是在数学中用到的实数，分为单精度实数和双精度实数两种类型。单精度浮点数后面以 F 或 f 结尾，而双精度浮点数则以 D 或 d 结尾。当然，在使用浮点数时也可以在结尾处不加任何的后缀，此时虚拟机会默认为 double 类型。浮点数常量还可以通过科学记数法的形式来表示。

示例：2e3f、3.6d、0f、3.84d、5.022e+23f、12.21E-3d。

在上面的示例中，5.022e+23f 是一个 float 类型的常量，它是 5.022×10^{23} 的科学记数法表示。12.21E-3d 是一个 double 类型的常量，它是 12.21×10^{-3} 的科学记数法表示。

3. 字符常量

字符常量用于表示一个字符，一个字符常量要用一对英文的单引号(' ')引起来，字符可以是汉字、英文字母、数字、标点符号以及由转义序列表示的特殊字符。

示例：'a'、'1'、'&'、'\r'、'\u0221'、'我'。

在上面的示例中，'\u0221'表示一个代码为十六进制的 0221(转换成十进制为 545)的字符。字符之所以能这样表示，是因为 Java 采用的是 Unicode 字符集，Unicode 字符是以\u 开头的 4 位十六进制数。

4. 字符串常量

字符串常量用于表示一串连续的字符，一个字符串常量要用一对英文的双引号("")引起来。

示例："Hello,World!"、"123 我们"、"We come \n XXX"、" "。

一个字符串可以包含一个字符或者多个字符，也可以不包括任何字符，即长度为零。

5. 布尔常量

布尔常量即布尔型的两个值 true 和 false，该常量用于表示逻辑值的真与假。

6. null 常量

null 常量只有一个值 null，表示对象的引用为空。

2.4.2 变量

1. 变量声明

在数学公式 f(x)中，x 可以代表其定义域上的任何一个值，因而称为变量。在 Java 编程中，也需要类似的变量存储变化的值。在例 2-2 中，radius 就是变量，radius 的类型是 float，它规定了用户输入数据的取值范围。

由于变量用于存放一个特定类型的数据，因而变量必须事先声明，即告诉编译器变量的名称与数据类型。变量声明告诉编译器根据数据类型为变量分配适当的内存空间。

变量声明的语法是数据类型后跟变量名称。以下是一些变量声明的示例：

```
int count;              //声明 count 为整数变量
long total;             //声明 total 为长整数变量
float radius;           //声明 radius 为单精度浮点数
```

在声明变量的数据类型时，要考虑数据类型的取值范围是否满足实际应用，例如要定义一个存放世界人口的变量，就需要用 long，因为 int 存不下。在定义变量时，如果多个变量属于相同的类型，它们可以一起声明。以下是一些变量声明的示例：

```
int i,j,k;              //将 i、j 和 k 声明为 int 类型变量
double x,y;             //将 x 和 y 声明为 double 类型变量
```

任何合法的标识符都可以作为变量名。如果标识符的首字母是英文字符，Java 约定首字母小写，以便与类名区分(类名约定首字母大写)。

2. 变量赋值

在声明一个变量时，可以同时给它赋初始值，也可以先声明变量，然后在使用时赋初始值。例如：

```
int count = 1;
```

与下面的两条语句的功能相同。

```
int count;
count = 1;              //赋值语句，把 1 赋值给 count
```

如果变量在声明时没有提供初始值，则 Java 会给变量提供一个默认的值，表 2-8 给出了常用类型变量的默认值。

表 2-8 常用类型变量的默认值

类 型	默 认 值	类 型	默 认 值
byte	0	float	0.0f
short	0	double	0.0d
long	0L	boolean	false
int	0	reference type	null
char	0(\u0000)		

在编程时，一个好的习惯是在变量使用前提供初始值，避免使用默认值。另外局部变量在使用前，必须赋初值，否则会报语法错误。

3. final 变量

在编写程序时，如果某个常量值在代码中频繁使用，例如圆周率 π 的值 3.141 592 6、自然底数 e 的值 2.718 281 828，可以把这些常量值赋值给变量，这样程序中就可以用这个变量代替常量值。为了保证存储常量值的变量不被修改，可在变量声明时增加 final 修饰符。用 final 修饰符修饰的变量只能赋值一次，它实际上就代表一个常量值，也称为符号命名的常量(named constants)。final 变量通常用全大写字母表示，例如：

```
public final double PI = 3.1415926d;
public final float E = 2.71828f;
```

观看视频

2.5 运算符和表达式

Java 有各种数据类型，每种数据类型对应的运算符也不相同，例如对于数值类型的数据，可以进行加、减、乘、除运算；布尔类型的数据可以进行逻辑运算。按功能与操作数的类型来划分，Java 有算术运算符、比较运算符、逻辑运算符、赋值运算符和条件运算符等。

2.5.1 算术运算符

算术运算符是在针对数值型数据进行运算时使用的运算符，根据操作数的不同，可分为双目运算符和单目运算符。

1. 双目运算符

双目运算符有 5 个，即＋(加)、－(减)、*(乘)、/(除)、%(求余)。表 2-9 给出了它们的含义与示例。

表 2-9 双目运算符

运 算 符	含 义	示 例	结果说明
＋	加法	35＋2.33	37.33
－	减法	35.6－20.4	15.2
*	乘法	20 * 5.4	108.0
/	除法	25/4	6，两个整数相除，结果取整数部分
		25/4.0	6.25

续表

运 算 符	含 义	示 例	结果说明
%	取余。不考虑除数的符号	23%7 23%-7	两个运算的结果都为2
	取余。当被除数为负时,结果为负	-23%-7 -23%7	两个运算的结果都为-2

2. 单目运算符

单目算术运算符有++、--、+、-。单目就是指有一个操作数,单目运算符+没有什么实际意义,因为+x与x的作用一样。单目运算符-表示乘以-1,例如-x与-1 * x等价。表2-10给出了它们的含义与示例。

表 2-10 单目算术运算符

运 算 符	含 义	示 例	结果说明
++	变量自增1	x++,++x	把x变量的值加1,相当于x=x+1
--	变量自增1	x--,--x	把x变量的值加1,相当于x=x-1
+	乘以正1	+x	等于x
-	乘以正1	-x	等于(-1) * x

下面的代码给出了运算符的使用示例。

```
int i = 3, j = 3;
float x = 3.2f, y = 3.2f;
i++;                    // i 值为 4
j--;                    // j 值为 2
++x;                    // x 值为 4.2
--y;                    // y 值为 2.2
```

可以看出作为变量的自增与自减,++与--放在变量的前面(前缀)与后面(后缀)没有差别。但是,如果它们出现在表达式中,则会有差异。表2-11给出了++、--前缀与后缀的差异。

表 2-11 表达式中++、--前缀与后缀的差异

运 算 符	等 价 于	i=10时
int j=i++ * 2;	j=i * 2; i++;	j=20 i=11
int j=++i * 2;	++i; j=i * 2;	i=11 j=22
int j=2-++i;	++i; j=2-i;	i=11 j=-9
int j=2-i++	j=2-i; i++	j=-8 i=11

总结:在表达式中前缀++、--,表示变量先自增或自减,然后变量再参与运算。反之,表达式中后缀++、--,表示变量先参与运算,然后再自增或自减。

2.5.2 比较运算符

在程序中经常需要比较两个数的大小，例如 x<y、radius>10 等。对应数学上的 6 个比较运算，Java 也提供了 6 个比较运算符（又称为关系运算符）。比较运算的结果是布尔值，关系成立为 true，不成立为 false。表 2-12 给出了 Java 比较运算符的含义与示例。

表 2-12 比较运算符

运 算 符	含 义	示 例	结果（假设 x=0，y=6）
>	大于	24>3	true
>=	大于或等于	x>=0	true
<	小于	8<2+y	false
<=	小于或等于	x<=y	true
==	等于	x==2	false
!=	不等于	x!=y	true

需要注意的是，Java 的比较运算符与数学中的符号不完全相同，相等用符号“==”，而不是“=”。“=”是赋值运算符，在后面有详细介绍。

2.5.3 逻辑运算符

在 Java 程序中，有时需要计算多个判断条件的逻辑组合值，例如在判断变量 x、y 是不是都大于 0 时，就需要使用逻辑运算符来组合这些判断条件。逻辑运算符也称为布尔运算符，它对布尔值进行操作，并得到一个新的布尔值。表 2-13 给出了逻辑运算符的含义与示例。

表 2-13 逻辑运算符

<table>
<tr><th>运 算 符</th><th>含 义</th><th>示 例</th><th>结果（假设 i=2，x=false，y=true）</th></tr>
<tr><td>!</td><td>非</td><td>!(i>6)</td><td>true</td></tr>
<tr><td>&</td><td>与</td><td>x&y</td><td>false，x 和 y 同真为真，否则为假</td></tr>
<tr><td>^</td><td>异或</td><td>x^y</td><td>true，x 和 y 不同为真，否则为假</td></tr>
<tr><td>|</td><td>或</td><td>x|y</td><td>true，x 和 y 只要有一个为真，值为真，否则为假</td></tr>
<tr><td>&&</td><td>简洁与</td><td>x&&y</td><td>false，x 和 y 同真为真，否则为假</td></tr>
<tr><td>||</td><td>简洁或</td><td>x||y</td><td>true，x 和 y 只要有一个为真，值为真，否则为假</td></tr>
</table>

说明：

(1) && 与 & 都是“与”运算，计算结果相同，但是在某些情况下 && 的计算速度比较快。当计算 x&&y 时，如左操作数 x 为 false，则直接得到结果为 false，而当左操作数 x 为 true 时，以 y 值作为结果。

(2) || 与 | 都是“或”运算，计算结果相同，但是在某些情况下 || 的计算速度比较快。当计算 x||y 时，如左操作数 x 为 true，则直接得到结果为 true，而当左操作数 x 为 false 时，以 y 值作为结果。

【例 2-3】 逻辑运算符使用举例。

```
public class Example2_3 {
public static void main(String[ ] args) {
    int age = 20;
    char gender = 'F';
    System.out.println( age > 18 && gender == 'F' );
      //age > 18 为 true,gender == 'F'为 true,同真为真,结果为 true
      System.out.println( age > 18 || gender == 'A' );
      //age > 18 为 true,gender == 'A'为 false,结果为 true
      System.out.println( age!= 18 ^ gender == 'F' );
        //age!= 18 为 true,gender == 'F'为 true,同真为假,结果为 false
      System.out.println(!(age > 18) && gender == 'F' );
      //!( age > 18)为 false,gender == 'F' 为 true,同真时为真,结果为 false

}
}
```

程序的运行结果如下：

```
true
true
false
false
```

2.5.4 赋值运算符

赋值运算符的功能是把一个表达式的计算结果存储到变量中。在 Java 中,赋值运算符为“=”,赋值语句的语法格式如下：

```
变量名 = 表达式;
```

其中,表达式是指用运算符把变量、常量连接起来的公式。下面的例子给出了 4 条赋值语句。

```
final float PI = 3.14159f;
float radius = 8.2f;
int i = i + 2;
float area = PI * radius * radius;
```

在赋值语句中,有时会使用变量的当前值参与表达式的计算,然后把计算结果重新赋值给相同的变量。例如,下面的语句将 i 的当前值添加为 2,并将结果返回。

```
int i = i + 2;
```

针对这种操作,Java 提供了一个把运算与赋值合为一体的复合操作赋值运算符。表 2-14 给出了常用复合操作赋值运算符的含义和示例。

表 2-14　常用复合操作赋值运算符

运 算 符	含　义	示　例	等 价 于
+=	变量参加加法运算,把结果赋值给变量	x+=y	x=x+y
-=	变量参加减法运算,把结果赋值给变量	x-=y	x=x-y
*=	变量参加乘法运算,把结果赋值给变量	x*=y	x=x*y
/=	变量参加除法运算,把结果赋值给变量	x/=y	x=x/y
%=	变量参加取余运算,把结果赋值给变量	x%=y	x=x%y

2.5.5　条件运算符(?:)

Java 的条件运算符(?:)是一个三目运算符,其语法形式如下:

```
<表达式 1>? <表达式 2>: <表达式 3>
```

表达式 1 是一个具有布尔值的表达式,如果表达式 1 的值为 true,则将表达式 2 的值作为整个表达式的值;否则将表达式 3 的值作为整个表达式的值。

例如,下面的代码片段中,max 的取值是由条件 a>b 确定的。由于这里 a>b 为 false,因而把 b 的值赋值给 max。

```
int a = 10, b = 20;
int max;
max = a > b? a :b;
```

2.5.6　运算符优先级

Java 规定了表达式中各种运算符的优先级与结合性。运算符优先级和结合性决定了运算符的执行顺序。假设有以下表达式:

```
23 + 12 * x * y - 43/12.3
```

如果要得到正确的结果,必须知道运算执行的先后顺序。

在数学上,所有的数学运算都认为是从左向右进行的,先乘、除后加、减,可以使用圆括号()、方括号[]与花括号{}调整运算执行顺序。Java 语言中大部分运算符也是从左向右结合的,只有单目运算符、赋值运算符和三目运算符例外,这三个运算符是从右向左结合的,也就是从右向左运算。例如,下面的表达式中运算符的执行顺序都是从右向左结合的。

```
y = - x;                   //先计算 x,再执行单目运算( - )操作,然后把值赋给 y
x = 23 + x;                //先计算表达式,再执行赋值操作
max = a > b? a :b; /* 先计算 b,再计算 a,再根据 a > b 的值确定这个三目表达式的值,最后把该值赋
值给 max */
```

表 2-15 给出了运算符的优先级。从表 2-15 可以看出,单目运算符的优先级较高,赋值运算符的优先级较低。算术运算符优先级较高,关系和逻辑运算符优先级较低。多数运算符具有左结合性,单目运算符、三目运算符、赋值运算符具有右结合性。

表 2-15 运算符的优先级

<table>
<tr><th>类型</th><th>运算符</th><th>结合性</th><th>优先级</th></tr>
<tr><td></td><td>()、[]</td><td>从左到右</td><td rowspan="11">高
↓
低</td></tr>
<tr><td>单目</td><td>++、--、!、+(取正)、-(取负)</td><td>从右到左</td></tr>
<tr><td rowspan="7">双目</td><td>*、/、%</td><td>从左到右</td></tr>
<tr><td>+(加法)、-(减法)</td><td>从左到右</td></tr>
<tr><td>>、>=、<、<=</td><td>从左到右</td></tr>
<tr><td>==、!=</td><td>从左到右</td></tr>
<tr><td>^(异或)</td><td>从左到右</td></tr>
<tr><td>&&、&</td><td>从左到右</td></tr>
<tr><td>||、|</td><td>从左到右</td></tr>
<tr><td>三目</td><td>?:(条件运算符)</td><td>从右到左</td></tr>
<tr><td>赋值</td><td>=、+=、-=、*=、/=、%=</td><td>从右到左</td></tr>
</table>

在数学上还可以使用方括号[]与花括号{}调整运算优先级，但在 Java 表达式中，只允许用圆括号()调整运算优先级，在圆括号()嵌套时，先执行内层圆括号内的运算，再执行外层圆括号内的运算。

2.6 类型强制转换

不同类型的量进行运算时会发生类型转换。在 Java 语言中，有些转换会自动进行，而某些情况下需要强制类型转换。

2.6.1 自动类型转换

自动类型转换又称为隐式转换。在对表达式求值时，Java 语言会遵循从小到大的原则，就是小的数据类型可以默认转换成大的数据类型。一般按照 byte→short→int→long→float→double，char→int 的原则进行转换，即把数据范围小的数据类型转换成数据范围大的数据类型。例如下面的表达式：

```
int i = 10;
float t = 2.3f;
double x = 2 + t + i;
```

在计算表达式 2+t+i 时，整数 2 与整型变量 i 都转换成变量 t 对应的 float 类型，在赋值时，把 float 类型转换成 double 类型。

2.6.2 强制类型转换

如果在一个表达式中想人为地改变数据类型，就需要使用强制类型转换。特别是要把字节数多的类型转换成字节数少的数据类型时，如把 long 类型转换成 int 类型、double 类型转换成 float 类型时，就需要强制类型转换。

强制类型转换的语法格式如下：

```
(<类型>)<表达式>
```

【例 2-4】 计算圆的面积，并且只输出圆面积的整数部分。

```
import java.util.Scanner;
public class Example2_4 {
    static double PI = 3.14159;
    public static void main(String[ ] args) {
        Scanner sc = new Scanner(System.in);
        float radius;
        System.out.print("输入圆的半径:");
        radius = sc.nextFloat();
        System.out.println("圆的周长是:" + 2 * PI * radius);
        System.out.println("圆的面积是:" + (int)(PI * radius * radius));

    }
}
```

程序中创建 sc 对象并用 sc.nextFloat()读取一个浮点数作为圆的半径。

注意代码中的强制类型转换为(int)(PI * radius * radius)，即对(PI * radius * radius)进行类型转换。如果写成(int)PI * radius * radius，则只是把 PI 转换成整数，因而圆括号()不能省略。

习题

1. 如果希望把程序中的文档注释提取出来形成一个专门的 HTML 文档，该怎么做？
2. Java 语言中的分隔符有哪几类？空白分隔符有哪些？
3. Java 标识符是如何规定的？标识符的作用是什么？
4. 下面哪些是标识符，哪些是保留字，哪些是符号常量？

a++、--a、4#R、$4、#44、class、public、int、x_y、_$、radius、true、null

5. Java 语言的基本数据类型有哪些？float 与 double 都能表示浮点数，它们有何不同之处？
6. 如果 Java 程序中变量 x 用来存放全国人口普查的数据，x 应该定义为什么类型？
7. 假设 int a=1；double d=1.0，计算以下各表达式的值(各表达式互相独立)。

```
a=46/9;
a=-46%9+4*4-2;
a=45+43%5*(23*3%-2);
a%=3/a+3;
d=4+d*d+4;
d+=1.5*3+(++a);
d-=1.5*3+a++;
```

8. 给出下列数学式的 Java 表达式。

(1) $\frac{x+y}{x-y}+\frac{\pi}{x+y}(2+a)$

(2) $x^3+\frac{c+d}{ab}\neq y+\frac{1}{2a}$

9. 给出下面程序的输出结果。

```
public class Test {
public static void main(String[ ] args) {
      char x = 'a';
      char y = 'c';
      System.out.println(++x);
      System.out.println(y++);
      System.out.println(x - y);
}
}
```

10. 编写程序,从键盘上输入存款本金与一年期利率,输出一年后、两年后、三年后的本息值。

本章练习

第3章 控制语句与算法

引言

Java语言与所有的程序设计语言一样,使用选择语句与循环语句控制程序的执行流程。本章主要介绍选择语句、循环语句的语法格式,以及这些语句的用法,并结合具体的例子介绍如何使用这些语句进行算法设计。

观看视频

3.1 Java程序的执行流程

3.1.1 算法的执行

Java语言是一种典型的面向对象程序设计语言,整个程序都是由对象组成的,对象中包含属性与方法两部分。在方法部分编程时,只有输入、计算与输出语句是无法实现复杂的算法功能的,例如,对于求和运算 $f(n)=\sum_{i=1}^{n}\frac{1}{i}$,求出f(n)>=10的最小n。针对这个问题,可以设计如下的算法。

(1) 初始化变量:"f=0,i=0;"。

(2) 如果f<10,则转(3),否则转(6)。

(3) i=i+1。

(4) f=f+1/i。

(5) 转(2)。

(6) n=i,返回n。

从这个简单的算法可以看出,算法的执行是从上到下逐条顺序执行的,在这个顺序执行过程中,需要进行选择判断,并根据选择判断结果控制执行流程(语句)。语句(2)为判断语句,语句(3)~(5)是一个循环累加过程。

Java语言提供了实现上述基本控制结构的语句,有了这些流程控制语句,就可以为任何复杂算法编写程序。

3.1.2 语句块与块作用域

在Java程序中,语句块的概念很重要。语句块又称为复合语句,是指由一对{}括起来的0到多条语句。一个语句块中的语句可以看作一个整体,它们要么都执行,要么都不执行，一个语句块可以嵌套在另一个语句块内。

语句块确定了块内变量的作用域。下面的代码是在 main()方法中嵌套一个语句块，在该语句块中定义了一个块内变量 i。

```
public static void main(String[ ] args) {
  float f = 0;
  …
  { int i = 0;
        …
  }//变量 i 只在本语句块内可见
        …
}
```

在上面的代码中，变量 f 在整个 main()方法内可见，即可以访问，而变量 i 只在嵌套的语句块内可见，在语句块外是不存在的。

Java 不允许在嵌套的两个块中声明同名的变量，例如，下面的代码会报编译错误。

```
public static void main(String[ ] args) {
      float f = 0;
      …
      { int i = 0;
      float f;                    //编译出错,f 不能重复定义
        …
      }
        …
  }
```

3.2 选择语句

选择语句又称为条件语句、分支语句。该语句提供了基于条件的不同，选择不同执行路径的能力。Java 语言的选择语句有两种，分别是 if 语句与 switch 语句。

3.2.1 if 语句

if 语句有三种具体格式，分别是简单 if 语句、if-else 语句和复合 if 语句。图 3-1 给出了这三种 if 语句的流程图。

1. 简单 if 语句

简单 if 语句的格式为

```
if (<逻辑表达式>)
    <语句块>
```

其中，<逻辑表达式>的取值只能是 true 或 false，而且必须用圆括号括起来。该 if 语句的执行流程是先计算<逻辑表达式>的值，如果该值为 true，则执行<语句块>中的语句，否则不执行<语句块>。如果<语句块>只有一条语句，{}可以省略。例如：

```
if (a > b)
   System.out.println("a 大于 b");
```

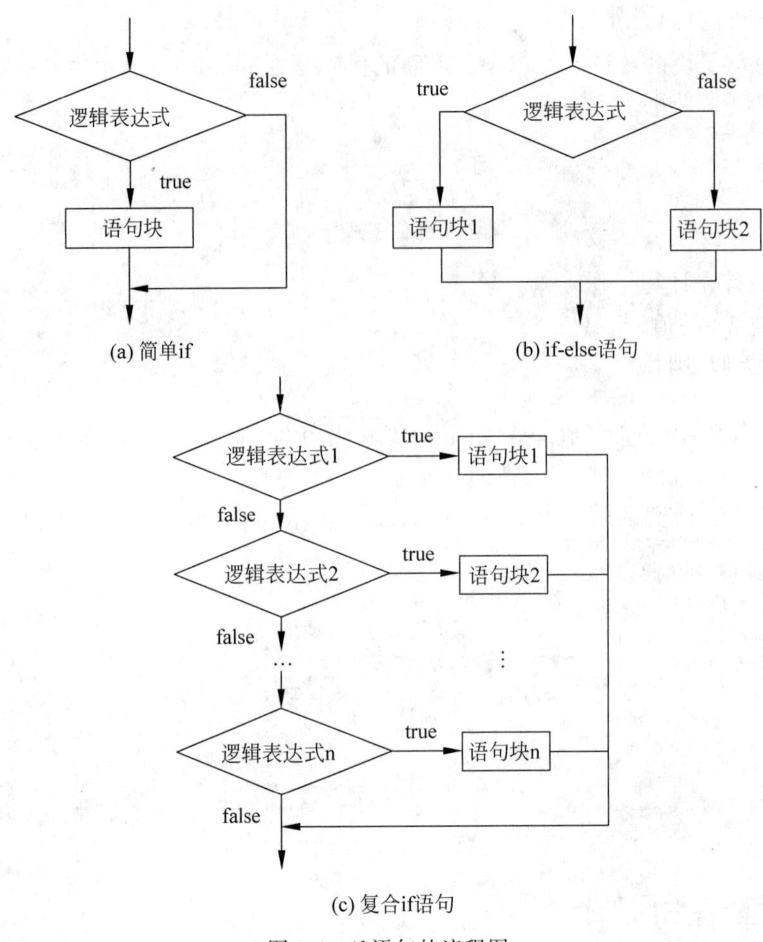

图 3-1　if 语句的流程图

与

```
if (a > b)
   {System.out.println("a 大于 b");}
```

是等价的。

2. if-else 语句

if-else 语句的格式为

```
if (<逻辑表达式>)
   <语句块 1 >
else
   <语句块 2 >
```

该语句执行时，首先计算<逻辑表达式>的值，如果该值为 true，则执行<语句块 1 >，否则执行<语句块 2 >。if-else 语句又称为二择一选择语句。这里<语句块 1 >与<语句块 2 >是指用{}括起来的 0 到多条语句，如果只有一条语句，{}可以省略。

3. 复合 if 语句

复合 if 语句又称为多择一 if 语句，其格式为

```
if (<逻辑表达式 1>)
    <语句块 1>
else if (<逻辑表达式 2>)
    <语句块 2>
  …
else
    <语句块 n>
```

该语句执行时,首先计算<逻辑表达式 1>的值,如果该值为 true,则执行<语句块 1>,否则计算<逻辑表达式 2>的值,如果该值为 true,则执行<语句块 2>,以此类推。如果所有的逻辑表达式的值都为假,则执行<语句块 n>。这种复合的 if 语句实际上是从多个条件中从上到下逐个判断,择一执行。

【例 3-1】 输入三个数,按由小到大的顺序输出。

```
import java.util.Scanner;
public class Example3_1 {
     public static void main(String [] args){
         float a,b,c,t;
         Scanner sc = new Scanner(System.in);
         a = sc.nextFloat();
         b = sc.nextFloat();
         c = sc.nextFloat();
         if (a > b)
               {t = a;
               a = b;
               b = t;
              }
         if (c < a)
               System.out.println("三个数由小到大:" + c + " " + a + " " + b );
         else if (c >= b)
               System.out.println("三个数由小到大:" + a + " " + b + " " + c );
         else
               System.out.println("三个数由小到大:" + a + " " + c + " " + b );
     }
}
```

在 Example3_1 中,用 Scanner 对象 sc 从键盘上读取三个数据,输入的三个数分别存到变量 a、b、c 中。在输入数据时,三个数据用空格分隔,最后按 Enter 键。下面是该程序运行时的数据输入与结果输出。

```
2  3  1
三个数由小到大: 1.0  2.0  3.0
```

程序中,if(a>b){…}是一个简单的 if 语句,该语句实现把两个数中大的放到 a,小的放到 b。第二个 if 语句是一个多择一的复合 if 语句。

3.2.2 switch 语句

观看视频

在处理多个选择时,使用多择一的复合 if 语句有时显得有些笨拙。为此,许多编程语言提供了 switch 语句,该语句的语法结构如下。

```
switch (< switch 表达式>) {
case value1:<语句块 1 >;
            break;
case value2:<语句块 2 >;
            break;
…
case valueN:<语句块 N>;
            break;
default:<其他语句块>;
}
```

图 3-2 给出了 switch 语句的执行流程。从该流程中可以看出，在 switch 语句执行时，首先计算< switch 表达式>的值，然后判断该值是否等于 value1，如果相等，则执行<语句块 1 >与 break；否则判断该值是否等于 value2，如果相等，则执行<语句块 2 >与 break，以此类推。如果该值与所有的 value 值都不等，则执行 default 后的<其他语句块>。

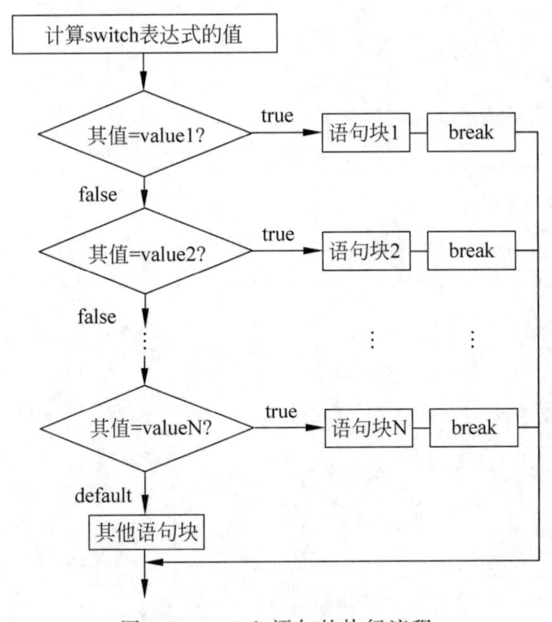

图 3-2 switch 语句的执行流程

这里需要特别说明的是在每个 case 语句末尾的 break 语句，break 语句的功能是跳出该 switch 语句，执行流程跳到 switch 之后的语句。如果在 case 之后没有 break 语句，程序会继续执行下一条 case 语句后的<语句块>，直到遇到 break 或到达 switch 的末尾。

switch 语句有如下规则。

(1) switch 语句可以拥有多条 case 语句。每个 case 后面跟一个要比较的值和冒号。

(2) switch 语句中的 switch 表达式的类型只能为 byte、short、int、char 与字符串，且 case 语句中值的数据类型必须与之相同。

(3) 当 switch 表达式的值与 case 语句的值相等时，case 语句之后的语句开始执行，当遇到 break 语句时，程序跳转到 switch 语句后面的语句执行。

(4) case 语句不必须包含 break 语句，但如果没有 break 语句，程序会继续执行下一条 case 语句后的语句块。

(5) switch 语句的最后可以包含一个 default 分支,其含义是在没有 case 语句的值和 switch 表达式值相等时,执行其后的<其他语句块>。

【例 3-2】 编写一个程序,把百分制的成绩转换成五级分制。

在学生成绩登记中,百分制向五级分制的转换规则是 90～100 分为优、80～89 分为良、70～79 分为中、60～69 分为及格、60 分以下为不及格。下面的程序就是按照这个规则实现转换的。

```
import java.util.Scanner;
public class Example3_2 {
    public static String ptoword(float grad) {              /* 输入分数转换为文字 */
    String result = null;
    switch ((int)grad/10) {
    case 10:
    case 9:
    result = "优";
        break;
    case 8:
        result = "良";
        break;
        case 7:
        result = "中";
        break;
    case 6:
        result = "及格";
        break;
        default:
        result = "不及格";
        }
        return result;
    }
public static void main(String[ ] args)
  {float point = 0;
   Scanner scan = new Scanner(System. in);
   while (true)
       {
           System. out. println("Please input score 0 -- 100:");
           point = scan. nextFloat();
           if (point >= 0 & point <= 100)
           System. out. println("The point is: " + ptoword(point));
           else
           System. out. println("The score should be 0 -- 100");
    }
  }
}
```

3.3 循环语句

观看视频

当程序中出现了大量的重复且有规律的代码段时,可以用循环语句控制重复代码段的执行。例如,如果需要输出 100 次“欢迎,欢迎,热烈欢迎”,不用循环语句会写成下面的形式。

```
System.out.println("1. 欢迎,欢迎,热烈欢迎!");
System.out.println("2. 欢迎,欢迎,热烈欢迎!");
    …
System.out.println("100. 欢迎,欢迎,热烈欢迎!");
```

显然这种写法显得太笨拙了，如果使用循环语句，代码会变得非常简洁。上面的代码用循环语句实现如下：

```
for (int i = 1;i <= 100;i++)
    System.out.println(i + ". 欢迎,欢迎,热烈欢迎!");
```

Java 语言的循环语句有三种，分别是 for 循环、while 循环与 do-while 循环。三种循环语句各有所适应的循环场景，编程人员可以根据实际问题选择合适的循环语句。

3.3.1 while 语句

while 语句是一种常用的循环语句，其语法格式如下。

```
while (<逻辑表达式>) {
    <循环体>;
}
```

其中，<逻辑表达式>是循环控制条件，其值是布尔值 true 或 false。在循环开始执行时，先计算一次<逻辑表达式>的值，若条件为 false，则 while 语句结束；否则执行循环体中的语句并返回到 while 的开始，继续计算<逻辑表达式>并根据该值确定是否继续循环。图 3-3 给出了 while 语句的执行流程。

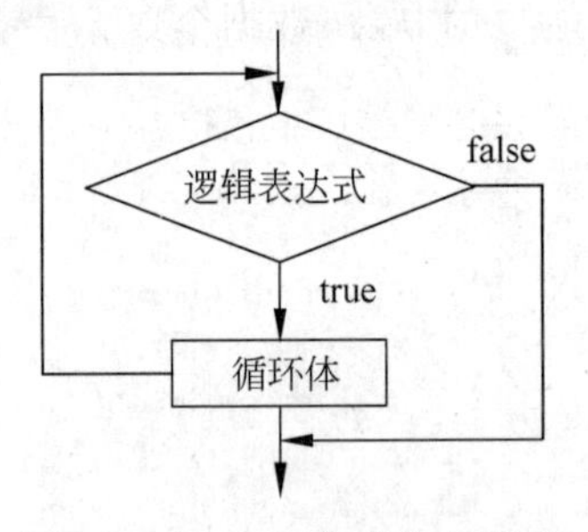

图 3-3 while 语句的执行流程

【例 3-3】 $f(n)=\sum_{i=1}^{n}\frac{1}{i}$，编程求出 $f(n)\geqslant 10$ 的最小 n。

```
public class SmallestN {
    public static void main(String[ ] args) {
        double f = 0;
        long n, i = 0;
        while(f < 10){
            i = i + 1;
            f = f + 1.0/i;
        }
        n = i;
        System.out.println("Smallest n = " + n);
        System.out.println("f(n) = " + f);
    }
}
```

该程序的运行结果如下。

```
Smallesst n = 12367
f(n) = 10.000043008275778
```

3.3.2 do-while 语句

do-while 语句的语法格式如下：

```
do
        <循环体>
while(<逻辑表达式>);
```

其中，<逻辑表达式>是循环控制条件，其值是布尔类型。do-while 语句的执行与 while 语句稍有不同。在 while 语句中，如果一开始的<逻辑表达式>为 false，则循环体一次都不执行；而 do-while 语句的执行流程是先执行循环体，然后再计算<逻辑表达式>，如果该值为 true，则继续循环，直到该值为 false。因而，do-while 语句至少执行一次<循环体>中的语句。这里的<循环体>通常是一个语句块，do-while 语句的执行流程见图 3-4。

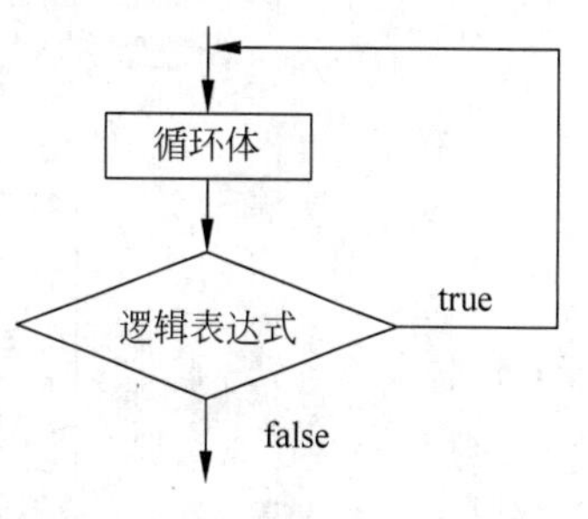

图 3-4 do-while 语句的执行流程

【例 3-4】 从键盘上输入若干数，求这组数据的平方和 s，当平方和 $s>10^8$ 或者输入的数为 0 时，输出数据个数与平方和 s，程序结束。

```
import java.util.Scanner;
public class Example3_4 {
        public static void main(String[ ] args) {
                double s = 0,x;
                int i = 0;
                Scanner sc = new Scanner(System.in);
                do {
                        x = sc.nextDouble();
                        i = i + 1;
                        s = s + Math.pow(x,2);
                } while (x!= 0 && s <= 1.0e + 8);
                System.out.println("输入数据的平方和 = " + s);
                System.out.println("输入数据个数 = " + i);
        }
}
```

在以上程序中，用 Scanner 对象 sc 从键盘上读取 double 类型的值并赋值给 x，然后计算 x 的平方并累加到 s 中，接下来计算逻辑表达式(x! =0 && s<=1.0e+8)的值，如果该值为 true 则继续循环，否则，循环结束，执行后面的输出语句。

需要注意的是，判断输入的 double 类型 x 是否为 0，应当用 Math.abs(x)小于一个足够小的数(这里用 1.0e−10，即 10^{-10})，最好不用 x! =0，这是因为在编程语言中，由有限的二进制位数表示浮点数会存在误差，为了代码安全，当比较两个浮点数是否相等时，通常不用“==”判断，而是用它们的差足够小来判断。

Math.pow(x,2)、Math.abs(x)是 Math 类中的静态方法，分别是计算 x^2 与 $|x|$。

3.3.3 for 语句

for 语句是一种常用的循环语句，语法形式如下：

```
for(<初始化表达式>; <循环条件表达式>; <循环后操作表达式>)
        <循环体>
```

观看视频

for 循环把循环的初始化操作、循环条件、每次循环后的操作都放在 for 后面的圆括号中，表达式之间用英文分号分隔。这里的<循环体>为迭代执行的语句块，是每次循环执行的语句序列。for 语句的执行流程如图 3-5 所示，具体的执行过程如下。

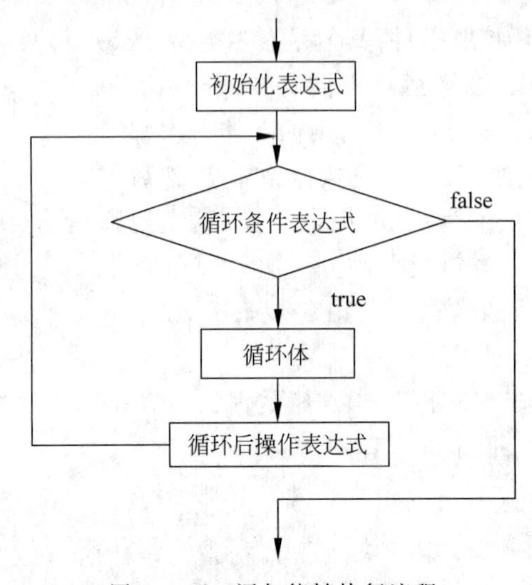

图 3-5　for 语句能够执行流程

第一步，先执行初始化表达式操作，对循环变量赋初值。在整个循环过程中，对循环变量赋初值操作只执行一次。

第二步，计算<循环条件表达式>的值。若该值为 true，表示循环条件成立，则执行<语句块>，然后执行<循环后操作表达式>，再回到本步的开头进行下一次循环。若该值为 false，则循环执行结束，执行流程跳到 for 循环的后继语句。

for 语句中的三个表达式可以都为空，即 for(;;)，表示是一个无限循环(又称死循环)。在这种情况下，循环体中需要根据执行情况，用 break 语句控制跳出循环，否则，程序会进入死循环。

【例 3-5】　编程计算 $1+\frac{1}{1!}+\frac{1}{2!}+\cdots+\frac{1}{10!}$。

```
public class Example3_5 {
    public static void main(String[ ] args) {
        double s = 1;
        long f = 1;
        for (int i = 1;i <= 10;i++)
          {f = f * i;
            s = s + 1.0/f;
          }
```

```
        System.out.println("Eular number = " + s);
    }
}
```

在程序中,用 f 存放 i! 的值,即当 i=1 时,f 中是 1!;在下次循环时,当 i 变成 2 时,执行 f=f * i,把 2! 赋值给 f,以此类推,当 i 循环到 10 时,f 中存放的是 10!。

3.4 跳转语句

在循环语句中使用 break 与 continue 语句可以提供对循环过程的额外控制。在某些情况下,使用 break 与 continue 语句可以简化编程。尽管 Java 提供了这种跳转语句,但由于使用它们可能会使程序难以阅读和调试,在编程时,尽量不要使用它们。

3.4.1 break 语句

在循环执行过程中,如果想在特定条件下退出循环的执行,可以调用 break 语句。下面的程序给出了在循环中使用 break 语句的效果。

```
public class BreakDemo {
    public static void main(String[] args) {
        int sum = 0;
        int number = 0;
        while (number < 20) {
            number++;
            sum += number;
            if (sum >= 100)
                break;
        }
            System.out.println("The number is " + number);
            System.out.println("The sum is " + sum);
        }
    }
```

将整数从 1 到 20 相加,直到和大于或等于 100 时,循环结束。如果没有 if 语句,程序将计算 1~20 的数字之和。在使用 if 语句时,当和 sum 大于或等于 100 时,break 语句控制执行流程跳出循环。

3.4.2 continue 语句

continue 语句可以用在任何循环控制结构中,其功能是跳过循环体中 continue 后剩余的语句而强行执行下一次循环,即终止当前迭代,进入下一次循环。它用在 for 循环体与 while 循环体中,执行过程略有不同。

(1) 在 for 循环中,continue 语句将导致控制流程立即跳到<循环后操作表达式>,更新循环变量,然后进行下一次循环条件判断。

(2) 在 while 循环或者 do-while 循环中,continue 语句控制流程立即跳到<逻辑表达式>计算,并根据该值决定是否继续循环。

下面的程序对1～99中的每个数进行判断，如果这个数是7的倍数或者个位为7，则执行continue语句，跳转到while <逻辑表达式>计算，并根据该<逻辑表达式>的值决定是否继续循环。

```
public class ContinueDemo {
public static void main(String[ ] args) {
    int sum = 0;
    int number = 0;
    while (number < 100) {
        number++;
        if (number % 7 == 0 || number % 10 == 7)
            continue;
        sum += number;
    }
    System.out.println("The sum is " + sum);
}
}
```

该程序最终的运行输出是“The sum is 3879”，该值是1～99中不是7的倍数并且末位不是7的所有数字之和。

3.5 控制语句编程举例

本节通过例子介绍常用的算法设计。

【例3-6】 计算一元二次方程$ax^2+bx+c=0$的根，系数a、b、c从键盘输入。

该程序需要考虑以下几种情况。

(1) a、b都为0，程序应输出“不是方程”信息。

(2) a为0并且b不为0，程序是一元一次方程。

(3) a、b都不为0，这时要判断b^2-4ac的值是否大于或等于0。若$b^2-4ac\geqslant 0$，则输出两个实数，否则，显示方程“没有实数根”。

程序编写如下：

```
import java.util. * ;
public class Example3_6 {
    public static void main(String[ ] args) {
        double a,b,c,x1,x2;
        Scanner scan = new Scanner(System.in);
        System.out.println("input a,b,c: ");
        a = scan.nextDouble();
        b = scan.nextDouble();
        c = scan.nextDouble();
        if (a == 0)
            if (b == 0)
                System.out.println(" a,b 都为 0,不是方程");
            else
                System.out.println(" a 为 0,只有一个根 x = " + ( - c/b));
        else
           if (b * b - 4 * a * c >= 0)
```

```
                { x1 = ( - b + Math.sqrt(b * b - 4 * a * c))/2/a;
                 x2 = ( - b - Math.sqrt(b * b - 4 * a * c))/2/a;
                 System.out.println("x1 = " + x1 + " x2 = " + x2);
                }
            else
                 System.out.println("没有实数根");
    }
}
```

在该程序中,在 if(a==0)…else…之后各嵌入了一条 if-else 语句。在这种 if-else 的嵌套中,if-else 的配对方法是 else 总是和上方还没有配对的 if 配对。

【例 3-7】 求两个正整数的最大公约数。

对于从键盘上输入的两个整数 n1 与 n2,需要先判断是不是都是正整数,如果不是,则显示"n1 和 n2 必须是大于 0 的整数"。如果两个数都是正整数,程序中先把两个数的较小者赋值给变量 n。由于两个数的最大公约不会大于变量 n 的值,因而可以构建循环,判断变量 n,变量 n−1,…,1 能不能整除 n1 和 n2。编写程序如下:

```
import java.util.Scanner;
public class Example3_7 {
    public static void main(String[ ] args) {
        Scanner input = new Scanner(System.in);
        System.out.print("输入第一个整数: ");
        int n1 = input.nextInt();
        System.out.print("输入第二个整数: ");
        int n2 = input.nextInt();
        int gcd = 1;
        int n;
        if (n1 > 0 && n2 > 0) {
            if (n1 >= n2)
                n = n2;
            else
                n = n1;
            while (n >= 1) {
                if (n1 % n == 0 && n2 % n == 0)
                {gcd = n;
                 break;
                }
                n--;
            }
            System.out.println( n1 + " 和 " + n2 + " 最大公约数是: " + gcd);
        } else
            System.out.println("n1 和 n2 必须是大于 0 的整数");
    }
}
```

【例 3-8】 在屏幕上输出九九乘法口诀表。

要输出一个九九乘法口诀表,需要二重循环。程序代码与输出如下:

```
import java.util.Scanner;
public class Example3_8 {
```

```
    public static void main(String[ ] args) {
        int i,j,n;
        Scanner scan = new Scanner(System.in);
        System.out.print("输入 n");
        n = scan.nextInt();
        System.out.println("                    九九乘法口诀表");
        i = 1;
        System.out.print(" ");
        while (i <= n)
        {System.out.printf(" %6d",i);
            i++;
        }
        System.out.println();
        i = 1;
        while (i <= n)
        {System.out.print(" ------- ");
            i++;
        }
        System.out.println();
        i = 1;
        while (i <= n)
        {System.out.printf(" %2d",i);
            System.out.print("| ");
            j = 1;
            while (j <= n)
            {
                System.out.printf(" %6d",i * j);            //使用格式化输出
                j++;
            }
            System.out.println();
            i++;
        }
    }
    }
```

为了使输出的九九乘法口诀表每列对得整齐，需要让每列数据占相同的宽度，为此程序中使用printf("%6d",x)格式化输出整数 x，其含义是以 6 为宽度、右对齐的格式输出整数 x。程序的运行结果如下：

```
输入 n: 10
                          九九乘法口诀表
          1      2      3      4      5      6      7      8      9      10
-----------------------------------------------------------------------------
  1|      1      2      3      4      5      6      7      8      9      10
  2|      2      4      6      8     10     12     14     16     18      20
  3|      3      6      9     12     15     18     21     24     27      30
  4|      4      8     12     16     20     24     28     32     36      40
  5|      5     10     15     20     25     30     35     40     45      50
  6|      6     12     18     24     30     36     42     48     54      60
  7|      7     14     21     28     35     42     49     56     63      70
  8|      8     16     24     32     40     48     56     64     72      80
  9|      9     18     27     36     45     54     63     72     81      90
 10|     10     20     30     40     50     70     70     80     90     100
```

【例 3-9】 求所有的水仙花数。

水仙花数是指一个 3 位整数,它的每个位上的数字的 3 次幂之和等于它本身,例如:$1^3+5^3+3^3=153$。本程序采用穷举法,逐个测试三位整数(100～999)是不是水仙花数。程序代码如下:

```
public class Example3_9 {
    public static void main(String[] args) {
        System.out.print("水仙花数有:");
        int i,j,k;
        int num1,num2;
        for (i = 1;i <= 9;i++)
          for (j = 0;j <= 9;j++)
            for (k = 0;k <= 9;k++){
                num1 = (int)(Math.pow(i,3) + Math.pow(j,3) + Math.pow(k,3));
                num2 = i * 100 + j * 10 + k;
                if (num1 == num2)
                  System.out.printf(" %7d",num2);
              }
        }
    }
```

运行该程序,输出结果如下:

```
水仙花数有: 153   370   371   407
```

【例 3-10】 输出斐波那契数列的前 20 项。

斐波那契数列指的是这样一个数列:1,1,2,3,5,8,13,21,34,55,89,…,这个数列从第 3 项开始,每一项都等于前两项之和。基于这一描述,可以用循环迭代的方法,每次循环中,用序列中前面两个值计算当前值,输出该序列,程序代码如下:

```
public class Example3_10 {
    public static void main(String[] args) {
        int a = 1;
        int b = 1;
        int t;
        System.out.printf(" %6d %6d",a,b);
        for (int i = 2;i <= 20;i++){
            t = a + b;
            System.out.printf(" %6d",t);
            a = b;
            b = t;
        }
    }
}
```

对于斐波那契数列,还可以采用如下的递归形式进行定义。

$$f(n)=\begin{cases}1, & n=1 \text{ 或 } n=2\\ f(n-1)+f(n-2), & n>2\end{cases}$$

Java 允许递归调用,即一个方法直接或间接地调用自己。采用递归编程,程序代码如下。

```
public class FibonacciRecursion {
    public static int fib(int n){
        if (n<=0)
            return -1;
        else if (n<=2)
            return 1;
        else
            return fib(n-1)+fib(n-2);
    }
    public static void main(String [] args){
        int i;
        System.out.println("斐波那契数列:");
        for (i=1;i<=20;i++)
            System.out.printf("%6d",fib(i));

    }
}
```

在编程时，虽然递归算法使程序看来非常简洁，但是递归程序需要频繁地进行方法调用，运行效率比较低，计算时间比较长。

习题

1. 阅读以下Java语言程序的片段，写出程序的输出结果。

```
int t = 198;
do{
   System.out.println(t);
   t = t / 2;
} while(t > 0);
System.out.println("t=" + t);
```

2. 阅读以下Java语言程序的片段，写出程序的输出结果。

```
for (int i = 1; i < 4; i++) {
  for (int j = 1; j < 4; j++) {
      if (i * j > 2)
      continue;
      System.out.println(i * j);
      }
  System.out.println(i);
}
```

3. 把下面的代码转换成switch语句。

```
if (a == 1)
    x += 5;
else if (a == 2)
    x += 10;
else if (a == 3)
    x += 16;
```

```
else if (a == 4)
    x += 34;
else
    x += 100;
```

4. while 循环和 do-while 循环的区别是什么？将以下循环转换为 do-while 循环执行。

```
int sum = 0;
int number = input.nextInt();
while (number != 0) {
sum += number;
number = input.nextInt();
}
```

5. 在循环中，break 与 continue 的作用是什么？下面的两程序段哪个存在问题？为什么？

```
int x = 200;                        int x = 200;
while(true){                        while(true){
if(x<9)                             if(x<0)
break;                              continue;
x = x - 8;                          x = x - 8;
}                                   }
System.out.println("x is" + x);     System.out.println("x is" + x);
```

6. Math.random()可以产生 0～1 随机的小数，通过运算可以把该数转换成 0～100 的随机整数。先编程产生 0～100 的随机整数 x，然后让用户输入对该数的猜测值 guess。如果 guess 等于 x，则显示“猜测正确”，否则显示 guess 值是大了还是小了，提示用户继续猜测，直到猜测正确为止。

7. 编写一个程序，从键盘读取一个整数，编写程序显示其所有最小的因子。例如，如果输入整数为 48，则输出如下：2、2、2、2、3。

8. 从键盘输入一个整数，判断并显示该数是不是素数。

9. 回文素数是指一个整数 n 从左向右和从右向左读其结果值相同且是素数。编程求出 1000～100 000 的回文素数。

10. 输入三角形的三条边 a、b、c，判断并输出能否构成三角形(任意两条边的和大于第三条边)，如果能构成三角形，输出是什么类型的三角形(等边、等腰、直角)。

11. 编写一个程序，提示用户输入一个 1～20 的数，并显示一个金字塔，示例运行结果如下所示。

```
"C:\Program Files\Java\jdk1.8.0_281\bin\java.exe" …
Please input n:6
                          1
                       2  1  2
                    3  2  1  2  3
                 4  3  2  1  2  3  4
              5  4  3  2  1  2  3  4  5
           6  5  4  3  2  1  2  3  4  5  6
```

12. 编写一个程序，提示用户输入'A'～'Z'中的一个字符，并显示一个金字塔。例如，输入 H，则显示由 A 到 H 形成的金字塔，示例如下。

```
"C:\Program Files\Java\jdk1.8.0_281\bin\java.exe" …
请输入字符：H
                              A
                            B A B
                          C B A B C
                        D C B A B C D
                      E D C B A B C D E
                    F E D C B A B C D E F
                  G F E D C B A B C D E F G
                H G F E D C B A B C D E F G H
```

13. 给出递归计算 n!的方法 factorial(int n)，并编写主程序调用该递归方法。

14. 用 Java 语言编写程序，计算 e=1+1/1!+1/2!+…+1/n!。要求 e 值精确到小数点后第 6 位。试比较 n! 计算调用递归方法与不用递归方法的运行时间差异。

15. 完全数又称完美数，即如果一个正整数等于它的所有正因数的和，则它被称为完全数。例如，6 是第一个完全数，因为 6=3+2+1，下一个完全数是 28(28=14+7+4+2+1)。编写一个程序来找到 1～10 000 所有的完全数。

16. 在数学上可以用下面的公式计算 π。

$$\pi=4\left(1-\frac{1}{3}+\frac{1}{5}-\frac{1}{7}+\cdots+\frac{1}{2i-1}-\frac{1}{2i+1}\right)$$

编程显示 i=100、1000、10 000、100 000 时的 π 值。

17. 编程统计全班的 90～100 分、80～89 分、70～79 分、60～69 分、不及格的人数。学生成绩由键盘输入，输入−1 表示结束。

第4章 对象和类

对象和类是面向对象程序设计中的重要概念，是Java程序构成的核心。本章围绕面向对象编程思想，对相关概念与技术进行论述。首先介绍面向对象的基本概念，包括对象、类、封装、继承、多态和消息等概念；然后讲解Java中类的构成和定义、对象的创建和访问，以及构造方法和成员方法的重载；最后介绍访问修饰符及其使用，以及Java常用包的功能及其引用。

4.1 面向对象编程的基本概念

面向对象(Object Oriented，OO)的思想就是将一切事物都看成是对象，这种思想涉及面向对象软件开发的各个方面，如面向对象分析(Object Oriented Analysis，OOA)、面向对象设计(Object Oriented Design，OOD)和面向对象编程(Object Oriented Programming，OOP)。OOP中，程序是由对象构成的，OOP的概念包含对象、类、封装继承、多态和消息，其中对象和类是OOP的核心。

目前，程序设计主要分为两类：一类是面向过程的程序设计，代表性的语言有C、Fortran等；另一类是面向对象的程序设计，代表性的语言主要有Java、C++、C#、Python等。面向对象程序设计是当前广泛采用的一种程序设计思想和方法，它主要是用类似于人类思维的模式去理解和解决程序设计中的问题，如将客观世界中的各种事物抽象为对象，每个对象都拥有自己的状态(对象的属性)和行为(对象的方法)，各对象之间通过方法的调用实现通信，最终完成需求任务。与面向过程相比，面向对象的模块化程度更高，具有更强的描述客观事物的能力，适合大型软件项目的开发。

为了更好地理解面向对象的特征，下面介绍OOP中的一些概念。

1. 对象

在客观世界中，所有的系统都是由对象组成的，每个对象都有自己的状态与行为，对象之间可以互相交互以完成更加复杂的功能，如一名学生可以看作一个对象，他具有学校、姓名、学号、年级和班级等状态属性，具有学习、运动和比赛等行为。这里提到的学生对象，就是把他作为一个包含属性和行为的整体来考虑的。在面向对象的编程中，一个程序中的对象就是客观世界中对象的抽象，即利用一个或多个变量来记录对象的状态属性，用一个或多个方法来描述对象的行为，这就是面向对象程序设计的原理。

2. 类

按照人类的思维模式，世界上的事物都是分类定义的，如教授、副教授、讲师、助教等，他们虽有不同的职称，但都属于教师类；大学生、中学生、小学生都属于学生类；轿车、卡车、客车等都属于机动车类。客观世界将具有相似特征和行为的对象划分为同一个类别或者类型，按类来定义和命名，其目的是便于管理。

同样，在面向对象的程序设计中，也是通过类对对象进行划分的。程序设计中的类是对现实世界某些对象的共同特征和行为的抽象，所以类可以定义为具有共同属性和行为对象的抽象描述。通常，类被称为模板，对象就是由这些模板产生的。例如，当确定某个对象属于教师类时，就确定了该对象拥有教师类的特征和行为；当确定某个对象属于学生类时，就确定了该对象拥有学生类的特征和行为。因此，可以从一类具有相同属性和行为的教师对象中抽象出一个教师(Teacher)类；从一类具有相同属性和行为的学生对象中抽象出一个学生(Student)类。例 4-1 是用面向对象程序设计中的类表示教师类的特征和行为的例子。

【例 4-1】 用面向对象程序设计中的类表示教师类的特征和行为。

```
class Teacher {
    String department;                    //部门
    String name;                          //姓名
    String title;                         //职称
    boolean gender;                       //性别
    int age;                              //年龄
    void lecturing(){                     //教师的教学行为
        System.out.print("we will give lectures");
    }
    }
```

教师类中 department、name、title、gender 和 age 等声明的是教师的特征，称为属性；lecturing()描述的是教师共有的行为，称为方法。

由此可见，类是所有具有相同特征和行为的对象的抽象，而属于一个类的某一个对象是类的一次实例化的结果，因而类的一个对象也称为类的一个实例。

3. 封装

封装是隐藏对象的属性和行为细节的一个手段，它隐蔽了类的具体实现功能，使得一个类在使用其他类中的功能时，不必了解这个类的内部细节是如何实现的，只需明确它所提供的外部接口即可，这种机制为类模块的重复使用和类间的相互调用提供了有利条件：当外部要想使用该类的功能时，只需通过其提供的外部接口就可以使用。以手机为例，无论手机的内部结构有多复杂，用户都无须关心，只需要通过手机对外的按键、触摸屏上的按钮提示等进行操作就可以了。手机运行的实现细节被隐藏(封装)在它的机壳里，不需要对外公开，用户也无须知道。

面向对象的程序设计语言提供了这种能将对象中的属性和方法隐藏起来的机制，称为“封装”。对于隐藏起来的数据，只有对象自己的方法才能操作，从而保证对象的安全性和完整性。

面向对象的程序设计语言，主要是通过访问控制机制进行封装，这种机制是通过访问修饰符来控制和实现对象的属性和方法能否被外部访问。

4. 继承

继承是通过已有的类来创建新类的机制,从而达到代码复用的目的。利用继承,可以先创建一个拥有公共属性和行为的一般类,再根据该一般类创建具有特殊属性和行为的新类。新类可以继承一般类的属性和行为,同时可以根据需要,增加自己新的属性和行为。在面向对象的程序设计中,用于继承的一般类被称为父类或超类,由继承而得到的类被称为子类。

在Java程序设计中,新类可以根据需要继承语言本身提供的、其他程序员编写的或本程序员已经编写的类,来扩展新类自己的属性和方法。Java中的类只支持单重继承,不支持多重继承,即一个子类只能有一个父类。但是,Java中提供了接口类型解决多重继承的问题,一个类可以在继承一个父类的同时实现多个接口。

5. 多态

在自然界中,多态通常是指一个物体在不同的情况下表现出的不同的形态,如水有固态、液态和气态三种形态。在面向对象的程序设计中,多态一般被定义为对象的一个方法,具有不同的代码实现。Java中的多态分为静态多态与动态多态。

静态多态,也称为编译时多态,是由方法重载(Overloading)引起的一种多态形式。方法重载是指同一个类中的多个方法具有相同的名字,但具有不同的参数列表。不同的参数列表指的是参数的个数不同、顺序不同或者类型不同。例如,两个数相加的add(x,y)方法,如果x与y是两个整数,它由计算两个整数相加的代码实现;而如果x与y是两个字符串,它就是把两个字符串连接起来。

动态多态,由继承机制实现,是由子类方法覆盖(Overriding)父类中相同方法引起的一种多态形式。由于它是通过程序执行时代码动态绑定机制实现的,也称为运行时多态。子类继承父类时,当子类对继承到的父类中的方法重新定义时,就称子类对父类中的方法进行了方法覆盖。

Java中提供了两种多态的实现机制:方法重载时实现的静态多态和方法覆盖时实现的动态多态。

6. 消息

对象是独立又彼此联系的,对象间通过消息传递相互通信,来模拟现实世界中不同实体间的联系。对象与对象之间只有通过消息传递实现功能调用,才能完成复杂的软件功能。在程序设计中,根据需求调用某个对象的方法时就存在消息的传递。

4.2 类和对象

观看视频

4.2.1 类的构成

Java程序是由类组成的。类是构成Java程序的基本要素,是Java中一种重要的复合数据类型。

Java程序编写类的过程如下。

(1) 从需求中抽象出对象。

(2) 对对象进行分析,给出对象所对应的类。

(3) 给出每个类的属性和方法。

（4）给出类的定义(类名、属性和方法)。

【例 4-2】 编写表示学生特征(属性)和行为(方法)的学生类。

```
class Student {                              //类声明
    //类主体
        String name;                         //姓名属性
        String number;                       //学号属性
        String grade;                        //年级属性
        String major;                        //专业属性
        int age;                             //年龄属性
        void study(){                        // 行为方法
            System.out.print(name + "正在教室学习");
        }
    }
```

从本例中可以看出，Java 中一个类的定义格式分为两部分：类声明和类主体。类声明由关键字 class 和类名构成；类主体由属性和方法构成，其中的属性又形象地称为成员变量，方法称为成员方法。

类定义的基本格式如下：

```
<类声明>{
<类主体>
}
```

1. 类声明

Java 类声明的完整语法格式定义如下：

```
[类修饰符] class 类名 [extends 父类名][implements 接口名列表]
```

类声明通过关键字 class 说明需要定义一个类，类名必须是 Java 合法的标识符，应遵循 Java 类命名规范，如类名通常要求首字母大写而且见名知义。如果类名由多个单词构成，则每个单词的首字母都大写。

语法格式定义中，有多个[]，其含义表示这些内容都是可选的，具体含义如下。

1）类修饰符

类修饰符包含访问控制修饰符(只允许公共修饰符 public 和默认修饰符(修饰符为空，简称为默认)两种，详见 4.6 节)、抽象类修饰符 abstract、最终类修饰符 final。这里，abstract 和 final 不能同时修饰一个类。

2）extends 父类名

extends 关键字用来表明创建的类继承的是哪个父类，其后只能有一个父类名。若类的定义中无 extends，则该类的父类默认为 java.lang.Object 类。例如，例 4-1、例 4-2 中的 Teacher 和 Student 类的父类都默认为继承 Object 类。

3）implements 接口名列表

implements 关键字用来表明创建的类实现了哪些接口，其后可以有多个接口名，多个接口名之间用逗号分隔。

一个完整的类声明示例如下：

```
public class StudetManagementSystem extends javax.swing.JFrame implements java.awt.event.
ActionListener,java.awt.ActiveEvent
```

其含义是声明了一个公共类StudentManagementSystem，该类继承了javax.swing包中的JFrame类，同时实现了java.awt.event包中的ActionListener接口和java.awt包中的ActiveEvent接口。

2. 类主体

类主体就是用一对花括号括起来的类体。在类体中可以完成成员变量的声明和成员方法的定义和实现，如例4-1和例4-2中的Teacher类和Student类的类主体。当然，类主体中也可以不出现任何成员变量和成员方法，如：

```
class Teacher{
}
```

这样的Teacher定义也是合法的。只不过表明该类是一个空类，只是提供一个类的声明形式而已，类中既没有属性也没有方法。

类主体中除了成员方法外，还存在一种特殊的方法，称为构造方法。

类主体的基本格式如下：

```
{
    [成员变量声明;]
    [构造方法声明;]
    [成员方法声明;]
}
```

3. 成员变量

定义在类之内、方法体之外的变量，称为成员变量。成员变量的作用域是整个类，可被同一个类中所有的方法访问。需要特别注意的是，在方法体内声明的变量为本地变量，也叫局部变量，它的作用域仅在方法体内。

成员变量的声明格式为：

```
[变量修饰符] 类型 变量[ = 初始值];
```

一个类中可以有一个或多个成员变量声明，也可以没有。其中的[]中的选项是可选的，具体含义如下。

1) 成员变量修饰符

成员变量修饰符主要用来设置成员变量的访问权限和类型等特性。

(1) 成员变量的访问权限修饰符public、protected、默认和private。

Java语言提供public、protected、默认和private共4种访问修饰符，以赋予成员变量被访问的权限范围，其中public修饰的成员变量完全公开，没有任何限制，可被任何程序包中的类访问；protected修饰的成员变量可被类自身、子类、同一包中的类访问；成员变量之前没有显示声明访问权限的，即修饰符为空，则默认可被类自身和同一包中的类或子类访问；private修饰的成员变量只能被本类访问。关于访问权限的差别与使用，将在4.6节通过实例进行更详细的说明。

（2）成员变量的类型修饰符 static。

成员变量前有 static 修饰符修饰时，表示该变量是静态变量（又称为类变量）。类的静态变量是在类编译生成字节码时就创建好的，被保存在该类代码的内存区的公共存储单元中，因而静态变量又称为类变量，可以直接通过类名访问类变量。

静态变量通常用于记录类中所有对象共有的值；如可以在例 4-1 中的 Teacher 类中增加一个存放全校教师人数的静态变量，该静态变量就属于整个 Teacher 类，而不需要在每个教师对象中重复声明这个值。

```
class Teacher {
    static int numberOfTeacher = 1500;   //存放全校教师人数的静态变量
    //…
}
```

成员变量前没有 static 修饰符修饰时，表示的是实例变量。实例变量属于对象，因此也叫对象变量，与具体的对象相关联，实例变量被每个实例保存在自己的存储区中。因此，实例变量的访问，必须通过实例对象才能完成。实例变量的声明在类定义中具有自己的独特地位和重要性。如例 4-1 中的 Teacher 类中，将姓名 name、职称 title、部门 department、性别 gender 和年龄 age 定义为实例变量，是因为每一个人都拥有自己的 name、title、department、gender 和 age，所以 name、title、department、gender 和 age 是确定了一个特定 Teacher 对象的成员数据。

（3）常量修饰符 final。

当成员变量前的修饰符为 final 时，则这个成员变量被称为成员常量。成员常量的特点是，它在声明时进行初始化赋值，它的值在整个程序运行的过程中始终保持不变。成员常量分为类常量和实例常量，它们的定义形式如下：

```
final static int X = 5;                         //类常量 X
final int Y = 5;                                //实例常量 Y
```

如 java.lang 包中的 Math 类，就定义了这样的一个类常量：

```
public static final double PI = 3.141592653589793;
```

由于这样的类常量是定义在一个公共类 Math 中，所以可以在任何代码中通过 Math.PI 访问。

2）类型和初始值

修饰变量的类型可以是基本数据类型，也可以是引用类型，如数组、类和接口等。在声明成员变量时，可以根据需要为其赋初值，也可以不赋初值。如“int i=10,j,k;”中，为 i 赋初值 10,j、k 没有赋初值，Java 虚拟机会为它们赋上默认的初始值 0。

4. 成员方法

类中的方法是通过成员方法来定义的，它被定义在所属类之内。方法定义了对象所具有的功能或操作，反映了对象的行为。成员方法与函数的概念类似，可以在不同的程序段中调用。

成员方法的声明格式为：

```
[方法修饰符] 方法返回值类型 方法名([参数列表])
{
  [方法体;]
}
```

成员方法声明包括方法头和方法体两部分。方法头由方法修饰符、返回值类型、方法名，以及参数列表构成；方法体包括在花括号内部，它可以没有任何语句。一个类可以根据需要声明多个成员方法，也可以没有。

1）方法修饰符

方法修饰符既可以确定成员方法的访问权限，又可以确定成员方法的类型特性。

(1) 成员方法的访问权限。

确定成员方法的访问权限修饰符及其访问的权限范围与成员变量类似，仍是 public、protected、默认和 private 共 4 种访问控制符。

(2) 成员方法的类型特性。

确定成员方法类型的修饰符有 static、final、abstract、synchronized 和默认，其中，由 static 和默认声明的方法同成员变量的 static 和默认声明含义一致，由 static 声明的方法称为类方法(又称为静态方法)，其访问性质与类变量类似，即通过类名就可以访问该 static 方法；方法名前没有 static 时，表示是实例方法(或对象方法)，其访问和性质与实例变量类似。

由 final 修饰的方法称为最终方法，最终方法不能被子类重写。

由 abstract 修饰的方法称为抽象方法，该方法只有方法声明，没有方法体，如"abstract void work();""abstract String getStr();"均表示为抽象方法。

synchronized 修饰方法能够避免多个线程在同一时间执行同一代码段内的代码，用于线程同步。

2）方法返回值类型

成员方法的返回值类型为 Java 语言的任何数据类型，包括基本数据类型、引用类型，也可以是 void 类型。当方法中有 return 语句时，return 语句中返回的数据类型必须与方法声明中的返回值类型一致；当方法中没有 return 语句时，方法声明中的返回值类型一定是 void。

3）方法名

成员方法名必须用 Java 合法标识符命名，命名时建议遵照 Java 开发默认的命名规范。Java 允许在同一个类中出现多个具有相同的方法名但参数列表不同的方法，这实际上就是方法重载。

4）参数列表

成员方法的参数列表中可以有 0 个或多个参数项(参数项由数据类型和参数名构成)，相邻的两个参数项之间用逗号间隔。在方法调用时，按参数项个数和数据类型实现传递。

5）方法体

方法体存在于一对{}中，是方法定义的主要部分，用来提供方法实现的功能代码。在方法体内可以定义局部变量，其作用域仅在方法体内。

5. 构造方法

构造方法也称为构造函数、构造器。构造方法是存在于类中的一个特殊的方法，它不同于类的成员方法。它是一个用来创建对象，并且初始化对象属性（也即成员变量）的特殊方法，是在对象创建时调用的方法。构造方法要求与类名相同且没有任何返回值类型，包括void也不能出现。

构造方法的声明格式为：

```
[访问修饰符] 构造方法名([参数列表]) {
  [方法体;]
}
```

1）构造方法声明的具体含义

（1）构造方法访问修饰符：只能是public、protected、private和默认访问修饰符，不能使用其他修饰符。

（2）构造方法名：构造方法的名称必须与类的名称相同。

（3）参数列表：参数列表中可以有0个或多个参数项，相邻的两个参数项之间用逗号间隔，参数类型可以是基本数据类型，也可以是引用类型。

（4）构造方法的执行：构造方法的功能是创建对象，只能通过new运算符访问并执行构造方法；在构造方法中可以通过this引用当前类的构造方法，通过super访问父类的构造方法，但必须是构造方法体中的第一条语句。

注意：构造方法不能有返回值类型，即使是void类型也不允许。

构造方法有默认的和自定义的两种。

2）默认的构造方法

当类中没有提供任何构造方法时，就会存在一个默认的无参构造方法，该构造方法具有以下特点。

（1）无形参、方法体中无语句。

（2）功能是创建对象并给对象的成员变量赋约定的初始值。

（3）构造方法的访问级别取决于类的访问级别。若类的访问级别为public，则默认构造方法的访问级别也是public；若类的访问级别是默认的，则默认构造方法的级别也是默认的。

例4-1、例4-2中的Teacher类和Student类中没有显式地声明构造方法，但它一定存在一个默认的构造方法，即相当于有默认的构造方法Teacher(){}和Student(){}。

3）自定义的构造方法

默认的构造方法不能较好地解决对象的初始化问题，只有自定义的构造方法才可以协助程序员根据需求解决对象的初始化问题。

【例4-3】 构造方法的创建（为例4-2中的Student类创建自定义的构造方法）。

```
class Student {
      String name;
      String number;
      String grade;
      String major;
```

```
    int age;
    Student(String xm,String xh){                    //自定义的构造方法
        name = xm;
        number = xh;
    }
    void study(){                                    //行为方法
        System.out.println("姓名:" + name + "[学号" + number + "],正在教室学习");
    }
    }
```

本例中增加了自定义的构造方法 Student(String xm,String xh),设置了形参 xm 和 xh 用于接收某个对象的实参姓名和学号。在创建对象时,就能够根据接收到的参数设置对象初始状态,即具备了姓名和学号这一初始状态。

需要注意的是,一旦在类中提供了自定义的构造方法,默认的无参构造方法就不存在了。例如在例 4-3 的 Student 类中,由于提供了 Student(String xm,String xh)构造方法,默认的 Student(){}构造方法就不存在了。

4.2.2 类的使用

类是对具有相似特征和行为的一系列对象的抽象,是对象创建的模板。对象是类的一个实例,因此对象和实例可以互称,类的实例也即类的对象。

类变量和类方法也叫静态变量和静态方法,用 static 修饰,是属于类的,可以由类直接访问,不需要创建对象就可以使用。实例变量和实例方法也叫对象变量和对象方法,是属于对象的,必须通过对象才能访问,所以类必须实例化创建对象。

1. 对象声明

声明对象的格式如下:

```
类名 对象名;
```

依据例 4-1 创建的 Teacher 类,可以声明一个 teacher 对象如下。

Teacher teacher;

这里声明的对象名 teacher 还只是一个空对象,它还没有引用任何实体。

2. 对象创建

创建对象的格式如下:

```
对象名 = new 类名([参数列表]);
```

new 运算符用于创建一个类的对象并返回该对象的引用,它是为新建对象开辟内存空间的运算符,其中,如果[]中有参数列表,那么类定义中就需要有带参数列表的构造方法。当在程序中创建了某个类的一个对象时,就意味着在内存中开辟了一块存储区,用于保存该对象的属性,这个对象将拥有某个类中定义的全部变量和方法。

例 4-1 中 Teacher 类的对象已经声明完成,就可以通过 new 语句创建一个或多个对象。例如:

```
Teacher teacher1, teacher2;
teacher1 = new Teacher();        //创建了 teacher1 对象,同时执行了默认的构造方法 Teacher()
teacher2 = new Teacher();        //创建了 teacher2 对象,同时执行了默认的构造方法 Teacher()
```

也可以同时完成对象的声明和创建，例如：

```
Teacher teacher1 = new Teacher();
Teacher teacher2 = new Teacher();
```

这些对象被分配不同的内存空间，改变其中任何一个对象的实例变量都不会影响其他对象的实例变量。图 4-1 给出了创建对象的示意图，teacher1 和 teacher2 分别引用了 Teacher 类的两个对象，它们分别拥有各自的 name、number 等属性，对 teacher1 对象的各属性进行赋值并不会影响 teacher2 对象的各属性的值。

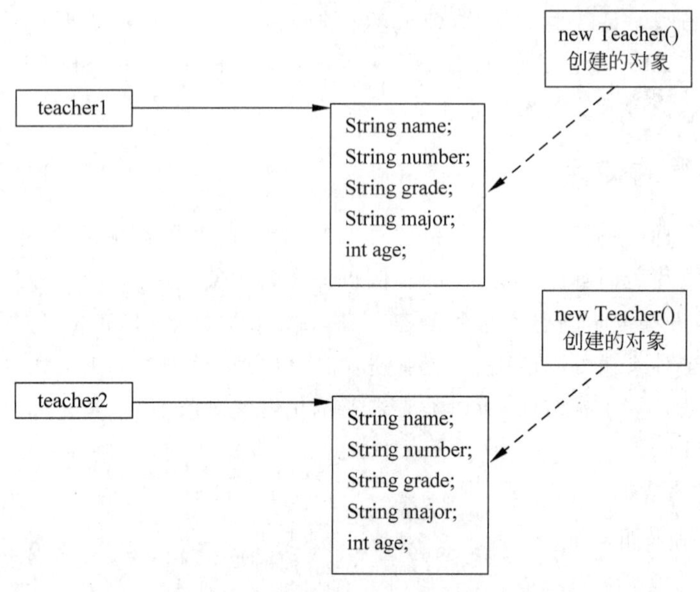

图 4-1　对象创建示意图

3. 对象使用

对象的使用可以通过“.”运算符来实现对自己的变量和方法的调用。要访问或调用 teacher 对象的属性或方法，需要首先访问这个对象，然后用运算符“.”连接这个对象的某个属性或方法。如将 teacher 对象的 name 属性设为 Johnason，则赋值语句为 teacher. name＝"Johnason"。

【例 4-4】 实例变量与类变量的区别。

```
class MyStatic {
        static int num;                    //类变量,记录参观人数
        String name;                       //实例变量
        MyStatic(String s){
            num++;
            name = s;
        }
    }
```

```
class Example4_4{
    public static void main(String args[]){
        MyStatic ms_1,ms_2;              //声明 ms_1 和 ms_2 为 MyStatic 对象
        ms_1 = new MyStatic("王薇");   //创建 ms_1 对象
        ms_2 = new MyStatic("李刚");   //创建 ms_2 对象
        System.out.println("参观总人数:" + MyStatic.num);
        System.out.println("参观人员:" + ms_1.name);
        System.out.println("参观人员:" + ms_2.name);
    }
}
```

程序的运行结果如下：

```
参观总人数: 2
参观人员: 王薇
参观人员: 李刚
```

本例中创建了 ms_1 和 ms_2 两个对象，num 是类变量，它记录了总的参观人数，是整个类共享的值。name 是实例变量，记录的是每个参观人员的姓名。

【例 4-5】 构造方法的执行（使用例 4-3 中的 Student 类）。

```
public class Example4_5{
    public static void main(String args[]){
        Student stu_1,stu_2;
        stu_1 = new Student("Thomas","xh20210706");  //执行 Student 类中自定义的构造方法
        stu_2 = new Student("Linda","xh20210707");   //执行 Student 类中自定义的构造方法
        stu_1.study();
        stu_2.study();
    }
}
```

程序的运行结果如下：

```
姓名: Thomas[学号 xh20210706],正在教室学习
姓名: Linda[学号 xh20210707],正在教室学习
```

本例中创建了 stu_1 和 stu_2 两个对象，同时分别执行了 Student 类中自定义的构造方法 Student(String xm,String xh)。

4. 对象释放

对象一旦被创建，系统就会为它分配一个内存空间。当对象的使命完成以后，应该将其从内存中清除，回收对象所占用的内存空间。清除对象的过程被称作垃圾回收，在 Java 中，垃圾回收是由 Java 运行环境提供的一个系统级的垃圾回收器（Garbage Collector，GC）自动完成内存回收功能（回收的是那些没有引用与之相连的对象所占用的内存），垃圾回收器周期性地释放无用对象使用的内存，自动完成垃圾回收，将无用对象释放。Java 采用自动垃圾回收机制进行内存管理，程序员无须跟踪每个生成的对象，大大简化了编程工作。

但是 Java 运行系统并不是根据算法处理的实际需要去判断一个对象是否为垃圾，而是根据该对象是否被其他变量引用来判断。因此可能会出现一个对象实际上不需要了，但是该对象却长期占用着其内存空间的情况。作为程序员，当认为一个引用类型变量不会再被

程序使用时，可在程序中及时地将其主动设置为 null。如，引用类型变量 stu_1、stu_2 不再需要时，可主动将其设置为 null，即 stu_1＝null，stu_2＝null。

4.3 this 的使用

观看视频

关键字 this 是 Java 中的一个特殊的引用变量，它是为了解决一个方法需要引用当前对象的问题。关键字 this 可在实例方法内部或构造方法内部指向当前的对象，但是不能在类方法（静态方法）和静态代码块内使用。

1. 用 this 在实例方法和构造方法中引用成员

在类的定义中，如果类的实例方法需要引用本类的实例成员，可以在实例成员前加上 this，指向实例成员所属的当前对象。

引用成员的方式如下。

（1）this. 变量名：引用本对象的成员变量。

（2）this. 方法名：引用本对象的成员方法。

【例 4-6】 在实例方法中使用 this 引用成员变量和成员方法。

```
class Circle {
    double radius;                          //圆半径
    void setRadius(double radius){          //设置圆半径
        this.radius = radius;               //必须通过 this 引用本实例的 radius 变量
    }
    private double computeArea(){           //计算圆面积
        return Math.PI * radius * radius;
    }
    double getArea(){                       //获取圆面积
    return this.computeArea();              // 通过 this 引用实例方法,this 可以省略
  }
}
```

当成员方法中的形式参数与成员变量同名时，就必须用 this 指出成员变量，如 setRadius 方法中的语句“this. radius＝radius;”。因为若在同一个方法内出现两个同名的变量，将导致指代不清，此时需要使用 this 引用实例变量 radius，解决实例变量和局部变量之间发生的同名冲突问题。

以上说明规则同样适用于在构造方法中使用 this 引用成员变量和成员方法，例 4-3 Student 类的构造方法中的语句如下：

```
Student(String xm,String xh){
   name = xm;  //Java 系统在编译时,会自动在所引用的成员变量 name 前加上 this,如 this.name = xm;
   number = xh; //同上
}
```

当形式参数与成员变量同名时，需主动使用 this 引用实例变量，以区分同名的参数，例如：

```
Student(String name,String number){
    this.name = name;
    this.number = number;}
```

2. 用 this 区分成员变量和本地变量

成员变量的作用范围在整个类有效，本地变量的作用范围仅在定义该变量的方法体内有效。若方法中定义的本地变量与成员变量同名，则在这个方法中成员变量会被隐藏，优先使用本地变量。如果想在这个方法中使用成员变量，则可以通过 this 关键字进行区分。

【例 4-7】 使用 this 关键字区分成员变量和本地变量。

```
class Example4_7{
    int sum,x,y;                              //初始值默认都为 0
    void add(){
      int x = 5;                              //将本地变量初始值为 5
      sum = x + y;                            //将本地变量 x 的初始值 5 和成员变量 y 的初始值 0 相加
      System.out.println("sum = " + sum); //输出 sum 的值为 5
      sum = this.x + y;                       //将成员变量 x 的初始值 0 和成员变量 y 的初始值 0 相加
      System.out.println("sum = " + sum); //输出 sum 的值为 0
    }
    public static void main(String args[]){
       Example4_3 exa = new Example4_3();
      exa.add();
    }
}
```

程序的运行结果如下：

```
sum = 5
sum = 0
```

本例使用 this 区分了成员变量 x 和 add 方法中声明的本地变量 x。

3. 用 this 返回实例对象本身

this 可以作为 return 语句的参数返回当前对象的引用。

【例 4-8】 使用 this 返回当前对象。

```
class Login{
    String password;                          //密码
    Login(){
      password = "111111";                    //在构造方法中设置初始密码
    }
    Login modifyPassword(){
      password = "223344";                    //修改后的密码
      return this;                            //返回当前的 Login 类的对象
    }
}
class Example4_8{
    public static void main(String args[]){
      Login login = new Login();
      System.out.println("初始密码:" + login.password);
      Login newlogin = login.modifyPassword();
      System.out.println("修改后的密码:" + newlogin.password);
    }
}
```

程序的运行结果如下：

```
初始密码：111111
修改后的密码：223344
```

在本例的 modifyPassword()方法中，通过 return this 返回密码修改过的当前对象自身。

4. 用 this 访问本类的构造方法

一个类中可以有多个构造方法。在一个构造方法中可以使用 this 关键字调用类中其他的构造方法，其调用方式如下：

```
this([参数列表]);
```

参数列表可确定访问本类的哪个构造方法。

【例 4-9】 构造方法的调用中 this 的使用。

```
class OurStudent{
            private String stuNumber;
            private int stuScore;
            OurStudent() {
                this("学号未输入");        //执行构造方法 OurStudent(String xh)
            }
            OurStudent(String xh) {
                this(xh,0);                //执行构造方法 OurStudent(String xh, int cj)
            }
            OurStudent(String xh, int cj) {
                stuNumber = xh;
                stuScore = cj;
                System.out.println("学号:" + stuNumber + " ------ 成绩:" + stuScore);
            }
      }
public class Example4_9{
            public static void main(String[ ]args) {
                OurStudent s1 = new OurStudent("2022013178",98);
                OurStudent s2 = new OurStudent();
            }
}
```

程序的运行结果如下：

```
学号：2022013178 ------ 成绩：98
学号：学号未输入 ------ 成绩：0
```

在本例中定义了三个构造方法，分别如下。

第一个构造方法：public OurStudent()。

第二个构造方法：public OurStudent(String xh)。

第三个构造方法：public OurStudent(String xh，int cj)。

其中，第一个构造方法中的语句“this("学号未输入");”，将会调用执行第二个构造方法 OurStudent(String xh)，同时将字符串"学号未输入"传递给 OurStudent(String xh)中的 xh。然后执行第二个构造方法的操作。

第二个构造方法中的语句“this(xh,0);”将会调用执行第三个构造方法，将 xh、0 分别传递给 OurStudent(String xh,int cj)中的 xh、cj，然后执行第三个构造方法的操作。

第三个构造方法为私有成员变量 stuNumber(学号)、stuScore(成绩)赋初值，并输出此学号和成绩。

需要说明的是，在使用 this([参数列表])调用其他构造方法时，this([参数列表])必须是构造方法中的第一条语句。

注意：由于类方法可以通过类名直接调用，而不是通过对象调用的，因此指代对象实例本身的 this 关键字不能出现在类方法中。

4.4 方法重载

在同一个类中，可以定义多个具有相同的名称，但参数不同的方法，称为方法重载。方法重载的条件如下。

(1) 方法名必须相同。

(2) 方法的参数列表必须不同(指参数类型、个数、顺序至少有一项不同)。

重载方法前面的返回类型、方法前的修饰符，可以相同，也可以不同。Java 类中方法重载包括两种形式：成员方法的重载和构造方法的重载。

4.4.1 成员方法的重载

在同一个类中，利用重载机制可以定义多个同名的成员方法，目的是使 Java 类的实例对各种对象的操作都能够统一对外接口，为相同的操作定义相同的方法名，内部细节的区分由方法参数去完成。这样就使得方法使用者只需掌握成员方法调用时的参数，不需要了解其内部的具体操作就能完成其要求的功能。例如，java.lang 包中的标准类 Math 中有 4 个重载的 abs()方法，分别接收 double、float、int 和 long 类型，返回的值分别为 double、float、int 和 long 类型的绝对值，具体形式如下：

```
public static double abs(double a){ … }
public static float abs(float a){ … }
public static int abs(int a){ … }
public static long abs(long a){ … }
```

通过 abs()方法中不同的形式参数类型来区分重载的方法，从而执行不同的操作。

【例 4-10】 创建一个可以求不同图形面积的 GraphicApp 类。

```
class GraphicApp {
  int x,y,z;
  double area(double r){                        //计算圆形面积
      return Math.PI * r * r;
    }
    double area(double i,double j){             //计算矩形面积
      return i * j;
    }
    double area(double i,double j,double k){    //计算三角形面积
        if(((i + j)> k)&&((i + k)> j)&&((k + j)> i)){
```

```
                double p = (i + j + k)/2;
                return Math.sqrt(p * (p - i) * (p - j) * (p - k));
                }
            else
                return 0.0;
        }
    }
    class Example4_10{
        public static void main(String[ ]args) {
            GraphicApp ga = new GraphicApp();
            double circle_area = ga.area(3.4);
            double rectangle_area = ga.area(5.6,4.7);
            double triangle_area = ga.area(3.1,4.2,5.8);
            System.out.println("半径为 3.4cm 的圆面积 = " + circle_area + "cm2\n 长为 5.6cm,宽
为 4.7cm 的长方形面积 = " + rectangle_area + "cm2\n 三边分别为 3.1cm、4.2cm、5.8cm 的三角形面积
= " + triangle_area + "cm2");
        }
    }
```

程序的运行结果如下：

```
半径为 3.4cm 的圆面积 = 36.31681107549801cm2
长为 5.6cm,宽为 4.7cm 的长方形面积 = 26.32cm2
三边分别为 3.1cm、4.2cm、5.8cm 的三角形面积 = 6.3109503808273226cm2
```

本例中有三个重载的成员方法 area()，分别计算圆形面积、矩形面积和三角形面积。

在 main()方法中，ga. area(3.4)访问 area(double r)方法，ga. area(5.6,4.7)访问 area(double i,double j)方法，ga. area(3.1,4.2,5.8)访问 area(double i,double j,double k)方法。方法名 area 就是程序对外提供的统一接口。

4.4.2 构造方法的重载

在例 4-9 中已经看到了构造方法的重载。构造方法重载的定义与成员方法重载一样，即在同一个类中，如果有多个具有相同的名称，但参数不同的构造方法，就称为构造方法重载。当对象被创建时，系统会根据实际参数的个数和类型，自动匹配相应的构造方法来完成对象的初始化。

在同一个类中，重载的构造方法之间可以相互调用。但是 Java 系统规定构造方法不允许通过构造方法名实现主动调用，只能使用 this 引用，同时这个调用语句必须是构造方法中的第一条语句。

4.5 类的设计和使用举例

面向对象的程序设计通常是根据问题域来设计对象的属性和方法。随着问题域的改变，对象的属性和方法也会随之发生改变。如问题域是关于书店图书管理，需求要“统计‘寒山书店’中某出版社出版的某本书自上架以来，共卖出多少本，总销售额多少”。根据问题域中的需求，先抽象出一本书应该具有出版社(bookPress)、书名(bookName)、书号(bookISBN)、

价格(bookPrice)以及销售数量(quantitySold)这些属性,统计总销售额(amountSales)这一方法,然后将具有相同属性和方法的书抽象为Book类,这就是面向对象程序设计中的类的设计。例4-11给出了Book类的设计。

【例4-11】 Book类的设计。

```
class Book{
        String bookStore;                        //书店名
        String bookName;                         //书名
        String bookPress;                        //出版社
        String bookISBN;                         //书号
        double bookPrice;                        //价格
        long quantitySold;                       //销售数量
        private Book(String bookStore){          // 私有构造方法,只能在类内部访问
              this.bookStore = bookStore;
              System.out.println("欢迎光临 -- " + bookStore + " -- ");
        }
       Book(String bookStore, long quantitySold){     //构造函数初始化书店名和某本书的销售数量
         this(bookStore);                        //通过 this 执行本类中的构造方法 Book
                                                 //(String bookStore),为 bookStore 赋值
         this.quantitySold = quantitySold;
       }
       double amountSales() {
           return bookPrice * quantitySold;
       }
}
```

本例通过关键字class声明了一个Book类,创建了两个重载的构造函数,该类根据问题域高度概括了一类书共有的属性和方法,当使用Book类创建一个对象时,这个对象将拥有类定义中所包含的全部变量和方法。

【例4-12】 Book类的使用。

```
class Example4_12 {
       public static void main(String[ ]args) {
        Book book_1;
        book_1 = new Book("寒山书店",568);        //执行自定义的构造函数
        book_1.bookPress = "清华大学出版社·北京交通大学出版社";
        book_1.bookName = "程序设计导论: Java 编程";
        book_1.bookISBN = "9787811234039";
        book_1.bookPrice = 29.00;
        double sales =  book_1.amountSales();
        System.out.print("出版社:" + book_1.bookPress + "\n" + "书名:" + book_1.bookName + "\
n" + "书号:" + book_1.bookISBN + "\n" + "销售数量:" + book_1.quantitySold + "\n" + "总销售额:"
+ sales + "\n");
        }
}
```

程序的运行结果如下:

```
欢迎光临 - - 寒山书店 - -
出版社: 清华大学出版社·北京交通大学出版社
书名: 程序设计导论: Java 编程
```

```
书号: 9787811234039
销售数量: 568
总销售额: 16472.0
```

例 4-12 通过使用 Book 类测试了问题需求的实现结果。Example4_12 类和 Book 类都保存在同一个文件夹中(相同的包),相互之间可以访问。在 main()方法中创建了 Book 类的一个对象 book_1,执行了 Book 类中有参的构造函数 Book(String bookStore, long quantitySold),访问了它的实例变量 bookName、bookPress、bookISBN、bookPrice 和 quantitySold,分别赋值"清华大学出版社"、"程序设计导论: Java 编程"、9787811234039、29.00 和 568,最后访问其实例方法 amountSales()获取该书总销售额为 16 472.0 元。Book 类中有一个 private Book(String bookStore)构造方法,由于该方构造法是 private,在 Book 类外是无法访问的。

观看视频

4.6 访问修饰符

Java 语言中的访问修饰符又称为访问控制符,它是同封装机制紧密联系在一起的。封装是隐藏对象属性和实现细节的一种机制,外部要想使用对象,只需通过对象对外提供的公共接口来使用就可以了。

Java 提供了 public(公开的)、protected(受保护的)、默认和 private(私有的)共 4 种访问修饰符,它们与 package 包一起构成类的可见性和对象中的属性和方法的可见性,从而体现 Java 的封装机制。

4.6.1 公共访问修饰符 public

公共访问修释符 public 不仅可以修饰类,还可以修饰属性和方法,它表示所修饰的事物是"公共的",可以被任何其他包中的类访问,因此访问可见性最高。为了隐藏对象属性和实现细节,达到封装的效果,可以将部分需要对外开放的类、方法或属性设为 public。

在一个 Java 程序文件中可以定义多个类,但只能声明其中一个类为 public 类。如果程序文件中有 public 类,要求该 public 类名与程序文件名相同。

4.6.2 受保护访问修饰符 protected

受保护访问修饰符 protected 只能修饰属性和方法,它所修饰的属性或者方法可以被本类或者同一包中的类所访问,不能被不同包中的类访问,但是可以被不同包中具有继承关系的子类访问。该修饰符将不同包中的非子类关系的访问排除在可访问的范围之外,使得数据或方法更专用于具有明确继承关系的类。

4.6.3 默认访问修饰符

默认访问修饰符不仅可以修饰类,还可以修饰属性和方法,它表示所修饰的事物只能被本类和同一包中的类访问。当类、属性或方法之前没有任何访问修饰符时,就认为是默认的访问修饰符。

4.6.4 私有访问修饰符 private

私有访问修饰符 private 只能修饰属性和方法，它只能被本类所访问。private 的作用是保护类中的某些私有成员和私有方法，它提供了最高的保护级别和最低的访问级别。在面向对象的程序设计中，通常使用 private 关键字来保护没有必要向外界公开的数据和方法。

4.6.5 可见性分析举例

1. 类的可见性

类的访问修饰符只有 public 与默认两种。以下会结合包的概念（详见 4.7 节）进行阐述。

1）同一个包

同一个包 p1 中的类 C1 和 C2，两者相互可见，无论是 public 修饰符修饰还是默认修饰符修饰，如图 4-2(a)和图 4-2(b)所示。

```
package p1;
public class C1{
void method(){
     C2 c=new C2();        //同一包 C2 类可见
   }
}
```

(a) C1、C2在一个包中（相互可见）

```
package p1;
class C2{
   void method(){
        C1 c=new C1();   //同一包 C1 类可见
     }
}
```

(b) C2、C1在一个包中（相互可见）

```
package p2;
import p1.C1;   //C1 类为 public，跨包可见
//import p1.C2;   //C2 在 p1 包中，default 类 C2 在 p2 包中不可见
class C3{
}
```

(c) 不同包中的类的可见性

图 4-2 类的可见性

2）不同包

如果某个包 p1 中的一个类 C1 的访问修饰符为 public，其他任何一个包中的类都可以访问这个类 C1，但是需要引入这个类所在的包，引入语句 import p1.C1（也可使用 import p1.* 引入 p1 包中的所有类）；如果包 p1 中的一个类 C2 的访问修饰符为默认，则其他任何一个包中的类都不可以访问这个类 C2（C2 类不可见），如图 4-2(c)所示。因而，通常把默认修饰的类称为包内可见。

2. 对象中的属性和方法的可见性

属性和方法的修饰符有 public（公共的）、protected（受保护）、默认和 private（私有）4 种。

1）同一个包

同一个包 p1 中的类 C1 和 C2，它们的非私有的属性和非私有的方法，相互可见。私有

的属性和私有的方法只对类本身可见。即同一个包中的类，只有 private 不可见，如图 4-3(a)所示。

```
package p1;
class C1{
    private int i;
    float j;
    public double k;
    void method_1(){
        i++;
    }
protected void method_2(){
        j++;
    }
}
```

```
package p1;
public class C2 {
    protected double k = 3.45;
    public String str;
    void met_1() {
    C1 c = new C1();//同一包 C1 类可见
    //c.i=0;//C1 类中的私有 i 不可见
      c.j++;
      c.k = c.k + k;
      c.method_1();
      c.method_2();   }
    public void met_2() {
          str = "China";    }
}
```

(a) C1、C2在同一个包中，私有的属性与方法不可见

```
package p2;
//import p1.C1;   //C1 类不可见
import p1.C2;     //C2 类可见
class C3{
void met(){
      C2 c=new C2();
      c.str="I love China"; //C2 类中 public 属性可见
      // c.met_1();   //C2 类中default修饰的方法不可见
      c.met_2();       //C2 类中 public 方法可见
      //c.k++;         //C2 类中受保护的变量不可见
   }
}
```

(b) C3与C1、C2在不同包中，只有public属性与方法可见

图 4-3　对象属性和方法的可见性

2）不同包

如果某个包 p1 中的一个类 C2 是 public 修饰的，那么，其他任何一个包中的类在引入类 C2 所在的包后，类 C2 中的 public 修饰的属性和方法对其他包中的类都是可见的(可访问的)。但其他修饰符修饰的均不可见。即不同包中的类，只有 public 可见。

在图 4-3(a)中，C1 与 C2 类在同一个包 p1 中，在 class C2 中可以使用 C1 类创建对象 c，而且可以通过 c 访问对象的非私有的属性与方法。在图 4-3(b)中，C3 与 C1 处于不同包中，但 C1 是默认修饰的类，在 C3 中不可见；而 C3 与 C2 虽处于不同包中，但 C2 是 public 修饰的类，在 C3 中可见，这时也只有 public 修饰的 str 属性与 met_2() 方法在 C3 中可见，可以被访问。

表 4-1 概括了以上论述的访问控制符的控制级别。

表 4-1　访问控制级别

访问修饰符	本　　类	同一个包中的类	同一个包中的子类	不同包中的子类	不同包中的类
public	可访问	可访问	可继承	可继承	可访问
protected	可访问	可访问	可继承	可继承	
默认	可访问	可访问	可继承		
private	可访问				

【例 4-13】　访问修饰符的使用（Circle 类与 class Example4_13 类处于同一个 mygraphics 包中）。

```
//Circle 类
  package mygraphics;
  class Circle{
      private double radius;              //圆半径
      void setRadius(double radius){      //设置圆半径
          this.radius = radius;           //必须通过 this 访问实例变量
      }
      private double computeArea(){       //计算圆面积
          return Math.PI * radius * radius;
      }
      protected double getArea(){         //获取圆面积
          return computeArea();
      }
      public String toString(){
          return "半径为:" + radius + "厘米的圆面积为:" + computeArea() + "平方厘米";
      }
    }
//主类
  package mygraphics;
  class Example4_13 {
    public static void main(String[ ]args) {
       Circle c = new Circle();
       c.setRadius(6.78);                 //radius 是 private 声明的,不能通过 Circle 类中的
                                          //radius 直接赋值
       double area = c.getArea();         //访问 Circle 类中的 getArea(),获取半径为 6.78 厘米的
                                          //圆面积
       String result = "半径为:6.78 厘米的圆面积为:" + area + "平方厘米";
       System.out.println(result);
       String resultFromCircle = c.toString();
       System.out.println(resultFromCircle);
       if(result.equals(resultFromCircle))
           System.out.println("结果一致");
       else
           System.out.println("结果不一致,请查明原因");
       }
    }
```

程序的运行结果如下：

```
访问 Circle 类中的 getArea(),在 Example4_13 类中获取结果如下:
半径 = 6.78 厘米,圆面积 = 144.41398773727704 平方厘米
```

```
访问Circle类中的toString().在Circle类中提供的结果如下:
半径 = 6.78 厘米,圆面积 = 144.41398773727704 平方厘米
结果一致!
```

本例的Circle类，由于radius和computeArea()均是private声明的，所以对Example4_13类不可见，因此无法访问。而Circle类中的setRadius(double radius)和getArea()方法是默认级别的，对同一个包中的类可见，因此可以通过c.setRadius(6.78)方法设置圆半径为6.78厘米，通过c.getArea()获取计算后的圆面积。

观看视频

4.7 包

包是Java语言有效管理类的一个机制。因为，在一个Java项目中，会设计出大量的类文件，这就可能出现同名的类而发生冲突。为了解决这一问题，Java提出包管理机制，通过提供不同的包来管理同名类。

包是Java面向对象程序设计的重要特色之一，包的引入充分体现了面向对象的封装性。包类似于文件夹，可以分门别类地将各种文件组织在一起，从而更有条理地管理文件夹中的文件。Java中的包将那些需要在一起工作的(互相访问的)类与接口组织在一起，使得程序功能和结构更加清晰明了。

Java语言规定，在同一个包中不允许有同名的类存在，在不同的包中允许有同名的类存在。

Java中定义的标准类都存储在相应的Java系统包中。如Math类，存在于java.lang包中；JFrame类，存在于javax.swing包中，等等。对于用户自定义的类，在默认情况下，系统会为每一个Java源文件创建一个默认的无名包，该文件中定义的所有的类都隶属于这个无名包，它们之间可以相互引用非private修饰的成员变量和方法，即同一个无名包中的类可以互相访问，但是不能被其他包中的类访问。为了解决这个问题，Java建议创建有名字的包，方便进行类与接口的管理。

4.7.1 常用的系统包

Java系统提供了大量的类，这些类按照它们的相关性被封装在不同的包中，这个不同的包就是Java系统包，又称为基础类库(JFC)、标准类库或API包。Java系统包提供了Java封装好的常用类、接口、抽象类，可帮助开发者方便、快捷地开发Java程序。这些系统包有java.lang、java.applet、java.awt、java.awt.event、java.awt.image、java.io、java.net、java.sql、java.util、javax.swing、javax.swing.event等。下面对几个常用包进行说明。

1. java.lang

java.lang包是Java语言的核心类库，包含了运行Java程序必不可少的系统类。如Object类(该类是Java中所有类的直接或间接父类)、处理字符串的String类、支持算术运算函数的Math类、System类、支持异常处理的Throwable类和Exception类，以及支持多线程操作的Thread等，还有基本数据类型包装类Integer、Character、Float、Boolean等。在运行一个Java程序时，系统会自动为程序引入java.lang包，因而可以不用import语句显式地导入。注意，只有java.lang包是系统自动导入的，要使用其他包中的类，必须用

import 语句导入。

2. java.util

java.util 包是工具类的集合，提供了一些实用的工具类和接口，如日期 Date 类、随机数 Random 类、向量 Vector 类、日历 Calendar 类、Collection 接口、Iterator 接口、Set 接口等。这些类和接口被其他 Java 包中的类广泛使用，也可以在用户编写的类或接口中使用，是 Java 程序中最被广泛使用的一个包。

3. java.io

java.io 包是 Java 语言的标准输入/输出类库，提供文件和流输入/输出的支持，包含了所有的输入/输出类，如基本输入流类 InputStream、基本输出流类 OutputStream、文件处理类 File、随机访问文件类 RandomAccessFile 等。

4. java.awt

java.awt 包是 Java 语言的抽象窗口工具集，提供了创建图形用户界面(GUI)的基本工具，如窗体类 Window、面板类 Panel 等容器类，以及文本编辑类 TextField、按钮类 Button 等基本组件类。注意，Java API 还提供了 java.awt.image 和 java.awt.peer 两个软件包，前者提供高级图形处理功能的类，后者提供有关图形组件和窗口的类和接口。

5. java.net

java.net 包是用来支持网络操作、实现网络功能的类，如访问网上资源的 URL 类、用于网络通信的 Socket 类等。

6. java.applet

java.applet 包是任何一个 Java 小应用程序的基础类库，提供了编写 Applet 所需的类。它只包含一个 Applet 类和三个接口，所有小应用程序都从该类派生。

7. java.sql

java.sql 包提供了访问和处理数据源(通常为关系数据库)的 API，该 API 包括一组访问数据源的接口和类。

8. javax.swing

javax.swing 包提供了大量的 Swing 组件，从简单的标签、按钮，到复杂的表格、树等。javax.swing 包是对 java.awt 的扩展，是为了解决 AWT 存在的问题而开发的包，它提供了比 java.awt 包更强大和更灵活的组件集合。swing 组件完全是用 Java 语言编写的，支持跨平台的界面开发，同时没有使用操作系统本地方法实现图形功能，因此被称为“轻量级组件”。

4.7.2 包的声明

除了系统包以外，程序员可以使用 package 关键字创建自定义的包，其声明格式如下：

```
package 包名 1[.包名 2[.包名 3[ … [.包名 n];
```

声明包时，需注意以下几点。

(1) 包名需按合法的 Java 标识符命名。习惯上包名用小写字母。

(2) 声明包的 package 语句，必须作为 Java 源文件中的第一条可执行语句，在该文件中定义的类和接口，均存放于所声明的包(若无 package 语句，则文件中定义的类与接口属于无名包)中。

(3) 每一个 Java 源文件只能出现一次包声明语句。

(4) 可将程序声明在具有层次结构的包中，用圆点"."进行分割，该层次结构类似于文件夹的嵌套，包名 1 为一级文件夹、包名 2 为嵌套的二级文件夹，以此类推。

如例 4-11 中创建的 Book 类，因为程序的第一条语句不是 package 语句，所以 Book.java 被编译后生成的类文件将在无名包中。如果在程序的第一条语句后加上"package china.bookstore;"语句，则表示编译后的 Book.class 文件将生成在 china\bookstore 目录中。

4.7.3 包的引用

一个类可以直接访问与它在同一个包中的类，这称为包可访问性。若要使用其他包中的 public 类或该类中的静态成员时，则可以采用以下几种方法。

1. 直接使用包名前缀

```
java.util.Calendar c = new java.util.Calendar();
```

这种引用法不推荐，因为需要在类名出现的每一个地方都附加包名前缀 java.util。

2. 加载需要使用的类

```
import java.util.Calendar;
```

在程序一开始就直接将指定包中的类加载到当前程序中，即在程序需要的地方都可以直接引用该类名。

3. 加载整个包

```
import java.util.*;
```

这种引用法可能会降低系统的性能，因为它会使得 JVM(Java 虚拟机)保存包中所有的元素名，并使用额外的存储空间来存储这些类和方法名。

4. 加载需要使用的静态成员

```
import static java.awt.BorderLayout.*;
```

这是 JDK1.5 版本后添加的一个新的"静态导入"特性，在以前程序使用静态成员(静态变量、静态方法)的时候，需要通过类名.静态变量来使用(如 Math.PI)，或通过类名.静态方法来使用(如 Math.abs(−9.878))。"静态导入"的特性使得程序员可以直接通过静态成员的名字访问它们，不必每次通过类名访问。

如要使用 Math 类中的静态常量和静态方法，首先在程序中写入一条引入语句"import static java.lang.Math.*;"，然后在程序需要的地方，直接写需要的静态常量 PI、E 和静态方法 abs、max、min 等就可以了，不必再写"Math."。

4.8 应用举例

【例 4-14】 开发一个可以管理学生成绩的小程序。

1. 程序实体类的功能

该程序包含 4 个实体类，分别是教师(Teacher)类，课程(Course)类，学生(Student)类，成绩(Score)类。在 Score 类中，属性有教师、学生、课程与成绩。

2. 程序代码

```
class Teacher{
      String t_id;                                //教师工号
      String tname;
      boolean gender ;
      String title;
      String phone;
     public Teacher(String id,String name) {      //构造函数初始化教师工号和课程号
      t_id = id;
      tname = name;
     }
}
class StudentA{
      String s_id;                                //学生学号
      String sname;                               //学生姓名
      String phone;                               //电话
      String email;                               //邮箱
      public StudentA(String sn,String id){       //构造函数初始化学生学号、课程名，以及
                                                  //TeacherApp 对象
          s_id = id;
          sname = sn;
            }
}
class Course{
      String c_id;                                //课程号
      String cname;                               //课程名
      int point;                                  //学分
     public Course(String id,String cn,int p){
          c_id = id;
          cname = cn;
          point = p; }
}
//score 类
class Score{
      Teacher teacher;
      StudentA stu;
      Course cour;
      float grade;
      public Score(Teacher teacher,StudentA stu,Course cour,float x){
          this.teacher = teacher;
          this.stu = stu;
          this.cour = cour;
          grade = x;
```

```
        }
        public String toString(){
            return teacher.tname + " " + stu.sname + " " + cour.cname + " " + grade;
        }
}
//主类
public class Example4_14{
        public static void main(String[ ]args){
            Teacher teacher = new Teacher("05876","王岳");
            StudentA stu = new StudentA("202202120","李善");
            Course cour = new Course("120034","高等数学",6);
            Score sc = new Score(teacher,stu,cour,90);
            System.out.println(sc);
        }
}
```

程序的运行结果如下：

```
王岳   李善   高等数学   90.0
```

习题

1. 请描述什么是对象，什么是类，说明它们之间的联系与区别。
2. 请描述实例变量与类变量、实例方法与类方法之间的区别。
3. 请描述构造方法与成员方法的区别，以及构造方法的作用。
4. 什么是方法重载？构造方法能重载吗？
5. 什么是方法覆盖？构造方法能覆盖吗？
6. 请通过4种访问修饰符和包的综合应用描述封装实现的机制。
7. 请给出下列程序的运行结果。

(1)

```
class Company{
      static String city;
      String company;
      public static void main(String[ ]args){
          Company c1 = new Company();
          Company c2 = new Company();
          c1.city = "上海";
          c1.company = "中国电信";
          c2.city = "北京";
          c2.company = "中国移动";
          System.out.println(c1.city + ":" + c1.company + "\n" + c2.city + ":" + c2.company);}
}
```

(2)

```
class Book{
       String bookName;
       int numberOfBooks;
```

```
        Book(){
            System.out.print("挑选你喜欢的书!");
        }
        public static void main(String[ ]args){
          Book book = new Book();
        }
}
```

(3)

```
class Book{
        String bookName;
        int numberOfBooks;
        Book(){
            System.out.println("挑选你喜欢的书!");
          }
        Book(String bookName, int numberOfBooks){
          System.out.println("推荐书籍:" + bookName + "\t已销售:" + numberOfBooks + "本");
          }
        Book(int numberOfBooks, String bookName){
                System.out.println("一天销售" + numberOfBooks + "本的书籍:" + bookName);
          }
        public static void main(String[ ]args){
                Book book = new Book(500,"红色系列书籍");
            }
}
```

8. 请指出下列程序中会引起编译错误的语句。

(1)

```
1  class A{
2    A(int i){
3          System.out.println("i is in A"); }
4    }
5  public static void main(String[ ] args){
6        A a = new A();
7    }
8  }
```

(2)

```
1 package one;
2 public class A{
3       int i;
4       public void visitA(){
5          System.out.println("This is a method of A"); }
6 }
7 package two;
8 import one.A;
9 class B{
10        void show(){
11             A a = new A();
```

```
12            int j = a.i;
13            a.visitA();
14    }
15 }
```

9. 请将下列程序(1)和(2)分别补充完整，使其能正常编译运行，(1)和(2)运行后都输出以下结果。

```
张三的作业已完成!
李四的作业未完成!
```

(1)

```
package school;
//Student 类
class Student{
      private String name;
      Student(String name){
      ________________;
      }
       String doHomework(String state){
            return ________ + "的作业" + state;
      }
      }
//主类
________________;
class SchoolManagement{
       public static void main(String[ ]args){
          Student stu_1 = new Student("张三");
          System.out.println(________________);
          Student stu_2 = new Student("李四");
          System.out.println(________________);
      }
}
```

(2)

```
package school.student;
      ________________ class Student{
      private String name;
      ________________ Student(String name){
      ________________;
      }
      ________ String doHomework(String state){
          return ________ + "的作业" + state;
        }
}
//Teacher 类
package school.teacher;
________________;
public class Teacher{
    public void check(){                    //检查学生作业的完成情况
```

```
        Student stu_1 = new Student("张三");
        System.out.println(________________);
        Student stu_2 = new Student("李四");
        System.out.println(________________);
    }
}
//主类
package school.manage;
________________;
public class SchoolManagement{
       public static void main(String[]args){
         Teacher teacher = new Teacher();
         teacher.________________;
    }
}
```

本章练习

第5章 数组

引 言

在Java程序中,经常需要存储大量的、具有相同性质的数据,例如,需要输入60名同学的成绩,并计算其平均值与方差。在这种情况下,Java程序需要实现这60个数的输入与存储,然后进行分析处理。为了完成这个任务,程序声明60个简单变量分别存储这些数据显然是不太现实的。对于这一问题,数组就是一种较好的解决方法。

5.1 Java数组

在程序开发设计中,经常需要存储大量相同类型的数据。针对这个问题,Java和大多数其他高级语言一样提供了数组来保存这组数据。数组是相同类型数据的集合,集合的名字就是数组名。

数组用一组连续的内存空间存储数据,每个数据都是数组中的一个元素,数组中的每个元素都有对应的下标,下标是从0开始的整数。由于数组是用一片连续的内存单元存放数据,通过数组名与下标就可以定位并访问数组中的任何一个元素。数组的这种能够被快速访问的特点,让程序代码拥有非常高的访问效率,也使得数组成为程序设计中最常用的数据结构。

在Java语言中,数组与对象一样都是引用类型的变量,需要用关键词new创建数组。Java数组具有如下特点。

(1) 数组中元素的类型相同。

(2) 数组中所有的元素存放在一块连续的内存空间中。

(3) 通过数组名与下标可以访问每个元素,下标从0开始。

(4) 数组的大小一旦定义以后,不可再动态增大或减小。

Java语言提供了一维数组与多维数组,在编程时可以根据需要创建与使用。

观看视频

5.2 一维数组

数组是用来存储批量数据的,一个数组中的元素应该都属于同一种数据类型。

同一个数组中的元素在内存中是按照顺序连续存放在一片空间内,因此可以按照它们在内存中的顺序进行编号,也就是每个数组元素对应一个下标,并按照这个数组下标来进行存取访问。数组需要创建后才能访问,数组的下标从0开始,数组的长度就是数组中元素的个数,其大小在数组初始化之后就固定下来。

假设有一个具有10个元素的双精度浮点数数组 array,并对该数组完成数据初始化,则可以用图5-1展示一个双精度类型的数组变量 array 在内存空间中的存储方式。

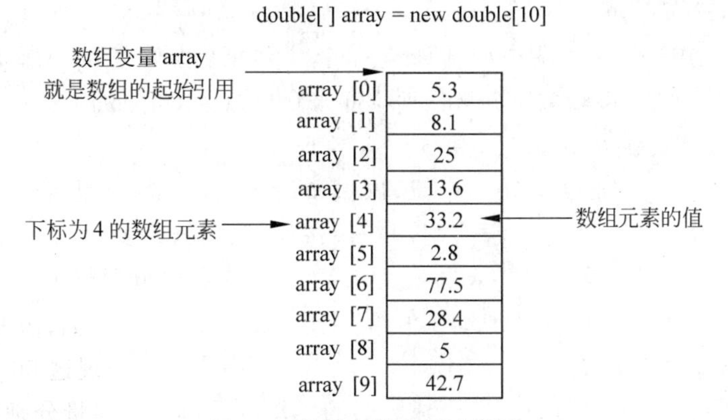

图5-1 数组存储空间示意图

Java 的数组可以有多个维度,其中一维数组是数组应用的基础,有了一维数组的概念之后,可以很容易地把相关概念推广到多维数组。本节将以一维数组为例介绍如何声明数组、创建数组和存取访问数组中的数据。

5.2.1 数组的声明

Java 语言的数组属于引用类型,为了正确使用数组,必须声明一个数组变量来引用数组。在声明数组变量时,需要给出数组的名称,以及数组中的数据元素所属的数据类型。声明数组的语法格式有如下两种:

格式1:

```
数组元素类型 数组名[];
```

格式2:

```
数组元素类型[] 数组名;
```

其中格式1和C语言的数组声明语法兼容,这种格式从语法上来讲虽然没有什么问题,但在 Java 中推荐采用格式2,即把[]放在数组名前面。

数组元素的类型本质上是定义数组中每个元素的类型,该类型可以是 Java 中的任意类型,既可以是基本数据类型,也可以是类等各种引用数据类型。数组中所有元素的数据类型都是完全一样的。例如,下面的代码声明了一个整数数组 numbers:

```
int[] numbers;
```

再比如,可以声明一个数组,其数据元素的类型为引用类型,例如使用用户自定义的 Student 类,定义一个 Students 数组的声明如下:

```
Student[] students;
```

和C语言等高级语言不同，Java在声明数组时，[]内不能指定长度，这时的数组大小尚不确定，也没有分配相应的数据存储空间。如果想要对数组进行正确的存取访问，必须要创建数组，也就是指定数组长度，分配相应的数组存储空间。

5.2.2 创建数组

在Java中，数组是一种引用类型，因此它和基本数据类型变量的使用不一样。在声明一个数组时，并不在内存中给数组分配任何空间来存放数组中的元素，仅仅声明了一个引用数组的地址变量(又被称为数组的引用)。

数组声明的目的只是告诉系统一个新的数组的名称和类型，数组名本身不能存放任何数组元素，这意味着该数组变量并没有引用任何数据空间，数组变量当前的值为空(null)。因此，使用数组之前，需要先使用new关键字创建数组，为数组分配指定长度的连续内存空间，并把这片连续内存空间的起始地址赋值给数组变量。

1. 创建数组的语法形式

通常在声明数组的同时可以进行创建数组的操作，声明并创建数组，分配内存空间的语句格式如下：

```
数组名 = new 数组元素类型[数组的长度];
```

数组名就是数组变量名，数组的长度就是数组的容量大小，也就是数组中元素的个数，它是一个整数。数组长度存储在数组的length属性中，可以通过数组名.length引用。

也可以单独进行创建数组的操作，例如在声明了数组numbers与students之后，可以使用下面的语句创建数组：

```
numbers = new int[4];
students = new Student[3];
```

new int[4]给数组numbers分配了4个整数的连续内存空间，用来保存4个int类型的数据。分配空间之前的numbers数组变量不引用任何空间，其值为null，如图5-2(a)所示。使用new关键字分配4个连续整数空间后，numbers变量将存放一个空间地址(又称为引用)，也即被分配的4个整数的连续空间的起始位置，这个引用地址的取值由JVM自动分配，整个过程如图5-2(b)所示。

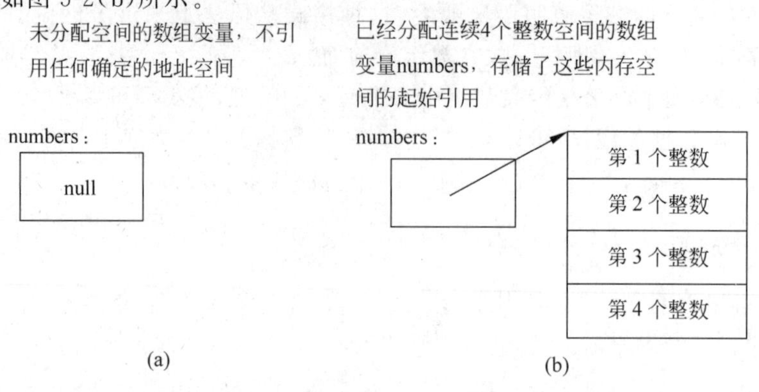

图5-2 创建整数数组分配内存空间

【例 5-1】 从键盘输入 10 个数，计算它们平均值和高于平均值的数量。

```
import java.util.*;
public class Example5_1 {
    public static void main(String[] args) {
        final int NUMBER_OF_ELEMENTS = 10;
        double[] numbers = new double[NUMBER_OF_ELEMENTS];
        double sum = 0;
        System.out.println("下面请输入" + NUMBER_OF_ELEMENTS + "个数");
        Scanner input = new Scanner(System.in);
        for (int i = 0; i < NUMBER_OF_ELEMENTS; i++) {
            System.out.print("请输入一个数: ");
            numbers[i] = input.nextDouble();
            sum += numbers[i];
        }
        double average = sum / NUMBER_OF_ELEMENTS;
        int count = 0;              // 存储高于平均值的数的个数
        for (int i = 0; i < NUMBER_OF_ELEMENTS; i++)
            if (numbers[i] > average)
                count++;
        System.out.println("这些数字的平均值是:" + average);
        System.out.println("其中高于平均值的数字的数量是:" + count);
    }
}
```

例 5-1 声明了一个一维数组 numbers，数组元素的数量用一个常量 NUMBER_OF_ELEMENTS 表示，并给 NUMBER_OF_ELEMENTS 赋予初值 10，数组元素的数据类型是 double，程序首先用一个 for 循环从键盘读取 10 个数字并计算它们的平均值，然后再用另一个 for 循环计算高于平均值的数字的个数。

2. 对象数组的创建

numbers 数组中的元素都是基本数据类型 int，这种数组一旦完成创建工作，就可以马上对它进行存取访问操作。但是 students 数组比较特殊，数组中的元素本身也是引用类型 Student 类，数组中的元素是 3 个对象，它们都属于引用类型，这是一种对象数组。创建这种元素为引用类型的数组则需要额外进行操作。

当使用 students=new Student[3]创建数组时，系统为数组 students 分配了 3 个连续空间，但它们仅仅可以被用来存放 3 个 Student 对象的引用，3 个 Student 对象本身并没有被创建和分配空间。为了正确对数组中的数据进行存取，还需要为 students 数组中的这 3 个数组元素分别构造 Student 对象实例，否则数组中的每一个元素的引用为 null，并不能进行正确的数据存取访问，这时的 students 数组如图 5-3 所示。

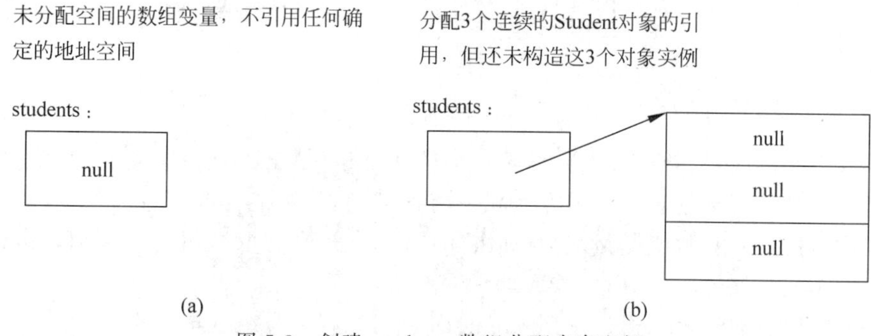

图 5-3 创建 students 数组分配内存空间

因此在使用数组元素为引用类型（如某种对象）的数组时，除了需要声明数组和创建数组，还必须进一步对数组中的每一个数据元素创建内存空间（如构造对象实例），否则在程序运行时将会抛出一个 NullPointerException 的异常。例 5-2 的程序展示了如何创建并存取数据元素为对象的数组。

【例 5-2】 创建一个元素为引用类型的数组，并进行访问存取。

```
class Student {
    String name;
    int age;
    String major;
    Student(String name, int age,String major){
        this.name = name;
        this.age = age;
        this. major = major;
    }
    void study() {
        System.out.println(name + "在学习" + major);
    }
}
public class Example5_2{
    public static void main(String[ ] args) {
        Student[ ] students = new Student[3];
        // students[0].age = 20; 这行代码将不能正常执行
        students [0] = new Student("张三",18,"计算机");
        students [1] = new Student("李四",20,"电子工程");
        students [2] = new Student("王五",19,"光学工程");
        students[1].age = 21;                          //修改第 2 名学生的年龄为 21
        for(int i = 0;i < students.length;i++) {       //遍历所有学生
            System.out.println(students[i].name + "," + students[i].age);
            students[i].study();
        }
    }
}
```

例 5-2 首先定义了一个学生类 Student，包含三个成员变量（name、age、major）、一个构造方法 Student(String name,int age,String major)和一个成员方法 study()。在 main()入口方法中则声明并创建了具有 3 个元素的 Student 类型的数组，但这时并不能立即直接对数组进行存取，例如对数组中下标为 0 的元素进行赋值操作，也就是程序中被注释的“students[0].age=20;”这行代码将不能正常运行。例 5-2 在创建完 Student 对象数组后，逐一为数组中的 3 个元素分别构造对象实例，分配空间，然后才能正常对数组进行遍历访问等存取操作。

5.2.3 数组长度

在创建数组的时候，数组长度可以是一个整数常量，也可以是整数变量，其值决定了数组中元素的个数。一旦创建好数组并分配了内存空间，就不能再改变它的长度。在使用数组的过程中，可以使用“数组变量名.length”的语法形式来获取数组的长度值，length 是数组对象的一个成员属性。

例如，在下面的代码中，通过使用 a.length 就可以得到数组变量 a 的长度。

```
int n = 4;
int[] a = new int[n];
int len = a.length;
System.out.prinln("数组长度为:" + len);
```

上面的代码首先声明并创建了具有 n 个元素的整数数组，n 的值为 4，然后再通过程序读取数组 a 的长度，并赋值给整数变量 len，最后打印输出 len 的值，输出结果为 4。

5.2.4　数组的初始化

数组创建后，如不对其进行初始化，系统会根据其类型自动为元素赋初始值。

如果数组的元素是基本类型，数组中元素默认初始化的值是基本类型的默认值，基本数据类型的数组元素的默认初值如表 5-1 所示。如果数组元素是对象等引用数据类型，数组元素的默认初值是 null。

表 5-1　基本数据类型的数组元素的默认初值

数据类型	默认初值	数据类型	默认初值
byte	0	char	\u0000
int	0	float	0.0
short	0	double	0.0
long	0	boolean	false

例如，在使用 int[] a=new int[4]创建数组 a 之后，数组 a 中就有 4 个整数，每个整数的值都初始化为 0。

也可以使用赋值语句对数组元素进行初始化赋值。例如下面的语句给数组 a 的 4 个元素分别进行了初始化赋值。

```
a[0] = 12;
a[1] = 30;
a[2] = 18;
a[3] = 55;
```

为了简化上面这种烦琐的赋值操作，Java 语言允许在声明数组的同时就完成数组的初始化操作，例如：

```
int[] a = { 12, 30, 18, 55 };
```

这种方法比逐一为数组中每个元素分别赋值要简洁得多，而且自动创建数组的存储空间，不再需要使用 new 创建数组，其数组长度由{ }中元素的个数决定，是一种很常见的初始化操作。

对于数组元素为引用类型的数组，同样也可以通过这种方法将数组的声明、创建和初始化操作合并在一起。例如将例 5-2 中的数组变量 students 的声明进行如下修改，就可以省去分别为数组中的每个元素赋初值的操作。

```
Student[] students = new Student[]{
          new Student("张三",18,"计算机"),
```

```
            new Student("李四",20,"电子工程"),
            new Student("王五",19,"光学工程")
        };
```

需要强调的是，数组的初始化操作并不是必需的。对于数组元素为基本类型的数组来说，没有经过初始化操作也能被正常地存取。

但是，对于数组元素为引用类型的数组则不同，正如例 5-2 所示，如果没有在数组声明的同时进行初始化，则需要在访问数组之前对数组中的每一个元素赋初值，分配相应的内存引用空间，否则不能对该数组元素进行正确的存取操作。这是初学者在使用数组时很容易忽视的一个地方。

5.2.5 访问数组

在创建数组并初始化之后，就可以对数组中的元素进行存取访问了。由于数组中的元素在内存中是连续有序存放的，因此数组的访问可以通过其在存储空间中的顺序编号，也就是下标来完成，数组下标是从 0 开始的。访问数组元素的语法格式如下：

```
数组名[数组元素下标]
```

例如下面的语句给 numbers 数组中的第 3 个元素赋值 10，然后打印输出到控制台：

```
numbers[2] = 10;
System.out.println("numbers 数组中的第 3 个元素取值是:" + numbers[2]);
```

使用数组时要注意下标值不要超出范围，数组元素的下标范围是[0，数组长度−1]。程序执行时如果访问数组超出这个范围将会抛出一个 ArrayIndexOutBoundException 异常。

数组是连续有序地存放在内存空间中的，在实际应用中，经常可以借助循环来控制对数组元素的访问，访问数组的下标随循环控制变量的变化而变化。因此，数组的访问往往采用 for 循环，这是因为数组的长度一般都是已知的。例如：

```
int n = 100;
int[] a = new int[n];
for (int i = 0; i <= n-1; i++) {
    a[i] = i * i;
}
```

在上面的程序中数组 a 采用循环变量 i 作为下标来遍历访问每一个数组元素，数组的长度为 100，因此数组下标 i 的取值范围为 0～99 的整数，数组的访问只能取 a[0]～a[99]的变量。

对于类似数组这种批量数据的遍历操作，Java 语言还提供了其他循环结构。可以用枚举的方法处理数组中的每个数据元素，而不必指定下标值。这种循环通常被称作 for-each 循环。

采用 for-each 循环来访问数组的语句格式为：

```
for(元素类型 变量名:数组名){
        //操作数组元素
}
```

其中,变量名代表一个临时变量,用来暂存数组中的每一个元素,并在循环体中执行相应语句来操作该临时变量。例如,要输出数组 a 中的所有元素值,可以用如下的代码段:

```
for (int element : a) {
System.out.println( element );
}
```

这段代码打印输出数组中每一个元素的值,每输出一个元素就换一行。

可以把上面的 for-each 循环代码理解为“依次循环访问数组 a 中的每一个元素,将该元素赋值给一个临时变量 element 并在循环体中进行访问或处理”。实际上,这种方法和下面传统的 for 循环执行的效果是等价的。

```
for (int i = 0; i < 100; i++) {
      System.out.println( a[i]);
}
```

对于数组操作,采用 for-each 循环更加简洁,更不容易出错,因为不需要为数组下标起始值和终止值操心。但是,在很多情况下仍然需要使用传统的 for 循环,例如有的时候可能并不需要遍历整个数组,在这种情况下使用下标值来指定访问数组中的部分元素可能更加方便。

当然,采用其他的循环语句来进行数组访问也是一种常见手段,例 5-3 采用了多种循环结构对数组中的批量数据进行存取。

【例 5-3】 从键盘输入全班同学的成绩,并计算平均值与标准差。

假设全班有 n 名同学,可以定义一个数组来存放 n 名同学的成绩。采用下面的公式计算均值与标准差。这里假定 n 小于 200,且当输入成绩小于 0 时,表示输入结束。

均值(avg)的计算:

$$avg = \frac{1}{n}\sum_{i=1}^{n} x_i$$

标准差(sd)的计算:

$$sd = \sqrt{\frac{1}{n-1}\sum_{i=0}^{n-1}(x_i - avg)^2}$$

程序代码如下:

```
import java.util.Scanner;
public class Example5_3 {
    static int size = 200;
    public static void main(String[ ] args) {
    float[ ] x = new float[size];
    float avg, sd, t,total;
    int i = 0,n;
    Scanner sc = new Scanner(System.in);
    System.out.println("输入一名同学的成绩");
    total = 0;
    t = sc.nextFloat();
    while (i < 200 && t > = 0){
```

```
        x[i] = t;
        i++;
        total = total + t;              //计算总成绩
        System.out.println("输入一名同学的成绩,当输入小于0时,结束成绩输入");
        t = sc.nextFloat();
      }
      n = i;                            //共输入了n个数据
      if(n > 0){
      avg = total/n;                    //计算平均成绩
      //计算标准差
      sd = 0;
      for (i = 0;i < n;i++)
            sd = sd + (x[i] - avg) * (x[i] - avg);
      if (n > 1){
         sd = (float)Math.sqrt(sd/(n - 1));
         System.out.println("学生人数为:" + n);
         System.out.println("平均成绩为:" + avg);
         System.out.println("成绩的标准差:" + sd);
      }
      }
  }
}
```

程序的一次运行过程及结果如下：

```
输入一名同学的成绩
88
输入一名同学的成绩,输入负数时,结束成绩输入
56
输入一名同学的成绩,输入负数时,结束成绩输入
0
输入一名同学的成绩,输入负数时,结束成绩输入
99
输入一名同学的成绩,输入负数时,结束成绩输入
-5
学生人数为: 4
平均成绩为: 60.75
成绩的标准差: 44.417526
```

在该例中，输入控制用 while 语句实现，在循环中用变量 i 记录数组元素的下标。

观看视频

5.3 数组应用

数组作为一种引用类型，其使用方法与基本数据类型，如 int、float 等存在许多差异，在很多时候，如数组之间赋值、数组被用作方法参数，数组之间的操作不是基本数据类型变量的"传值"，而是通过所谓的"传引用"方式来完成的。下面结合示例来说明数组的这些特殊应用。

5.3.1 数组的赋值

1. 数组赋值

在 Java 语言中，同类型的数组之间可以用"＝"赋值，实现把一个数组变量赋值给另外

一个数组的功能。在这种情况下，由于数组本身是引用类型，其值是数组元素的内存空间首地址，因此，数组之间直接赋值，实际上就是数组引用的赋值。例如：

```
int[] num = {4, 6, 3, 7};
int[] numCopy = {8, 1, 0, 9};
numCopy = num;
numCopy[2] = 5;
System.out.println(num[2]);
```

上面的代码将数组 num 赋值给数组 numCopy，也就是把数组 num 的引用赋值给 numCopy 数组，赋值完成后，两个数组都引用了相同的存储空间，因此在修改了 numCopy 数组的第三个元素的值之后，num 数组相应也会发生变化。上面的语句运行后，最后的输出为 5。

如图 5-4(a)所示，在赋值前 num 和 numCopy 指向了内存中不同的空间，是两个完全不同的数组；而在赋值之后，num 和 numCopy 实际上指向了同一个内存空间，如图 5-4(b)所示。因此，当修改数组元素 numCopy[2]时，num[2]的值也就随之改变了。

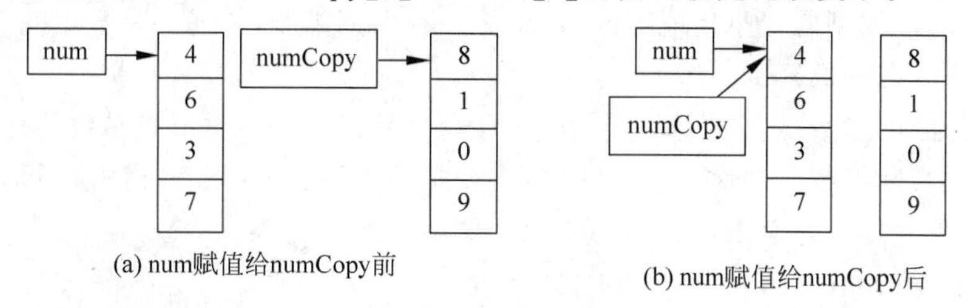

图 5-4 数组变量赋值过程示意图

2. 数组元素赋值

如果仅仅需要将数组中的元素的数值复制给另外一个数组，同时又要保证两个数组保持各自不同的内存引用空间，可以编写一个 for 循环，依次将原来数组中每一个元素的值赋值给新数组。例如下面的语句片段：

```
int[] num = {4, 6, 3, 7};
int[] numCopy = {8, 1, 0, 9};
for (int i = 0; i < num.length; i++) {
numCopy [i] = num [i];
}
```

和图 5-4 不同，图 5-5 中的 for 循环执行后，num 和 numCopy 两个数组中的元素内容完全一样，但数组变量仍然引用各自不同的内存空间。

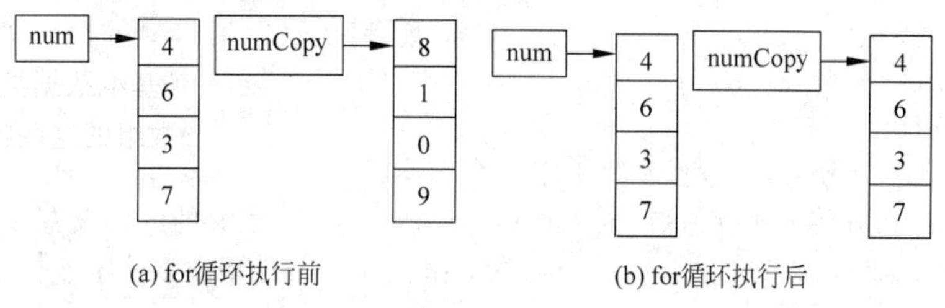

图 5-5 数组循环复制元素过程示意图

还可以采用更加简便的方法实现数组元素的内容复制，也就是采用 System 类的 arrayCopy()方法，其格式如下：

```
System.arraycopy(src, srcPos, dest, destPos, length)
```

该方法可以将 src 源数组中从 srcPos 开始的连续 length 个元素复制到 dest 数组的 destPos 开始的位置，且 src 和 dest 数组指向不同的内存空间。于是，上面的数组复制代码片段可以重写为如下：

```
int[] num = {4, 6, 3, 7};
int[] numCopy = {8, 1, 0, 9};
System.arraycopy(num, 0, numCopy, 0, num.length);
```

5.3.2 数组参数传递

和其他高级语言类似，在 Java 语言中数组变量也可以作为参数传递给方法。但是和整数、浮点数等基本类型的变量传值不同，数组是一种引用类型，传递的是数组的引用，在使用时需要注意两者之间的区别。

当一个方法的参数是基本类型(如整数、浮点数)时，方法中对形式参数的任何修改不会影响调用时的实际参数。然而，当参数是数组变量等引用类型时，在方法中对形式参数作出的修改，将导致实际参数也发生相应的变化。例如下面的例 5-4。

【例 5-4】 数组作为方法的参数示例。

```
public class Example5_4 {
    public static void main(String[] args) {
        int x = 1;
        int[] y = new int[10];
        m(x,y);
        System.out.println("x is " + x);
        System.out.println("y[0] is " + y[0]);
    }

    public static void m(int number, int[] numbers) {
        number = 1001;
        numbers[0] = 5555;
    }
}
```

程序的运行结果如下：

```
x is 1
y[0]is 5555
```

在例 5-4 的程序中，方法 m()修改了两个形式参数 number 和 numbers 的值。在 main()中调用了 m()方法，并传入了实际参数 x 和 y。m()方法执行后，x 的值并没有改变，而数组变量 y 由于是引用类型，在调用 m()方法后，其数组元素的值也相应发生了变化。

5.3.3　数组作为方法的返回值

数组不但可以是方法的参数，也可以作为一个方法的返回值。例如例 5-5 程序中的方法 reverse()，它将参数传进来的数组变量 list 中的数据顺序倒置，并将倒置后的新数组 result 返回给调用者。

【例 5-5】 数组作为方法的返回值。

```
public class Example5_5{
    public static int[] reverse(int[] list) {
        int[] result = new int[list.length];
        for (int i = 0, j = result.length - 1; i < list.length; i++, j--) {
            result[j] = list[i];
        }
        return result;
    }

    public static void main(String[] args) {
        int[] x = {1,2,3,4,5,6,7,8};
        x = reverse(x);
        System.out.println("返回后的 x 数组中元素:");
        for (int t:x)
            System.out.print(t + "\t");
    }
}
```

程序的运行结果如下：

```
返回后的 x 数组中元素:
8  7  6  5  4  3  2  1
```

5.3.4　一维数组编程举例

数组是一种有序存储的数据集合，排序是这种数据结构的常见操作，例 5-6 和例 5-7 为数组在排序方面的相关应用。

【例 5-6】 从键盘逐个输入学生的成绩，并存储到数组，然后按从小到大的顺序进行排列并输出。

```
import java.util.Scanner;
public class Example5_6{
    public static void main(String[] args) {
        int numberOfStudent;
        int scores[];
        Scanner sc = new Scanner(System.in);
        System.out.print("请输入学生人数: ");
        numberOfStudent = sc.nextInt();
        scores = new int[numberOfStudent];
        for (int i = 0; i < numberOfStudent; i++) {
            System.out.print("请输入第 " + (i + 1) + " 位学生的成绩:");
            scores[i] = sc.nextInt();
        }
```

```
            // 双重循环,进行冒泡排序
            for (int j = 0; j < scores.length; j++) {
                for (int k = 0; k < scores.length - j - 1; k++) {
                    int l;
                    if (scores[k] > scores[k + 1]) {
                        l = scores[k];
                        scores[k] = scores[k + 1];
                        scores[k + 1] = l;
                    }
                }
            }
            System.out.println("学生成绩从小到大排列如下:");
            for (int i = 0; i < numberOfStudent; i++)
                System.out.print(scores[i] + "\t");
        }
    }
```

程序的运行结果如下：

```
请输入学生人数: 5
请输入第 1 位学生的成绩: 78
请输入第 2 位学生的成绩: 98
请输入第 3 位学生的成绩: 79
请输入第 4 位学生的成绩: 66
请输入第 5 位学生的成绩: 93
学生成绩从小到大排列如下:
66  78  79  93  98
```

例 5-6 把学生的成绩数据保存在一个整数数组中,学生的个数也就是数组的长度,由键盘录入。程序首先用循环语句从键盘读入所有学生的成绩到数组中,然后采用了一种经典的排序算法——冒泡排序法来对数组中的元素按从小到大的顺序进行排序,最后再输出整个数组的数据。

【例 5-7】 在一个有序数组中插入一个数据并使该数组保持有序(默认数组为升序排列)。

```
import java.util.Scanner;
public class Example5_7 {
    public static void main(String[] args) {
        //在有序数组中插入一个元素,使得插入后所有的元素也保持有序,这里以升序为例
        int[] number = {1,5,7,9};
        //定义一个新数组,长度为老数组的长度 + 1
        int[] number1 = new int[number.length + 1];
        int temp;
        System.out.println("要插入元素的有序数组如下所示:");
        for (int i = 0; i < number.length; i++) {
            System.out.print(number[i] + "\t");
        }
        System.out.println();
        System.out.print("请输入插入的数:");
        Scanner scanner = new Scanner(System.in);
        int insert_number = scanner.nextInt();
        for (int i = 0; i < number.length; i++) {
```

```
            number1[i] = number[i];
        }
        number1[number1.length - 1] = insert_number;  //先将待插入数据放到数组末尾
        //通过比较,找到插入数据的位置
        for (int i = number1.length - 1;i > 0 ; i-- ) {
            if (number1[i]< number1[i - 1]){
                temp = number1[i];
                number1[i] = number1[i - 1];
                number1[i - 1] = temp;
            }else
                break;
        }
        System.out.print("插入数据后的结果: ");
        for (int i = 0; i < number1.length; i++) {
            System.out.print(number1[i] + "\t");
        }
    }
}
```

程序的运行结果如下：

```
要插入元素的有序数组如下所示:
1  5  7  9
请输入插入的数: 3
插入数据后的结果: 1  3  5  7  9
```

5.4　Arrays 类与应用

Java 语言的工具包 util 中提供了工具类 Arrays，该类定义了常见操作数组的静态方法，可以更便捷地进行数组操作(如排序和搜索等)。

(1) equals()用于比较两个数组是否相等，例如 Arrays. equeals(int[],int[])可以比较两个整数数组并返回一个 boolean 类型的结果值，true 为相等，false 为不相等。

```
int[] a = {1,2,3};
int[] b = {1,2,3};
boolean isSame = Arrays.equals(a,b);
```

在上述代码中，isSame 变量的最后值为 true。需要注意，Arrays. equals(a,b)是比较数组 a 和 b 中的数据内容是否相等，而 a. equals(b)这样的方法是比较两个数组的地址引用值，也即判断 a 和 b 两个数组是否是引用的同一个内存空间。

(2) fill()用于以某个数值填充整个数组或者指定范围的数组。

```
String[] a = new String[6];
Arrays.fill(a, "Hello");
Arrays.fill(a, 3, 5,"World");
```

最后数组 a 中的内容是{Hello，Hello，Hello，World，World，Hello}。

(3) sort()用于对数组排序，默认按照从小到大的顺序排列。

```
int [] arr = {12,21,13,24};
Arrays.sort(arr);
```

(4) copyOf()方法可以实现数组的复制功能,该方法有两个形式参数,第一个参数是原数组,第二个参数是复制长度,返回值是将原数组内容进行复制并返回。请注意,该方法返回的是一个新数组引用,即把数据复制到新的存储单元中,然后返回存储单元的引用。

```
int[] arr1 = new int[]{1, 2, 3, 4, 5, 6, 7, 8, 9, 10};
int[] arr2 = new int[5];
arr2 = Arrays.copyOf(arr1, 10);
```

以上方法均有重载定义,可以操作不同数据类型的数组,具体内容可以参考相关的JDK文档。例5-8中的程序代码使用Arrays类实现了数组的排序功能。

【例 5-8】 使用Arrays类进行数组元素排序。

```
import java.util.Arrays;
public class Example5_8{
     public static void main(String[] args) {
          int k;
          int baka[] = new int[11];
          int a[] = { 19, 22, 15, 13, 1, 0, 10, 8, 2, 4, 36 };
          System.out.println("\t\t 排序前 a 数组的各元素为:");
          for (k = 0; k < a.length; k++) {
              System.out.print(a[k] + "\t");
              baka[k] = a[k];
          }
          System.out.println();
          Arrays.sort(a);
          System.out.println("\t\t 完全排序后 a 数组的各元素为:");
          for (k = 0; k < a.length; k++)
              System.out.print(a[k] + "\t");
          System.out.println();
          for (k = 0; k < baka.length; k++) {
              a[k] = baka[k];
          }
          Arrays.sort(a, 3, 8);
          System.out.println("\t\t 部分(下标第 3 至第 7 元素)排序后 a 数组的各元素为:");
          for (k = 0; k < a.length; k++)
              System.out.print(a[k] + "\t");
          System.out.println();
     }
}
```

程序的运行结果如下:

```
         排序前 a 数组的各元素为:
19  22  15  13  1  0  10  8  2  4  36
         完全排序后 a 数组的各元素为:
0  1  2  4  8  10  13  15  19  22  36
         部分(下标第 3 至第 7 元素)排序后 a 数组的各元素为:
19  22  15  0  1  8  10  13  2  4  36
```

仔细观察可以发现，和例5-6不同，这段程序没有使用经典的冒泡排序算法来对数组元素进行排序，而是采用Arrays类自带的排序功能，Array.sort()不仅可以对整个数组排序，还可以对数组中的部分元素排序。从这里可以看出，用Java语言编程时可以选择不同的方式来达到相同的目的，这增加了Java语言编程开发的灵活性。

【例5-9】 彩票号码抽彩程序。

编写一个程序，可以生成一个抽彩游戏中的中奖号码的数字组合。例如从1～n的数字中随机抽取k个号码，则这k个号码构成了中奖号码。

```
import java.util.Arrays;
import java.util.Scanner;
public class Example5_9{
    public static void main(String[] args) {
        Scanner in = new Scanner(System.in);
        System.out.print("本次抽彩将抽取多少个数字?");
        int k = in.nextInt();
        System.out.print("抽取的数字最大值是多少? ");
        int n = in.nextInt();
        in.close();
        //初始化抽彩数字数组中的元素为1,2,3…,n
        int[] numbers = new int[n];
        for (int i = 0; i < numbers.length; i++)
            numbers[i] = i + 1;
        //抽取k个数字,并把它们放到另外一个数组result中
        int[] result = new int[k];
        for (int i = 0; i < result.length; i++) {
            //生成一个0～n - 1的随机整数
            int r = (int) (Math.random() * n);
            //从数组numbers中随机抽取一个数字放到result数组中
            result[i] = numbers[r];
            //将numbers数组的最后一个数字放到已被抽走的数字所在的位置
            numbers[r] = numbers[n - 1];
            n--;
        }
        //输出排序后的抽彩数字组合
        Arrays.sort(result);
        System.out.println("抽取下列数字组合,你将获得大奖!");
        for (int r : result)
            System.out.println(r);
    }
}
```

程序的一次运行结果如下：

```
本次抽彩将抽取多少个数字?5
抽取的数字最大值是多少?34
抽取下列数字组合,你将获得大奖!
8
11
28
30
34
```

本程序首先构建了一个数组 numbers，用来存放所有供抽彩的数字，然后通过循环进行抽彩，每一次循环则随机从 numbers 中选取一个数字作为中奖号码，并把该数字存放在一个新数组 result 中。程序最后用 Arrays 类的静态方法 sort()对 result 数组按从小到大进行排序，并用 for-each 循环方式来输出 result 数组中所有中奖的号码。

需要注意的是，这段程序代码采用了 Math 类的静态方法 random()来生成随机数；此外，为了确保每次抽取的数字不会和以前抽取的数字重复，程序每抽取一个数，就将 numbers 数组的最后一个数字复制到被抽取的位置，以替换掉被抽取的数字，同时把 numbers 数组的长度值 n 减 1，这样就可以保证 numbers 数组中永远只保留有尚未被抽中的数字。

观看视频

5.5 二维数组

前面介绍的一维数组可以存储各种线性数据的集合。假设有如表 5-2 所示的一个学生成绩信息表，如果直接用一个整数类型的一维数组来存储则比较困难。对于这样的二维表格或者网格数据，则可以考虑使用二维数组进行存储和处理。

表 5-2 学生成绩信息表格 单位：分

语 文	数 学	英 语
85	89	91
78	83	80
92	85	89
81	90	88

5.5.1 二维数组的声明、创建和使用

如果 Java 语言一维数组的每个元素又都是一维数组，这个数组就称为二维数组。多维 Java 数组的定义实际上是一个递归的过程，三维数组可以看成是由二维数组组成的一维数组；以此类推，n 维数组可以看成每个元素都为 n－1 维数组的一维数组。

1. 二维数组的声明

声明二维数组有以下两种格式。

格式 1：

```
数组元素类型 数组名[][];
```

格式 2：

```
数组元素类型[][] 数组名;
```

例如定义一个存储学生成绩的二维数组：

```
double scores [][];
```

或

```
double [][] scores;
```

和一维数组类似，在 Java 语言中通常采用格式 2。

2. 二维数组的创建与初始化

与一维数组的创建方法一样，二维数组也是使用 new 关键字来申请内存存储空间的。例如下面的语句先声明了一个二维数组 scores，然后使用 new double[4][3]创建一个 double 类型的二维数组。

```
double[][] scores;
scores = new double[4][3];
```

该二维数组包含两个维度的数据，可以把第一个维度的取值 4 看作二维数据表中的行，把第二个维度的取值 3 看作二维数据表中的列，这样整个数组 scores 就是一个 4 行 3 列的数据表，可以非常方便地用来存储表 5-2 中的学生信息表。通常情况下，二维表格数据都可以采用 Java 语言的二维数组来进行数据处理。

Java 语言允许把声明和创建二维数组合并在一条语句中，例如上面的 scores 数组的创建可以简化成下面的代码：

```
double[][] scores = new double[4][3];
```

与一维数组的初始化一样，如果在创建数组时没有给出初始值，数组中各元素按不同数据类型的默认值来取值。如果在创建数组时有初始值，可以把声明、创建数组与初始化操作合并在一起完成，其格式如下：

```
类型[][] 数组名 = {{初值表 11},{初值表 12}, …, {初值表 1n},{初值表 21},{初值表 22}, …, {初值表 2n}, … };
```

其中，从{初值表 1}到{初值表 n}分别代表每一行数据的初始值，例如采用表 5-2 中的数据对 scores 数组进行声明和初始化的语句如下：

```
double[][] scores = {
            {85 , 89 ,91},
            {78 , 83 ,80},
            {92 , 85 ,89},
            {81 , 90 ,88}
            };
```

3. 二维数组的长度

和一维数组类似，二维数组的长度也可以通过 length 属性来获取。但是二维数组有两个维度，可以通过 length 分别获取一个二维数组的行数以及每一行的长度。获得行数的方法如下：

```
数组名.length
```

获得指定行所包含列数的方法如下：

```
数组名[行号].length
```

假设定义并初始化一个二维数组如下：

```
int[][] matrix = new int[10][10];
```

下面的代码将通过一个嵌套的双重循环访问该二维数组，打印输出该二维数组的所有元素的内容：

```
for (int row = 0; row < matrix.length ; row++) {
    for (int column = 0; column < matrix[row].length ; column++) {
        System.out.print(matrix[row][column] + " ");
    }
    System.out.println();
}
```

4. 二维数组的访问示例

【例 5-10】 输出具有初始值的数组中的所有数据。

```
public class Example5_10 {
public static void main(String[] args) {
        double[][] scores = {{56.8,42.5,96.8},
                                {100,78},
                                {99,63,78,45}};
        int i,j;
        System.out.println("输出 scores 数组中所有的值");
        for(i = 0;i < scores.length;i++) {
            for (j = 0; j < scores[i].length; j++)
                System.out.print(scores[i][j] + "\t");
            System.out.println();
        }
    }
}
```

程序的运行结果如下：

```
输出 score 数组中所有的值
56.8    42.5    96.8
100.0   78.0
99.0    63.0    78.0    45.0
```

从例 5-10 可以看出，Java 语言二维数组中每一行的数组元素可以不同，scores 二维数组的第一行有 3 个数，第二行有 2 个数，而第三行却有 4 个数。

其实，Java 语言二维数组的每一行数据就是一个一维数组，本质上二维数组就是由若干一维数组构成的，且每个一维数组的长度可以各不相同。在例 5-10 中，二维数组 scores 可以被看作具有 3 个元素的普通一维数组，且每个元素也是一维数组，即 3 个一维数组，它们分别是 scores[0]、scores[1]和 scores[2]，长度分别为 3、2、4，而 scores 数组的长度则为 3。关于 scores 二维数组和一维数组之间的关系，及其在内存中的存储方式可参见图 5-6。

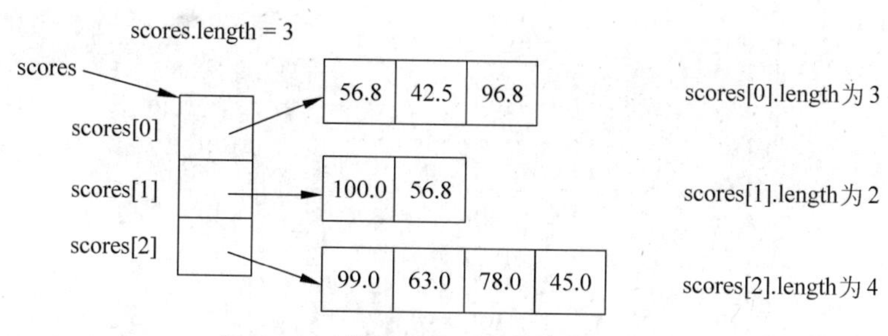

图 5-6 二维数组 scores 的存储示意图

二维数组的这种存储特点使得数组的初始化可以更加灵活，例如可以在初始化二维数组时不指定数组的全部长度，仅仅给出第一个维度的大小：

```
int[][] data = new int[3][];
data[0] = new int[2];
data[1] = new int[3];
```

上面的语句中在 data 数组初始化时只给出了第一维的长度大小，也就是行数，但第二维的长度却省略掉了。程序可以在后续处理中，根据实际情况确定 data 数组每一行的数据长度大小。根据图 5-6 容易看出，先初始化数组的行数，再初始化列数是完全可行的；但反过来先初始化列数，再初始化行数却不可以。

5.5.2 二维数组的应用案例

二维数组的应用场景有很多，比较常见的有二维数据的分析和处理、矩阵运算、科学计算等，其特点是数据具有比较明显的二维结构，程序通常采用多重循环处理数组中的数据。下面给出两个完整的程序，分别介绍二维数组在二维数据存储分析和矩阵运算方面的应用。

【例 5-11】 有一门考试的试卷有 10 道选择题，共有 8 名学生参加考试，表 5-3 中存储了 8 名学生的试卷答题结果，其中每一行表示一名学生的 10 道题目的答题结果。假设 10 道选择题每题 1 分，满分 10 分。10 道题的标准答案为 D B D C C D A E A D。

编写一个程序，用二维数组来存储学生的答题结果，并批改试卷输出每名学生的得分情况。

表 5-3 学生答题数据表

	题号									
学号	0	1	2	3	4	5	6	7	8	9
0	A	B	A	C	C	D	E	E	A	D
1	D	B	A	B	C	A	E	E	A	D
2	E	D	D	A	C	B	E	E	A	D
3	C	B	A	E	D	C	E	E	A	D
4	A	B	D	C	C	D	E	E	A	D
5	B	B	E	C	C	D	E	E	A	D
6	B	B	A	C	C	D	E	E	A	D
7	E	B	E	C	C	D	E	E	A	D

```
public class Example5_11 {
    public static void main(String[ ] args) {
        char[ ][ ] answers = { { 'E', 'B', 'E', 'C', 'C', 'D', 'E', 'E', 'A', 'D' },
                  { 'B', 'B', 'A', 'C', 'C', 'D', 'E', 'E', 'A', 'D' },
                  { 'B', 'B', 'E', 'C', 'C', 'D', 'E', 'E', 'A', 'D' },
                  { 'A', 'B', 'D', 'C', 'C', 'D', 'E', 'E', 'A', 'D' },
                  { 'C', 'B', 'A', 'E', 'D', 'C', 'E', 'E', 'A', 'D' },
                  { 'E', 'D', 'D', 'A', 'C', 'B', 'E', 'E', 'A', 'D' },
                  { 'D', 'B', 'A', 'B', 'C', 'A', 'E', 'E', 'A', 'D' },
                  { 'A', 'B', 'A', 'C', 'C', 'D', 'E', 'E', 'A', 'D' }, };
        char[ ] keys = { 'D', 'B', 'D', 'C', 'C', 'D', 'A', 'E', 'A', 'D' };
        for (int i = 0; i < answers.length; i++) {
            int correctCount = 0;
            for (int j = 0; j < answers[i].length; j++) {
                if (answers[i][j] == keys[j])
                    correctCount++;
            }
            System.out.println("学生 " + i + " 的得分是: " + correctCount);
        }
    }
}
```

上面的程序首先初始化了一个二维数组用来存储学生答题结果，然后用双重循环进行评分汇总统计，内循环用来累加一名学生每道题目的得分，外循环完成批改并输出每一名学生的总得分。程序的运行结果如下：

```
学生 0 的得分是: 7
学生 1 的得分是: 7
学生 2 的得分是: 7
学生 3 的得分是: 8
学生 4 的得分是: 4
学生 5 的得分是: 5
学生 6 的得分是: 6
学生 7 的得分是: 7
```

【例 5-12】 通过键盘输入两个矩阵的数据，程序打印输出两个矩阵相乘的最后结果数据。

首先对矩阵相乘的算法进行分析，可以得出以下 3 个规律。

（1）当矩阵 **A** 的列数(column)等于矩阵 **B** 的行数(row)时，A 与 B 可以相乘。

（2）乘积矩阵 **C** 的行数等于矩阵 **A** 的行数，乘积矩阵 **C** 的列数等于矩阵 **B** 的列数。

（3）乘积矩阵 **C** 的第 m 行、第 n 列的元素等于矩阵 **A** 的第 m 行的元素与矩阵 **B** 的第 n 列对应元素的乘积之和。

根据以上规律，两个矩阵在进行乘法操作之前需要进行验证，只有满足一定的条件才可以相乘。

矩阵是一种典型的二维结构，因此采用二维数组来存储和计算矩阵是一种常见的手段。本例共声明了 3 个二维数组，分别用来保存两个相乘的矩阵和最后计算结果矩阵。

```java
import java.util.Scanner;
public class Example5_12 {
    private static int[][] input() {
        Scanner s = new Scanner(System.in);
        System.out.println("请输入矩阵的行数和列数:");
        int x = s.nextInt();
        int y = s.nextInt();
        int[][] array = new int[x][y];                //初始化数组
        for (int i = 0; i < x; i++){
            System.out.println("请输入矩阵的第" + (i + 1) + "行数据:");
            for (int j = 0; j < y; j++)
                array[i][j] = s.nextInt();
        }
        System.out.println("你输入的矩阵为" + x + "行" + y + "列:");
        for (int i = 0; i < x; i++){
            for (int j = 0; j < y; j++)
                System.out.print(array[i][j] + "\t");
            System.out.println();
        }
        return array;
    }
    private static void multiplicationMatrix (int[][] a,int[][] b){
        int[][] result = new int[a.length][b[0].length];;
        //根据规律用3个for循环实现矩阵相乘
        for (int i = 0; i < a.length; i++) {
            for (int j = 0; j < a[i].length; j++) {
                for (int k = 0; k < b[j].length; k++) {
                    result[i][k] += a[i][j] * b[j][k];
                }
            }
        }
        //将结果输出到控制台
        System.out.println("矩阵相乘的结果为:");
        for (int[] row : result){
            for (int cloumn : row) {
                System.out.print(cloumn + "\t");
            }
            System.out.println();
        }
    }
    public static void main(String[] args) {
        int[][] matrix1,matrix2;
        System.out.println("输入第一个矩阵的数据:");
        matrix1 = input();
        System.out.println("输入第二个矩阵的数据:");
        matrix2 = input();
        if (matrix1[0].length!= matrix2.length){
            System.out.println("这两个矩阵不能相乘!");
        }
        else{
            multiplicationMatrix(matrix1,matrix2);
        }
    }
}
```

5.6 多维数组

前面介绍了如何使用二维数组来表示一个二维数据结构，二维数组通常可以用来存储矩阵或者表格数据。为了处理更多维度的数据，Java 语言允许创建一个 n 维数组，这里的 n 可以是任意一个整数值，也就是所谓的多维数组。

在例 5-10 的程序中声明的二维数组 double[][] scores 可以看作由 3 个一维的数组 scores[0]、scores[1]和 scores[2]构成，类似地，一个 n 维数组也可以理解为由多个 n－1 维的数组组成。

因此，一个三维数组实际上可以看作由多个二维数组组成的一维数组，该数组中的每个元素都是一个二维数组。于是，可以沿用声明和创建一个二维数组的方法来声明和创建一个多维数组。例如下面的语法声明并初始化了一个三维数组：

```
double[][][] data = new double[2][3][5];
```

data 数组有 2 个元素 data[0]和 data[1]，它们分别都是一个 3 行 5 列的二维数组。而 data[0][0]、data[0][1]、data[1][0]、data[1][1]都分别是含有 5 个数据元素的一维数组。data.length 是 2，data[0].length 和 data[1].length 是 3，data[0][0].length 是 5。

和二维数组一样，三维数组在初始化时也可以只给出高维的长度，低维长度可以在后续程序创建和初始化时再来确定，例如下面的语句初始化了一个三维数组，数组含有 2 个元素，每个元素是一个二维数组，二维数组的大小暂时还未确定：

```
double[][][] data = new double[2][][];
```

以此类推，按照三维数组的这种定义方式，可以定义与创建更多维的数组。在实际应用中，多维数组往往被用来完成一些科学计算或者复杂数据的统计分析任务，程序的时间复杂度一般比较高。

习题

1. 下面的代码片段的输出是什么？

```
int[][] array = new int[5][6];
int[] x = {1, 2};
array[0] = x;
System.out.println("array[0][1] is " + array[0][1]);
```

2. 下面的数组声明语句都是合法的吗？如果不合法请说明原因。

```
int i = new int(30);
double d[] = new double[30];
```

```
int i[] = (3, 4, 3, 2);
int[][] r = new int[2];
int[][] y = new int[3][];
```

3. 下面的两个代码片段能否正常运行，如果能请写出运行结果，如果不能请说明为什么。

程序 1：

```
int[] a = {1, 2, 3};
for (int i = 0; i < a.length; i++) {
    a[i]++;
}
System.out.println(a[0]);
```

程序 2：

```
int[] a = {1, 2, 3};
int[] b = new int[3];
b = a;
b[0] = 0;
System.out.println(a[0]);
```

4. 声明一个数组，保存一名学生的数学、语文、英语、物理、化学等课程的成绩，编写一个程序，计算 5 门课程的平均成绩，精确到 0.1 分，成绩值从键盘录入。

5. 编程实现统计 50 名学生的百分制成绩中各分数段的学生人数，即分别统计出 100 分、90～99 分、80～89 分、70～79 分、60～69 分、不及格的学生人数。

6. 编写程序，可以从键盘录入若干阿拉伯数字，其个数不确定。键盘输入完毕后按 Enter 键，程序将打印显示出所有不重复的数字，下面是一个可能的程序运行结果。

```
请输入若干阿拉伯数字: 1 2 3 4 1 6 3 4 5 2
所有不同的数字: 1 2 3 6 4 5
```

7. 声明一个字符串数组，将 "apple"、"banana"、"cherry"、"date"和"elderberry"添加到数组中，并使用循环计算每个字符串中的元音字母数。

8. 编写一个 eliminateDuplicates()方法，该方法接收一个整型数组，返回去掉重复元素的数组。写个主方法调用该方法并验证方法的正确性。eliminateDuplicates()方法的格式如下所示：

```
public static int[] eliminateDuplicates(int[] numbers)
```

9. 编写一个实现两个二维数据相加的方法，该方法接收两个相同大小的二维数组，返回数组相加的结果。

10. 编写一个方法，该方法接收一个二维数组，返回转置后的二维数组。并编写入口方法，测试其是否可以正常工作。

11. 编程打印输出如下所示的杨辉三角形。

```
                    1
                  1   1
                1   2   1
              1   3   3   1
            1   4   6   4   1
          1   5  10  10   5   1
        1   6  15  20  15   6   1
      1   7  21  35  35  21   7   1
    1   8  28  56  78  56  28   8   1
  1   9  36  84 126 126  84  36   9   1
```

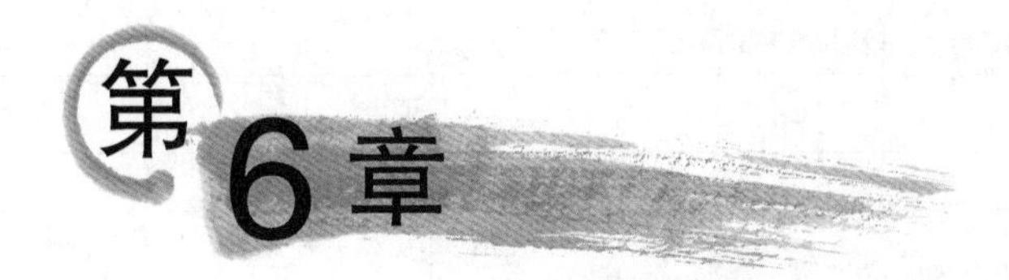

本章练习

常用类与正则表达式

Java JDK 中提供大量的 Java 标准类,这些类将底层的实现封装了起来,我们不需要关心这些类是如何实现的,只需要学习这些类如何使用即可。Java API 是关于这些标准类的帮助文档,它介绍了各个类的包、类的定义与方法。我们可以通过帮助文档来学习这些 API 如何使用。本章先介绍编程时经常用到的类,然后介绍正则表达式的概念。

观看视频

6.1 Java 常用类

第 4 章简单介绍了 Java JDK 的系统包,该系统包又称为基础类库(JFC)、标准类库或 API 包。本节介绍 Java 编程中常用的类及其使用。

6.1.1 Object 类

Object 类在 Java 语言里面是一个比较特殊的类,它是所有 Java 类的根类,Java 语言中所有的其他类都直接或间接地继承 Object 类。在定义一个类时,如果未使用 extends 关键字指明其父类,则默认继承 Object 类,因而,任何 Java 对象都可以使用 Object 类的方法。

Object 类定义在 java. lang 包中。为了简化编程,系统默认导入了 java. lang 包,所以使用 java. lang 包中的类时可以不用 import 语句导入。

图 6-1 展示了一个类如何默认地继承 Object 类。

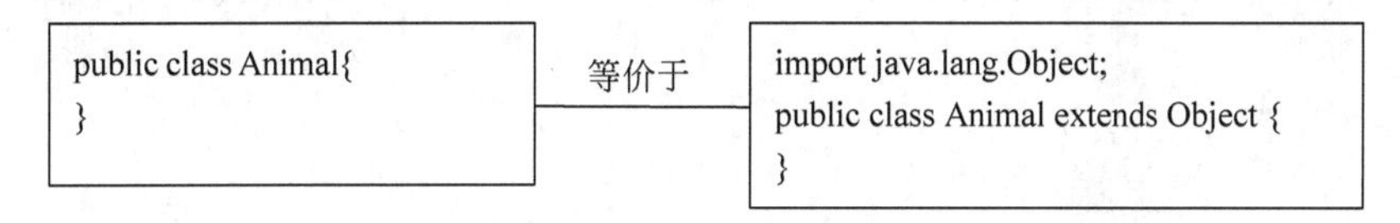

图 6-1 类直接或间接地继承 Object 类

1. Object 类的常见方法和操作

表 6-1 中给出了 Object 类的常用方法,其中 equals、toString、getClass 在编程中经常用到,对这三个方法的使用,下面分别用例子予以说明。notify()与 wait()方法主要用在线程的暂停执行与线程的唤醒中,将在第 11 章中进行详细介绍。

表 6-1　Object 类常用方法

序　　号	方　　法	说　　明
1	public Object()	构造方法,构建一个对象
2	public boolean equals(Object obj)	判断当前对象是否与 obj 对象相同,相同则返回 true,否则返回 false
3	public String toString()	返回当前对象的字符串表示
4	public final Class <? > getClass()	返回对象所对应的类
5	public final void notify()	用于唤醒在该对象上等待的线程
6	public final void wait(long timeout) throws InterruptedException	暂停执行当前线程,直到被其他线程唤醒或中断

2. Object 类的常见方法的使用

1）equals()方法

Object 类中的 equals()方法在默认情况下用来比较两个对象的内存地址是否相同,若相同则返回 true,否则返回 false。

```
public boolean equals(Object o) {
    return (this == o);
}
```

但对于 Object 的子类,如 String、Date、Calendar、包装类、File 等,equals()方法被重新定义,是比较两个对象的值是否相等。在这些子类的对象比较时,equals()方法和==是不一样的。equals()方法是比较内容是否相同,而==是比较对象的地址是否相同。

【例 6-1】 比较 equals()方法与==的区别。

```
public class Example6_1 {
    public static void main(String[] args) {
        String name1 = new String("张三");
        String name2 = new String("张三");
        String name3 = "张三";
        String name4 = "张三";
        System.out.println(name1.equals(name2));                //值相等,地址不同
        System.out.println(name1.equals(name3));                //值相等,地址不同
        System.out.println(name3.equals(name4));                //值相等,地址相同
        System.out.println(name1 == name2);                     //值相等,地址不同
        System.out.println(name1 == name3);                     //值相等,地址不同
        System.out.println(name3 == name4);                     //值相等,地址相同
    }
}
```

程序编译成功后,运行结果如下：

```
true
true
true
false
false
true
```

在例 6-1 中，name1 和 name2 的值相同，但是地址不同，因为在创建这两个对象时，都被赋予了新的地址空间。而 name3 和 name4 不但值相同，地址空间也相同。从运行结果上可以看出 equals()方法比较的是两个对象的值，而==比较的是两个存储对象在内存中的首地址是否相同。

需要说明的是，在编译时，JVM 为了减少字符串对象的重复创建，维护了一个特殊的内存，这段内存被称为字符串常量池。“张三”作为字符串常量，预先存放在字符串常量池中，name3、name4 中存放的都是“张三”的地址，因而二者相同。

2) toString()方法

toString()方法用于返回对象的字符串表示形式。通常，该方法返回一个能表示此对象的字符串，返回值为 String 类型的对象。通常在 Object 的子类中都对该方法进行覆盖。

toString()方法是 Object 类的方法。当使用输出语句 System. out. println(对象)打印某个对象时，Java 会自动调用对象的 toString()方法。

【例 6-2】 toString()方法的使用。

```
public class Example6_2 {
    public static void main(String[] args) {
        Person p = new Person("张三",20);
        System.out.println(p);
        System.out.println(p.toString());
    }
}
class Person {
     String name;
     int age;

     public Person(String s, int x) {
          name = s;
          age = x;
     }

    @Override
    public String toString() {
        return "name:" + name + ",age:" + age;
    }
}
```

程序编译成功后，运行结果如下：

```
name: 张三,age: 20
name: 张三,age: 20
```

由例 6-2 的运行结果可以看出，在程序使用输出语句 System. out. println(对象)打印某个对象时，Java 语言会自动调用 toString()方法。

3) getClass()方法

在 Java 语言中，每个 class 都有一个相应的 Class 对象。也就是说，当一个类编译完成后，在生成的. class 文件中就会产生一个 Class 对象，用于表示这个类的类型信息。利用对象的 getClass()方法可以获取该对象的 Class 实例，这个方法通常是和 Java 反射机制搭配使用的。

public final Class <?> getClass()中的<?>是一个通配泛型，?可以代表任何类型。

【例 6-3】 getClass()方法的应用。

```
public class Example6_3 {
    public static void main(String[] args) {
        Class <?> c;
    Person p = new Person(20,"张三");
    c = p.getClass();
    System.out.println(c);
    System.out.println(c.getName());
    }
}
class Person{
    int age;
    String name;

    public Person(int age, String name) {
        this.age = age;
        this.name = name;
    }
}
```

程序编译成功后，运行结果如下：

```
class Person
Person
```

从以上运行结果可以看出，p.getClass()返回对象 p 的类型，并赋值给 Class 变量 c。Class 类提供了一系列的方法来获取类的相关信息。程序中使用 c.getName()获取 Person 这个类的类名。

6.1.2 System 类

System 类也是 java.lang 包中的一个类，该类提供了几个系统级的属性和控制方法。由于该类的构造方法是 private，所以无法创建该类的对象，也就是无法实例化该类。

System 类内部的成员变量和方法都是静态的，因而使用时直接用 System 类名作为前缀加上成员变量名与方法名即可。

1. System 类的静态变量

System 类中包含了 in、out 和 err 三个成员变量，分别代表标准输入流（键盘输入）、标准输出流、标准错误输出流。

2. System 类常用的方法

System 类中提供大量的静态方法，可以获取与系统相关的信息或系统级操作，在 System 类的 API 文档中，常用的方法有如下几种。

1）public static long currentTimeMillis()

public static long currentTimeMillis()方法用于获取当前系统时间的毫秒值。获取当前系统时间与 1970 年 01 月 01 日 00:00 点之间的毫秒差值，可以用它来测试程序的执行时间。

2) public staitc void exit(int status)

终止正在运行的 Java 虚拟机,参数 status 表示状态码,通常用 0 表示正常结束,其他为异常结束。

3) public static void gc()

运行垃圾回收器。启动 Java 虚拟机的垃圾回收器运行,回收内存的垃圾。

【例 6-4】 currentTimeMillis()方法的使用。

```
public class Example6_4{
    public static void main(String[ ] args) {
        long start = System.currentTimeMillis();
        int sum = 0;
        for(int i = 0;i <= 100000;i++){
            sum += i;
        }
        System.out.println("0～100000 的整数之和是" + sum);
        long end = System.currentTimeMillis();
        System.out.println("0～100000 的整数之和是" + sum);
        System.out.println("计算用时" + (end - start) + "毫秒!");
    }
}
```

程序编译成功后,运行结果如下:

```
0～100000 的整数之和是 705082704
0～100000 的整数之和是 705082704
计算用时 1 毫秒!
```

6.1.3 Math 类

Math 类是 java.lang 包中的一个类。Math 类封装了两个常用的静态常量和大量的数学运算方法,如指数、对数、平方根和三角函数等。Math 类中的所有常量和方法都是静态的,可以直接通过类名来调用它们。下面介绍几个常用的方法。

1) Math 类的常量

E 是自然对数的底数,即数学上的自然常数 e,其值为 2.718 281 8…。

PI 是圆周率,即圆周率 π,其值为 3.141 592 6…。

2) Math 类的常用方法

表 6-2 中给出了 Math 类的常用方法及其描述,Math 类的 API 说明中有更加详细的说明。

表 6-2 Math 类的常用方法

序号	方法	说明
1	static int abs(int a)	返回 a 的绝对值。对于 long、float、double 等类型的参数,也可以用 Math.abs()计算绝对值
2	static long round(double a)	四舍五入,例如 Math.round(12.234d)的返回值为 12
3	static int round(float a)	四舍五入,例如 Math.round(12.234f)的返回值为 12
4	static int max(int a,int b)	返回两个 int 值中的较大值,参数也可以是 long、float、double 等类型

续表

序　　号	方　　法	说　　明
5	static int min(int a,int b)	返回两个 int 值中的较小值,参数也可以是 long、float、double 等类型
6	static double random()	获取随机数,随机数的范围是 0.0～1.0,返回的是 double 型
7	static double pow (double a, double b)	计算 a 的 b 次方,例如语句"Math.pow(3,2);"的输出为 9.0,返回的值是 double 类型
8	static double ceil(double a)	向上取整,取大于这个数的最小整数。例如语句"Math.ceil(99.234);"的输出为 100.0,返回的值是 double 类型
9	static double floor(double a)	向下取整,取小于这个数的最大整数,例如语句"Math.floor(88.888);"的输出为 88.0,返回的值是 double 类型
10	static double exp(double a)	计算 e 的 a 次方,e 是自然常数,e=2.718 281 8,例如语句"Math.exp(1);"的输出为 2.718 281 8
11	static double sqrt(double a)	求平方根,例如语句"Math.sqrt(16);"的输出为 4.0,返回的值是 double 类型
12	static double log(double a)	计算以自然常数为底数的对数值,自然常数 e=2.718 281 8,例如语句"Math.log(Math.E);"的输出为 1.0,返回的值是 double 类型
13	static double log10(double a)	计算以 10 为底数的对数值,例如语句"Math.log10(100);"的输出为 2.0,返回的值是 double 类型
14	static double sin(double a)	计算正弦值,例如语句"Math.sin(Math.PI/2);"的输出为 1.0,返回的值是 double 类型
15	static double cos(double a)	计算余弦值,例如语句"Math.cos(Math.PI);"的输出为－1.0,返回的值是 double 类型
16	static double tan(double a)	计算正切值,例如语句"Math.tan(Math.PI/4);"的输出为 1.0,返回的值是 double 类型

【例 6-5】 Math 类比较常见的应用。

```
public class Example6_5 {
    public static void main(String[ ] args) {
        System.out.println("-2 的绝对值的结果" + Math.abs(-2));
        System.out.println("大于 7.8 的最小整数" + Math.ceil(7.8));
        System.out.println("小于 -4.7 的最大整数" + Math.floor(-4.7));
        System.out.println("-5.6 的四舍五入的结果是" + Math.round(-5.6));
        System.out.println("求两个数的最大值" + Math.max(-2,2));
        System.out.println("求两个数的最小值" + Math.min(3.2,2.3));
        System.out.println("随机生成 10 个 0～1000 的随机整数");
        for (int i = 0;i < 10;i++){
            System.out.print(Math.round(1000 * Math.random()) + " ");
        }
    }
}
```

程序编译成功后，运行结果如下：

```
-2 的绝对值的结果 2
大于 7.8 的最小整数 8.0
小于 -4.7 的最大整数 -5.0
-5.6 的四舍五入的结果是 -6
求两个数的最大值 2
求两个数的最小值 2.3
随机生成 10 个 0～1000 的随机整数
247  599  353  672  921  650  948  127  255  810
```

6.1.4　Random 类

在前面的例子中，使用 Math.random()方法产生一组 0.0～1.0 的随机数。在 JDK 的 java.util 包中，还有一个更强大的 Random 类，它可以产生 int、long、double、float 和 boolean 类型的随机数。表 6-3 给出了 Random 类的常用方法。

表 6-3　Random 类的常用方法

序　号	方　法	描　述
1	public Random()	以当前时间作为种子，创建对象
2	public Random(long seed)	以 seed 值作为种子，创建对象
3	public int nextInt()	返回此随机数生成器序列中的下一个 int 型值
4	public int nextInt(int bound)	返回 0～bound 的随机 int 型值
5	public long nextLong()	返回此随机数生成器序列中的下一个 long 型值
6	public double nextDouble()	返回此随机数生成器序列中的下一个 double 型值
7	public float nextFloat()	返回此随机数生成器序列中的下一个 float 型值
8	Public boolean nextBoolean()	返回此随机数生成器序列中的下一个 boolean 型值

【例 6-6】 Random 类的使用。

```
import java.util.Random;
public class Example6_6 {
    public static void main(String[] args) {
        Random random1 = new Random(3);
            System.out.print("来自 random1:");
        for(int i = 0;i < 10;i++) {
            System.out.print(random1.nextInt(1000)  +  " ");
        }
        Random random2 = new Random(3);
            System.out.print("\n 来自 random2:");
            for(int i = 0;i < 10;i++){
                System.out.print(random2.nextInt(1000) + " ");
        }
    }
}
```

程序编译成功后，运行结果如下：

```
来自 random1: 734  660  210  581  128  202  549  564  459  961
来自 random2: 734  660  210  581  128  202  549  564  459  961
```

程序中使用 new Random(3)生成了两个对象，分别为 random1 与 random2，而这两个对象产生的随机数序列相同。造成这种情况的原因是生成随机数对象时，参数 seed 都为 3。为了使每次产生的随机数序列不同，需要用不同的 seed 来创建随机数对象。

在使用无参的 Random()构造方法创建随机数对象时，系统会以当前时间戳为种子。由于系统的时间戳是持续变化的，产生随机数对象时的种子也就不同，这样就能保证每次产生不同的随机数序列。

【例 6-7】 随机产生 8 个 0～1000 的整数，并运行两次观察结果。

```
import java.util.Random;
public class Example6_7 {
    public static void main(String[] args) {
        Random random1 = new Random();
            System.out.print("来自 random1:");
        for(int i = 0;i < 10;i++) {
            System.out.print(random1.nextInt(1000)  +  " ");
        }
        Random random2 = new Random();
            System.out.print("\n 来自 random2:");
            for(int i = 0;i < 10;i++){
                System.out.print(random2.nextInt(1000) + " ");
        }
    }
}
```

程序的运行结果如下：

```
来自 random1: 491   791   338   859   637   678   64   669   959   920
来自 random2: 63   158   223   346   571   196   196   947   144   738
```

从以上运行结果可以看出，random1 与 random2 分别产生了不同的随机数序列。

观看视频

6.1.5 包装类

在 Java 语言中共有 8 种基本数据类型，分别是 byte、char、int、short、long、float、double、boolean，它们之所以称为基本数据类型，是因为其不具备对象的特性。在 Java 语言中，很多类的方法都需要接收对象，此时就无法将一个基本数据类型的值传入。为了解决这个问题，JDK 中为这 8 个基本数据类型提供了对应的包装类，通过这些包装类可以将基本数据类型的值包装为对象。表 6-4 给出了每种基本数据类型的包装类，这些包装类都定义在 java.lang 包中。

表 6-4 基本数据类型对应的包装类

基本数据类型	对应的包装类
byte	Byte
char	Character
int	Integer
short	Short

续表

基本数据类型	对应的包装类
long	Long
float	Float
double	Double
boolean	Boolean

包装类彼此非常相似。所有的包装类都实现了 java. lang. Comparable 接口，这些类中都覆盖了接口中的 compareTo()方法，因而包装类提供了 compareTo()方法来比较两个对象的大小。

1. 数值型包装类

数值型包装类 Double、Float、Long、Integer、Short、Byte 都继承了 Number 类，且实现了 Comparable 接口。Number 类中给出获取对象中数值的方法，根据对象的类型不同，获取对象数值的方法也不同，所以 Number 类提供了 6 个不同的方法。图 6-2 给出了 Integer 类的继承关系与方法。

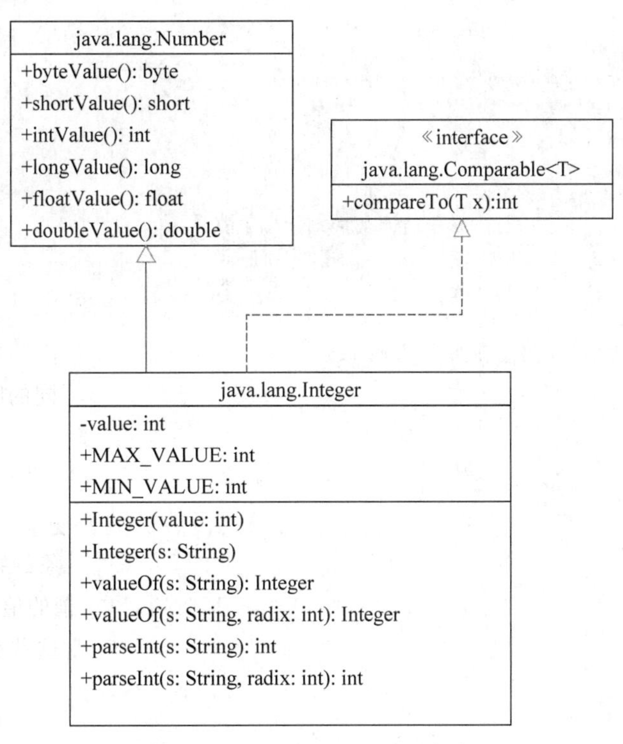

图 6-2　Integer 类的继承关系与方法

从 Integer 的构造方法可以看出，可以用一个整数值或表示整数数值的字符串构造 Integer 对象，例如，new Integer(5)与 new Integer("5")都可以创建。

1) Integer 类的 parseInt()方法

Integer. parseInt(String s)方法可将字符串参数作为有符号的十进制整数进行解析。Integer. parseInt(String s,int i)方法可将字符串参数作为有符号的 i 进制整数进行解析。

【例 6-8】 parseInt()方法的使用示例。

```
public class Example6_8 {
    public static void main(String[ ] args) {
        int a = Integer.parseInt("100");          //默认以十进制整数进行解析
        System.out.println(a);
        int b = Integer.parseInt("100",8);        //以八进制整数进行解析
        System.out.println(b);
    }
}
```

程序编译成功后，运行结果如下：

```
100
64
```

2）Integer 类的 intValue()方法

intValue()方法是将 Integer 类型的值转换为 int 数据类型的值。

【例 6-9】 Integer 类型的值转换举例。

```
public class Example6_9 {
    public static void main(String[ ] args) {
        Integer i = new Integer(28);
        int j = 22;
        int sum;
        sum = i.intValue() + j;
        System.out.println("转换后两数之和是:" + sum);
    }
}
```

程序编译成功后，运行结果如下：

```
转换后两数之和是: 50
```

对于 Integer 类型的对象，通过调用 intValue()方法，将 Integer 类型的对象转换为 int 类型的数据。实际上，基本数据类型的变量与对应的包装类型的变量可以“自动打包”与“自动解包”。

自动打包就是把基本类型数据自动转换成包装类型的对象，而自动解包是其逆操作。例如：

```
Integer obj;
int num = 42;
obj = num;                                    //自动打包成 Integer 对象
int i = obj;                                  //自动解包成基本类型
```

3）Java 语言中 int 和 Integer 的区别

- Integer 是 int 类型的封装类，而 int 是 Java 语言的基本数据类型。
- Integer 变量的默认值是 null，而 int 变量的默认值是 0。
- 声明为 Integer 的变量需要实例化，而声明为 int 的变量不需要实例化。

4）其他数值型包装类

图 6-3 给出了 Double 类的说明，Float、Long、Short、Byte 类型与 Double 类似，只要把 Double 换成对应类型即可。

java.lang.Double
-value: double +MAX_VALUE: double +MIN_VALUE: double
+Double(value: double) +Double(s: String) +valueOf(s: String): Double +valueOf(s: String, radix: int): Double +parseDouble(s: String): double +parseDouble(s: String, radix: int): double

图 6-3　Double 类的说明

2. Character 包装类

Character 类的构造方法可以用一个字符值创建一个字符对象，该类提供的成员方法用于确定字符的类别（大写字母、小写字母、数字等）、将字符从大写转换为小写或反之。表 6-5 给出了 Character 类的主要方法。

表 6-5　Character 类的方法

方　法	描　述
public Character(char value)	用参数 value 值构造一个 Character 对象，例如，new Character('a')
char charValue()	返回此 Character 对象的值
int compareTo(Character ch)	以数字方式比较两个 Character 对象，返回当前字符与另一个字符的 Unicode 差值
boolean equals(Character ch)	当两个 Character 对象中的字符相同时，返回 ture，否则返回 false
static boolean isDigit(char ch)	确定指定的字符（Unicode 码位）是否为数字
static boolean isLetter(char ch)	确定指定字符是否为字母
static boolean isLetterOrDigit(char ch)	确定指定的字符是字母还是数字
static boolean isLowerCase(char ch)	确定指定字符是否为小写字符
static boolean isUpperCase(char ch)	确定指定字符是否为大写字符
static char toLowerCase(char ch)	将字符参数转换为小写字符
static char toUpperCase(char ch)	将字符参数转换为大写字符
static boolean isWhitespace()	是否空白字符

【例 6-10】 Character 类的使用方法。

```
public class Example6_10 {
    public static void main(String[] args) {
      //判断是否为字母
        System.out.println("d 是字母吗?" + Character.isLetter('d'));
        System.out.println("4 是字母吗?" + Character.isLetter('4'));
        //判断是否为数字
        System.out.println("e 是数字吗?" + Character.isDigit('e'));
        System.out.println("5 是数字吗?" + Character.isDigit('5'));
        System.out.println("转换成小写是:" + Character.toLowerCase('e'));
```

```
        System.out.println("转换成大写是:" + Character.toUpperCase('e'));
    }
}
```

3. Boolean 包装类

Boolean 类的对象中只包含一个 boolean 类型的属性，Boolean 对象的构造方法如下：

```
public Boolean(boolean value)
```

6.1.6 日期类和时间类

在 Java 程序中，针对日期的处理类有 Date 类与 Calendar 类。目前官方不推荐使用 Date 类，因为其不利于国际化；而是推荐使用 Calendar 类，并使用 DateFormat 类进行格式化处理。

Java 语言中提供了 Calendar 这个专门用于对日历进行操作的类，它可以通过特定的方法设置和读取日期的特定部分，如年、月、日、时、分、秒等。那么这个类有什么特别之处呢，先看看 Calendar 的声明：

```
public abstract class Calendar extends Object implements Serializable, Cloneable, Comparable
<Calendar>{  }
```

由此看出，Calendar 类是被 abstract 所修饰的，说明该类是一个抽象类，因此不能直接通过 new 该类对象来进行实例化。GregorianCalendar 是 Calendar 类的一个具体实现，提供了世界上大多数国家/地区使用的标准日历系统。通过 GregorianCalendar 类可以创建 Calendar 对象。

Calendar 类的一些常用方法如表 6-6 所示。

表 6-6 Calendar 类的常用方法

方 法	功能的描述
Calendar()	日历类的构造方法
int get(int field)	返回给定日历字段的值
void set(int field,int value)	设置给定日历字段的值
final void set(int year, int month, int date)	设置具有指定年份、月份和日期的日历。月份参数基于 0，也就是说 0 代表 1 月，11 代表 12 月
abstract int getMaximum(int field)	返回指定日历字段可以具有的最大值
abstract void add(int field,int amount)	根据日历规则，在给定日历字段中添加或减去指定的时间量
final Date getTime()	返回一个 Date 对象，表示此日历的时间值
final void setTime(Date date)	使用给定日期设置此日历的时间

表 6-7 给出了 Calendar 类中的字段常量。

表 6-7 Calendar 类中的字段常量

字 段 常 量	描 述
YEAR	日历的年份
MONTH	1 月到 12 月对应的值是 0 到 11

续表

字段常量	描 述
DATE	日历的日期
HOUR	日历的小时(12 小时表示法)
HOUR_OF_DAY	日历的小时(24 小时表示法)
SECOND	日历的分钟
DAY_OF_WEEK	表示一周中哪一天的字段号
DAY_OF_MONTH	表示月份日期的字段号
DAY_OF_YEAR	表示年份日期的字段号
WEEK_OF_MONTH	表示当前月份内的周数
WEEK_OF_YEAR	指示当前年份内的周数
AM_PM	AM 或 PM 指示灯(0 表示 AM,1 表示 PM)

【例 6-11】 Calendar 类的用法。

```
import java.util.Calendar;
import java.util.Date;
import java.util.GregorianCalendar;
public class Example6_11 {
    public static void main(String[ ] args) {
        Calendar calendar = new GregorianCalendar();
        System.out.println("Current time is " + new Date());
        System.out.println("YEAR:\t" + calendar.get(Calendar.YEAR));
        System.out.println("MONTH:\t" + calendar.get(Calendar.MONTH));
        System.out.println("DATE:\t" + calendar.get(Calendar.DATE));
        System.out.println("HOUR:\t" + calendar.get(Calendar.HOUR));
        System.out.println("HOUR_OF_DAY:\t" +
            calendar.get(Calendar.HOUR_OF_DAY));
        System.out.println("MINUTE:\t" + calendar.get(Calendar.MINUTE));
        System.out.println("SECOND:\t" + calendar.get(Calendar.SECOND));
        System.out.println("DAY_OF_WEEK:\t" +
            calendar.get(Calendar.DAY_OF_WEEK));
        System.out.println("DAY_OF_MONTH:\t" +
            calendar.get(Calendar.DAY_OF_MONTH));
        System.out.println("DAY_OF_YEAR: " +
            calendar.get(Calendar.DAY_OF_YEAR));
        System.out.println("WEEK_OF_MONTH: " +
            calendar.get(Calendar.WEEK_OF_MONTH));
        System.out.println("WEEK_OF_YEAR: " +
             calendar.get(Calendar.WEEK_OF_YEAR));
        System.out.println("AM_PM: " + calendar.get(Calendar.AM_PM));

        // 用 2022 年 9 月 11 日创建一个日历对象
        Calendar calendar1 = new GregorianCalendar(2022, 8, 11);  //8 对应的是 9 月
        System.out.println("September 11, 2022 is a " +
            dayNameOfWeek(calendar1.get(Calendar.DAY_OF_WEEK)));
    }
    public static String dayNameOfWeek(int dayOfWeek) {
       switch (dayOfWeek) {
          case 1: return "Sunday";
```

```
            case 2: return "Monday";
            case 3: return "Tuesday";
            case 4: return "Wednesday";
            case 5: return "Thursday";
            case 6: return "Friday";
            case 7: return "Saturday";
            default: return null;
            }
        }
}
```

程序编译成功后，运行结果如下：

```
Current time is Sat Jun 10 10:13:48 CST 2023
YEAR:   2023
MONTH:   5
DATE:   10
HOUR:   10
HOUR_OF_DAY:  10
MINUTE: 13
SECOND: 48
DAY_OF_WEEK:  7
DAY_OF_MONTH:  10
DAY_OF_YEAR:  161
WEEK_OF_MONTH: 2
WEEK_OF_YEAR: 23
AM_PM: 0
September 11,2022 is Sunday
```

6.1.7 输入/输出类

在 Java 语言的 System 类中，有两个静态变量 in 与 out。System. out 表示标准输出设备，System. in 表示标准输入设备，默认情况下，输出设备是显示器，输入设备为键盘。在 Java 语言中，不能直接用 System. in 读取数据，但是可以使用 Scanner 类创建一个对象来读取键盘输入的数据。要执行输出（输出到屏幕上的控制台），可以直接使用 System. out 提供的 print()与 println()方法，把数据输出到显示器上。

1. Scanner 输入类

Scanner 类用于获取由键盘输入的数据，它是在 Java 5 之后新增加的一个类。它可以从文件、字符串、输入流中解析出基本类型值和字符串值。使用该类提供的 nextByte()、nextInt()、nextLong()、nextShort()、nextDouble()、nextFloat()、nextLine()、next()等方法读取输入的数据。当需要使用控制台输入时可按照下面的方法使用这个类。

(1) 创建输入对象。

首先需要将标准输入流 System. in 作为参数，构造一个 Scanner 类的对象，这里的 System. in 为标准输入流，即键盘：

```
Scanner sc = new Scanner(System.in);
```

(2) 调用 Scanner 类对象 sc 的方法从输入流中获取输入数据。

当创建了一个 Scanner 类对象之后，会创建一个输入缓冲区，当执行到输入语句时，程序会到缓冲区中读取数据,缓冲区中的多个数据用空格分隔。如果输入缓冲区中没有数据可读,程序会一直等待用户从键盘上输入数据。

(3) 不同类型数据的读取方法。

Scanner 对象提供了读取 int、float、double、char 等类型的数据的方法,例如,nextInt()是读取 int 类型的值,nextFloat()是读取浮点型数值、nextDouble()是读取双精度浮点型数值。下面通过例 6-12 展示 nextInt()、nextFloat()、nextDouble()方法的使用。

【例 6-12】 从键盘输入不同类型的数据。

```
public class Example6_12 {
    public static void main(String[] args) {
        Scanner sc = new Scanner(System.in);
        int i = sc.nextInt();
        System.out.println("你输入的整数是" + i);
        float f = sc.nextFloat();
        System.out.println("你输入的浮点数是" + f);
        Double d = sc.nextDouble();
        System.out.println("你输入的双精度浮点数是" + d);
        }
}
```

运行结果如下:

```
123
你输入的整数是 123
1.23
你输入的浮点数是 1.23
1234567890
你输入的双精度浮点数是 1.23456789E9
```

(4) next()和 nextLine()方法。

next()从输入缓冲区中读取字符串,next()在读取字符串时,读到空格为止。

nextLine()读取输入缓冲区中的所有字符直到回车换行为止。

下面通过例 6-13 来展示 next()和 nextLine()方法的使用。

【例 6-13】 next()和 nextLine()方法的使用。

```
public class Example6_13{
    public static void main(String[] args) {
            Scanner sc = new Scanner(System.in);
            String s = sc.next();
            System.out.println(s);
            s = sc.nextLine();
            System.out.println(s);
        }
    }
```

运行结果如下:

```
Java 程序设计  作者: 张三  年龄: 29 岁
Java 程序设计
作者: 张三  年龄: 29 岁
```

程序运行后，输入字符串“Java 程序设计 作者：张三 年龄：29 岁”。sc.next()读取输入缓冲区中的字符串"Java 程序设计"，sc.nextLine()读取"作者：张三 年龄：29 岁"。这里，输入数据用空格分隔，sc.nextLine()读取到一行的结束。

2. 输出到控制台

1）print()与 println()

print()方法把需要输出的参数以字符串的形式显示在控制台上。此方法在控制台上把参数打印完后，光标停留在控制台文本的末尾，下一次打印输出就从这里开始。

println()方法也用于在控制台上显示文本。与 print()不同的是，当在控制台上把参数打印完后，光标自动换行，下一次打印从下一行开始。表 6-8 是常见的方法，表中以 print()为例，println()也有对应的方法。

表 6-8　print()方法

方　法	描　述
void print(boolean b)	打印一个布尔值
void print(char c)	打印一个字符
void print(char[] s)	打印字符数组
void print(double d)	打印双精度浮点数
void print(float f)	打印浮点数
void print(int i)	打印一个整数
void print(long l)	打印一个长整数
void print(Object obj)	打印一个对象
void print(String s)	打印字符串

【例 6-14】 print()方法和 println()方法的使用。

```
public class Example6_14 {
    public static void main(String[] args) {
        System.out.print("hello world!");
        System.out.print("你好 世界!");
        System.out.print("nihao shijie!");
        System.out.println();
        System.out.println("----分隔线-----------分隔线------------分隔线----
---------分隔线---------");
        System.out.println("hello world!");
        System.out.println("你好 世界!");
        System.out.println("nihao shijie!");
    }
}
```

运行结果如下：

```
hello world!你好 世界!nihao shijie!
----分隔线---------分隔线------------分隔线-------------分隔线---------
hello world!
你好 世界!
nihao shijie!
```

2) printf()

printf()提供了一种格式化输出的功能,System.out.printf(format,items)指出按照format格式输出items的值。

这里format格式是一个由普通字符和格式说明符组成的字符串。普通字符照原样输出,格式说明符指定了items参数的显示方式。每个说明符都以一个百分号开头。

表6-9 常用的格式说明符

格式符	输出参数类型	示例
%b	boolean值	true或false
%c	一个字符	'a'
%d	一个十进制数	120
%f	一个浮点数	26.78
%e	用科学记数法输出一个数	2.33e−7
%s	字符串	I like Java

例如:

```
int count = 5;
double amount = 45.56;
System.out.printf("count is %d and amount is %f", count, amount);
```

显示结果是:

```
count is 5 and amount is 45.560000
```

在格式符中,还可以指定数据显示所占的位数。如果指定的位数多于数据的位数,通常情况下,输出约定右对齐。如果需要左对齐,可以在格式符中用"-"指定。下面的代码给出了一个指定宽度为6与小数点后保留2位数的浮点数输出,输出为左对齐。

```
double x = 2.0 / 3;
System.out.printf("x is %-6.2f", x);
```

输出结果是:

```
x is 0.67
```

printf()主要是继承了C语言的printf()的一些特性,可以进行格式化输出,可以在指定的地方输出指定格式的内容。

【例6-15】 打印九九乘法表。

```
public class Example6_15 {
    public static void main(String[] args) {
        int r;
        for( int i=1;i<=9;i++) {
            for(int j=1;j<=i;j++) {
                System.out.printf("%2d*%-2d=%-3d",i,j,i*j);
```

```
            }
            System.out.println();
        }
    }
}
```

运行结果如下：

```
1*1=1
2*1=2  2*2=4
3*1=3  3*2=6   3*3=9
4*1=4  4*2=8   4*3=12  4*4=16
5*1=5  5*2=10  5*3=15  5*4=20  5*5=25
6*1=6  6*2=12  6*3=18  6*4=24  6*5=30  6*6=36
7*1=7  7*2=14  7*3=21  7*4=28  7*5=35  7*6=42  7*7=49
8*1=8  8*2=16  8*3=24  8*4=32  8*5=40  8*6=48  8*7=56  8*8=64
9*1=9  9*2=18  9*3=27  9*4=36  9*5=45  9*6=54  9*7=63  9*8=72  9*9=81
```

6.2 字符串类

字符串广泛应用在Java编程中，所谓字符串就是一串连在一起的字符，字符串中可以包含任意字符，这些字符必须包含在一对双引号" "之内。Java的字符串类型是非常常用的类型，但它并不属于8种基本数据类型。

Java语言中定义了3个字符串类，分别是String、StringBuffer和StringBuilder，它们位于java.lang包中，并提供了一系列操作字符串的方法。由于java.lang自动加载，这些方法不需要导入包就可以直接使用。

观看视频

6.2.1 String类

Java提供了String类来创建和操作字符串。String类位于java.lang包中，使用String类创建的字符串变量属于对象，默认值为null。

1. String对象的创建

String对象的创建有以下两种方法。

1）使用赋值语句把字符串常量赋值给字符串对象

例如：

```
String s = "student";
```

这是一种简化的语法，用于创建并初始化String对象，其中"student"表示一个字符串常量。实际上，Java程序中的字符串常量存放在字符串常量池中，因此，在将字符串常量传递给字符串变量时，只是把字符串的引用赋值给字符串对象s。

2）使用String的构造方法创建对象

String的构造方法有多个，这里给出3个最常用的构造方法。

```
public String()                    //创建一个内容为空的字符串
public String(char[] value)        //根据指定字符数组创建对象
public String(字符串)               //使用指定字符串创建对象
```

【例 6-16】 字符串的使用。

```
public class Example6_16 {
    public static void main(String[] args) {
        String s1 = "abc";
        String s2 = new String();
        String s3 = new String("def");
        String s4 = new String(new char[]{'g','h','i'});
        System.out.println(s1);
        System.out.println("s2 是" + s2 + "空,不是 null");
        System.out.println(s3);
        System.out.println(s4);
    }
}
```

运行结果如下：

```
abc
s2 是空,不是 null
def
ghi
```

注意：new String()是声明一个空串(即" ")，而不是 null。由于字符串的头尾是" "，因而双引号"就不能直接出现在字符串中，而是要用转义符“\”，如“System. out. print("Mom said:\"look out\"");”。

2. String 类的主要方法

与字符串相关的方法有很多，下面仅仅列举一些常用的方法。

1）获取字符串长度

```
public int length()
```

该方法可返回字符串的长度，即字符串内包含的字符个数。

举例：

```
String s = new String("伟大的 中国");
System.out.println(s.length());            //输出 6
```

2）截取一个字符

```
public char charAt(int index)
```

该方法可返回指定索引处的 char 值，索引范围是 0～s. length()－1。

举例：

```
char ch;
ch = "abc". charAt(1);                     //结果返回'b'
```

3）字符串相等比较

```
public boolean equals (String s)
```

字符串对象调用 String 类的 equals()方法，比较当前字符串对象中的内容是否与参数字符串 s 对象中的内容相同。

举例如下：

```
String s1 = "Hello";
String s2 = new String("Hello");
s1.equals (s2);                              //结果为 true
```

Java 提供忽略大小写的字符串相等比较方法，其格式如下：

```
public boolean equalsIgnoreCase(String anotherString)
```

将此 String 与 anotherString 进行比较，不考虑大小写。如果两个字符串的长度相等，并且两个字符串中的相应字符都相等（忽略大小写），则认为这两个字符串是相等的。举例如下：

```
"hello".equalsIgnoreCase ("Hello");      //结果为 true
```

4）取得子串

```
public String substring (int beginIndex);
```

substring(int beginIndex)会返回一个新的字符串，它是此字符串的一个子字符串。该子字符串始于指定索引 beginIndex 处的字符，直到此字符串末尾。

```
public substring(int beginIndex, int endIndex)
```

substring(int beginIndex，int endIndex)会返回一个新字符串，它是此字符串的一个子字符串。该子字符串从指定的 beginIndex 处开始，直到索引 endIndex－1 处的字符。因此，该子字符串的长度为 endIndex－beginIndex。举例如下：

```
"unhappy'".substring(2);                     //返回"happy'"
"smiles".substring(1,5);                     //返回"mile"
```

5）字符串内容比较

```
public int compareTo(String anotherString)
```

按字典顺序比较两个字符串。该比较基于字符串中各个字符的 Unicode 值。将此 String 对象表示的字符序列与参数字符串 anotherString 所表示的字符序列进行比较。如果按字典顺序此 String 对象在参数字符串之前，则比较结果为一个负整数。如果按字典顺序此 String 对象位于参数字符串之后，则比较结果为一个正整数。如果这两个字符串相等，则结果为 0。

除此之外，Java 语言提供不考虑大小写的字典顺序比较方法，其格式如下：

```
public int compareToIgnoreCase(String str)
```

举例如下：

```
String s1  = "abc";
String s2  = "ABC";
String s3 = "acb";
String s4 "abc";
System.out.println(s1.compareTo(s2));                //输出 32
System.out print.1n(s1.compareTo(s3));               //输出 - 1
System.out.println(s1.compareTo(s4));                //输出 0
System.out·println(s1.compareToIgnoreCase(s2));      //输出 0
```

6）字符串检索

```
public int indexof (int ch)
public int indexof (int ch,int fromIndex)
public int indexof (String stringName2)
public int indexof (String stringName2,int fromIndex)
```

字符串检索是指确定一个字符串是否(或从指定位置开始)包含某一个字符或子字符串,如果包含则返回其位置；如果没有,则返回负数。举例如下：

```
String s1  = "I love java";
System.out.println(s1.indexof('a'));                 //输出 8
System.out println(s1.indexof('j',2));               //输出 7
System.out.println(s1.indexof("love");               //输出 2
System.out.println(s1.index0f("love",9));            //输出 - 1
```

7）字符数组转换为字符串

格式如下：

```
public static String copyValueof(char [ ]ch1)
public static String copyValueof(char [ ]ch1,int cBegin,int cCount)
```

举例如下：

```
char[ ] ch1 = {'H','h'};
String s2 = String.copyValueof (ch1);                //s2 = "Hh"
```

8）字符串转换为字符数组

格式如下：

```
public char[] toCharArray()
```

举例如下：

```
String s = "this is a demo of the getChars method."
char buf[ ] = new char [20];
buf = s.toCharArray();
```

9）去掉起始和结尾的空格

```
public String trim()
```

trim()返回删除字符串起始和结束的空格后的字符串，如果没有起始和结束空格，则返回此字符串。举例如下：

```
String s = "this is a demo of the trim method. "
String s2 = s.trim()                                    //s2 = this is a demo of the trim method.
```

10）字符串替换

```
public String replace(char oldChar,char newChar)
```

举例如下：

```
String s = "the war of baronets".replace ('r','y');       //s = "the way of bayonets"
```

11）字符串大小写转换

将字符串中的大写全部转换为小写，其格式如下：

```
public String toLowerCase()
```

举例如下：

```
String s = "I Love Java".toLowerCase ()                   //s = "i love java"
```

将字符串中的小写全部转换为大写，其格式如下：

```
public String toUpperCase()
```

举例如下：

```
String s = "I Love Java".toUpperCase()                    // s = "I LOVE JAVA"
```

12）字符串分割

```
public String [ ]split (String regex)
```

根据匹配给定的正则表达式来拆分字符串。此方法返回的数组包含此字符串的每个子字符串，这些子字符串由另一个匹配给定的表达式的子字符串终止或由字符串结束来终止。数组中的子字符串按它们在此字符串中的顺序排列。如果表达式不匹配输入的任何部分，则结果数组只具有一个元素，即此字符串。

```
String message "I Love Java!";
String[ ]split =  message.split (" ")
```

上面的代码中使用空格分割"I Love Java!"之后，split[]数组包含3个元素，分别为I、Love、Java!。

【例6-17】 字符串的使用。

```
public class Example6_17{
    public static void main(String[ ] args) {
```

```
        String s = "zhongguoshanhai";
        System.out.println("字符串的长度是:" + s.length());
        System.out.println("获取位置是 1 的字符:" + s.charAt(1));     //位置是从 0 开始计算
        System.out.println("获取第一次出现 g 字符的位置:" + s.indexOf('g'));
        System.out.println("获取从第 8 位开始截取字符串的内容" + s.substring(8));
        System.out.println("获取从第 5 到第 8 位之间的字符串的内容:" + s.substring(5,8));
    }
}
```

运行结果如下：

```
字符串的长度是: 15
获取位置是 1 的字符: h
获取第一次出现 g 字符的位置: 4
获取从第 8 位开始截取字符串的内容 shanhai
获取从第 5 到第 8 位之间的字符串的内容: guo
```

【例 6-18】 字符串的操作举例。

```
public class Example6_18{
    public static void main(String[] args) {
        //创建字符串对象
        String s1 = "helloworld";
        String s2 = " helloworld ";
        String s3 = " hello world ";
        System.out.println(s1);
        System.out.println("s1 去首尾空格后:" + s1.trim());
        System.out.println(s2);
        System.out.println("s2 去首尾空格后:" + s2.trim());
        System.out.println(s3);
        System.out.println("s3 去首尾空格后:" + s3.trim());
       //创建字符串对象
        String s = "中国 - 上海 - 浦东 - 陆家嘴";
        String[] array = s.split(" - ");
        for(int i = 0;i < array.length;i++) {
            System.out.println(array[i]);
        }
        System.out.println(s.replace("陆家嘴","外滩"));
        System.out.println("字符串中是否含有浦西?" + s.contains("浦西"));}
}
```

运行结果如下：

```
helloworld
s1 去首尾空格后:helloworld
  helloworld
s2 去首尾空格后: helloworld
  hello world
s3 去首尾空格后: hello world
中国
上海
浦东
```

```
陆家嘴
中国-上海-浦东-外滩
字符串中是否含有浦西?false
```

观看视频

6.2.2 StringBuffer 类

由于字符串是常量，一旦创建，其内容和长度是不可改变的。如果需要对字符串进行修改，只能创建新的字符串。为了方便字符串的修改，Java 语言提供了一个 StringBuffer 类。

StringBuffer 类和 String 类最大的不同就是其内容和长度是可以改变的。StringBuffer 类似一个容器，在容器内添加、删除、修改字符都不会产生新的对象。

StringBuffer 类提供了 3 个构造方法来创建一个字符串，分别如下。

(1) StringBuffer()：构造一个空的字符串缓冲区，并且初始化为 16 个字符的容量。

(2) StringBuffer(int length)：创建一个空的字符串缓冲区，并且初始化为指定长度 length 的容量。

(3) StringBuffer(String str)：创建一个字符串缓冲区，并将其内容初始化为指定的字符串内容 str，字符串缓冲区的初始容量为 16 加上字符串 str 的长度。

StringBuffer 类提供了如表 6-10 所示的功能强大的字符串操作方法。

表 6-10 StringBuffer 类的字符串操作方法

方　法	描　述
StringBuffer append(String s)	向字符串缓冲区追加元素，除了字符串类型元素，也可以是布尔型、字符型、基本数据类型、StringBuffer 等类型的数据
char charAt(int index)	返回字符串中指定索引处的字符
StringBuffer delete(int start,int end)	从当前字符串中删除以索引 start 开始，到 end 结束的子字符串
StringBuffer deleteCharAt(int index)	删除索引 index 处的字符
int indexOf(String str)	返回第一次出现的指定子字符串在该字符串中的索引
int indexOf(String str,int fromIndex)	从指定的索引处开始，返回第一次出现的指定子字符串在该字符串中的索引
insert(int offset,int i)	将 int 参数的字符串表示形式插入此字符串中
insert(int offset,String str)	将 str 参数的字符串插入此字符串中
replace(int start,int end,String str)	使用给定 str 中的字符替换此序列的中 start～end 的字符
reverse()	将此字符串反转
int lastIndexOf(String str)	返回当前字符串中最后一个子字符串 str 的索引
int lastIndexOf(String str,int fromIndex)	从当前字符串的 fromIndex 位置开始查找，返回最后一个子字符串 str 的索引
int length()	返回长度(字符数)
void setCharAt(int index,char ch)	将给定索引处的字符设置为 ch
void setLength(int newLength)	设置字符序列的长度
String substring(int start)	返回当前字符串中从 start 开始到结尾的子串
String substring(int start,int end)	返回当前字符串中从 start 开始到 end 结尾的子串

【例 6-19】　StringBuffer 类的方法的应用举例。

```
public class Example6_19 {
    public static void main(String[ ] args) {
        System.out.println("1、添加方法");
        add();
        System.out.println("2、删除方法");
        remove();
        System.out.println("3、修改方法");
        alter(); }
      static void add() {
        StringBuffer sb = new StringBuffer();          //定义一个字符串缓冲区
        sb.append("abcdefg");                          //在末尾添加字符串
        System.out.println("append 添加结果:" + sb);
        sb.insert(3, "123");                           //在指定位置插入字符串
        System.out.println("insert 添加结果:" + sb);
    }
    public static void remove() {
        StringBuffer sb = new StringBuffer("abcdefg");
        sb.delete(1, 5);                               //指定范围删除
        System.out.println("删除指定位置结果:" + sb);
        sb.deleteCharAt(2);                            //指定位置删除
        System.out.println("删除指定位置结果:" + sb);
        sb.delete(0, sb.length());                     //清空缓冲区
        System.out.println("清空缓冲区结果:" + sb);
    }
    public static void alter() {
        StringBuffer sb = new StringBuffer("abcdef");
        sb.setCharAt(1, 'p');                          //修改指定位置字符
        System.out.println("修改指定位置字符结果:" + sb);
        sb.replace(1, 3, "qq");                        //替换指定位置字符串或字符
        System.out.println("替换指定位置字符(串)结果:" + sb);
        System.out.println("字符反转结果" + sb.reverse());
        }
}
```

运行结果如下：

```
1、添加方法
append 添加结果: abcdefg
insert 添加结果: abc123defg
2、删除方法
删除指定位置结果: afg
删除指定位置结果: af
清空缓冲区结果:
3、修改方法
修改指定位置字符结果: apcdef
替换指定位置字符(串)结果: aqqdef
字符反转结果 fedqqa
```

注意：

String 类对象可以用操作符“+”进行连接，而 StringBuffer 类对象之间不能。

6.3 正则表达式

6.3.1 正则表达式简介

观看视频

在程序的开发过程中，经常需要根据指定的文本模式来匹配、拆分或替换字符串，而正则表达式(Regular Expression)是解决这一类编程问题的重要技术。

一个正则表达式是由元字符和普通字符组成的文字模式，用来定义字符串的匹配格式。例如，"\\d java+"中的\d 就是有特殊意义的元字符，代表 0 到 9 中的任何一个字符，" java+"则是普通字符组成的字符串。"0 java+"、"1 java+"都是与该正则表达式匹配的字符串。

6.3.2 正则表达式元字符

正则表达式是含有一些具有特殊意义字符的字符串，这些特殊意义字符称为正则表达式的元字符。在正则表达式中，\\表示要插入一个正则表达式的反斜线，这也是元字符的"\"在正则表达式中用"\\"的原因。Java 定义了非常多的元字符，表 6-11 给出了其中常用的一部分。

表 6-11 正则表达式中常用的元字符及其含义

元字符	正则表达式中的写法	意义
.	.	代表任意一个字符
\d	\\d	代表 0～9 的任何一个数字
\D	\\D	代表任何一个非数字字符
\s	\\s	代表空白字符，如\t、\n、空格、\r
\S	\\S	代表非空白字符
\w	\\w	代表一个字母或数字字符
\W	\\W	代表一个非字母或数字字符
\p{Lower}	\\p{Lower}	代表小写字母 a～z
\p{Upper}	\\p{Upper}	代表大写字母 A～Z
\p{ASCII}	\\p{ASCII}	ASCII 字符
\p{Alpha}	\\p{Alpha}	字母字符

【例 6-20】 编写程序，使用正则表达式判断给定的字符串是否是合法格式。合法格式是：大写字母+3 个小写字母+3 个数字。

```
public class Example6_20{
    public static void main(String[ ] args) {
        String regex = "\\p{Upper}\\p{Lower}\\p{Lower}\\p{Lower}\\d\\d\\d";
        String message1 = "ABCd001";
        //需要进行判断的字符串
        String message2 = "Abcd001";
        //需要进行判断的字符串
        boolean result1 = message1.matches (regex);
        boolean result2 = message2.matches (regex);
        if(result1)
            System.out.println(message1 + "是合法的数据");
```

```
        else
            System.out.println(message1 + "不是合法的数据");
        if(result2)
            System.out.println(message2 + "是合法的数据");
        else
            System.out.println(message2 + "不是合法的数据");
    }
}
```

程序的执行结果如下：

```
ABCd001 不是合法的数据
Abcd001 是合法的数据
```

6.3.3 正则表达式语法

在正则表达式中，\\p{Lower}代表小写字母 a～z，但如果要使元字符代表部分字符，如代表 a～g 中的一个字母，该如何设置呢？这时可以使用方括号括起来若干字符来表示一个元字符，该元字符可以代表方括号中的任何一个字符。

例如，regex="[abc]1"，这样字符串"a1"、"b1"、"c1"都是和正则表达式匹配的字符串。除此之外还有很多格式。例如：

[1234]代表 1、2、3、4 中任意一个字符。

[^456] 代表除 4、5、6 之外的任何字符。

[a-g]代表 a～g 中的任何一个字母。

[a-zA-Z]可表示任意一个英文字母。

[a-e[m-z]]代表 a～e 或 m～z 中的任何一个字母(并集运算)。

[a-o&&[def]]代表字母 d、e、f 中的任意一个字母(交集运算)。

[a-d&&[^bc]]代表字母 a、d 中的任意一个字母(差运算)。

6.3.4 正则表达式限定符

在正则表达式中允许使用限定修饰符来限定元字符出现的次数。例如，对于正则表达式"A*"，代表 A 可在字符串中出现 0 次或多次，这里，当 A 由多个字符组成时，可以用()括起来；如果正则表达式为"Java[123]?"，则"Java"、"Java1"、"Java2"、"Java3"都是匹配该正则表达式的字符串。表 6-12 列举了一些常见的限定符。

表 6-12 部分限定符及其含义

限定符	意义	示例
?	出现 0 次或 1 次	A?，A 出现 0 次或 1 次
*	出现 0 次或多次	A*，A 出现 0 次或多次
+	出现 1 次或多次	A+，A 出现 1 次或多次
{n}	正好出现 n 次	A{2}，A 正好出现 2 次
{n,}	至少出现 n 次	A{3,}，A 至少出现 3 次
{n,m}	出现 n～m 次	A{2,6}，A 出现 2～6 次
AB	A 后跟 B	AB
A|B	A 或 B	A 或 B

判断一个字符串是否是合法的 E-mail 地址。

一个合法的 E-mail 地址的形式是<邮箱名>@<服务器名>[.中间名].<域名>,<邮箱名>取合法字符串,<服务器名>取合法字符串,[.中间名]表示中间名可以有也可以没有。<域名>是长度为 2～3 个字符的字符串。根据这个分析,构建的正则表达式为“\\w+ @ \\w+ (\\.\\w{2,3})*\\.\\w{2,3}”。

这里邮箱名与服务器名都是“\\w+”,表示由 1 个或多个字符组成;“\\.”代表“.”;“\\w{2,3}”代表由 2～3 个字符组成;(\\.\\w{2,3})*中的*表示出现 0 次或多次。

6.3.5 正则表达式使用

【例 6-21】 验证输入的字符串是不是正确的手机号。

手机号是 11 位,前三位分别是 130～139、150～153、154～159、180、185～189 等。

```
import java.util.Scanner;
public class Example6_21{
    public static void main(String[] args) {
        Scanner sc = new Scanner(System.in);
        System.out.println("请输入手机号:");
        /**
         * 设置正则表达式
         * 13[0-9] 13 开头三位数字
         * 15[012356789]15 开头除 4 之外的三位数字
         * 18[056789] 代表 180、185、186、187、188、189
         * \\d{8}任意 8 位数字组合
         */
        String regex = "^(13[0-9]|15[012356789]|18[056789]){1}\\d{8}$";
        while (true) {
            String phone = sc.nextLine();
            if (phone.matches(regex)) {
                System.out.println("您输入的手机号格式正确");
            } else {
                System.out.println("您输入的手机号格式错误");
            }
        }
    }

}
```

运行结果如下:

```
请输入手机号:
18008888888
您输入手机号格式正确
12345678901
您输入手机号格式错误
```

regex 中的^指字符串开头的位置,^a 的含义是匹配开头为 a 的字符串;末尾的$指字符串的末尾位置,\\d{8}$的含义是字符串末尾前 8 位是数字。

习题

1. 在Java中所有类的根类是哪个类?

2. StringBuffer类和String类最大的区别是什么?

3. 简述int和Integer的区别,Integer类有什么用处?

4. 简述substring()方法和split()方法的区别。

5. 简述trim()方法和replace()方法的区别。

6. String字符串在获取某个字符时,会用到的方法是________。

7. Java中用于产生随机数的类是位于java.util包中的________类。

8. 在系统回收垃圾对象占用的内存时,会自动调用Object类的________方法。

9. 有语句“String s ="shanghaiChina";”则s.substring(5,7)返回的字符串是________。

10. Integer类中的什么方法能将数字格式的字符串转换成整数?请举例说明。

11. 什么是自动打包与自动解包?请举例说明。

12. 正则表达式中表示单词边界的元字符是什么?

13. 编程题:随机生成10个0~100的正整数。

14. 编程题:计算从今天算起100天以后是几月几日,并格式化成××××年×月×日的形式打印出来。

提示:

(1) 调用Calendar类的add()方法计算100天后的日期。

(2) 调用Calendar类的get()方法返回年、月、日的值。

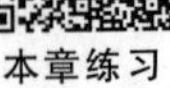

继承和多态

继承和多态是面向对象的两大特征。继承呈现了类设计的层次结构，体现了从简单到复杂的设计，是实现类代码重用和数据共享的有效手段。多态体现了对象的多样性，可通过方法重载、方法覆盖及动态绑定机制实现，是实现代码的可扩展性和可维护性的重要方法。

观看视频

7.1 继承

面向对象编程允许从现有类派生新类，这种派生就叫作继承。继承可以使子类拥有父类的各种非私有属性和非私有方法，而不需要再次编写相同的代码。子类在继承父类的属性与方法时，还可以通过重新定义父类中的某些属性、重写某些方法，使其获得与父类不同的功能，即隐藏父类的原有属性、覆盖父类原有的方法。另外，在子类中还可以创建属于子类的新的属性和方法，进而扩大子类的功能，这就是通常所说的，子类会比父类更加高级。

继承是面向对象软件技术中的重要概念，与多态、封装同为面向对象的三个基本特征。在面向对象的程序设计中，它体现了类与类之间的一种特殊和一般的关系，是实现类代码重用和数据共享的有效手段，是实现软件复用的重要机制。如图 7-1 所示为继承机制图。

父类（超类、基类）
私有属性和方法
非私有属性和方法

子类（派生类）
继承父类非私有属性
继承父类非私有方法
创建属于子类的属性
创建属于子类的方法

图 7-1　继承机制图

继承体现了客观世界中事物分类的层次关系。在客观世界中，虽然存在多继承，但 Java 语言从安全性和可靠性上考虑，仅支持单继承，即一个子类只能继承一个父类。在这一点上，Java 语言与 C++语言不同，C++语言支持多继承，即 C++语言中的一个子类可以继承多个父类。

7.1.1 继承的定义

Java 语言中的继承机制是通过 extends 关键字实现的，其定义格式如下：

```
[类修饰符]class 子类名 [extends 父类名] [implements 接口名列表]
{
```

```
    [成员变量的定义及初始化;]
    [成员方法的定义及方法体;]
}
```

在类的定义中，若子类名之后没有 extends 子句，则该类会默认继承 Object 类。因此，可以说 Object 类是所有类的直接父类或间接父类。

【例 7-1】 继承的举例。

图 7-2 描述的是移动手机类(MobilePhone)与智能手机类(SmartPhone)之间的关系，其中 MobilePhone 类是父类，描述的是所有移动手机具有的一般属性和行为，SmartPhone 类是子类，是在所有移动手机类的基础上，添加了智能手机的特殊功能。

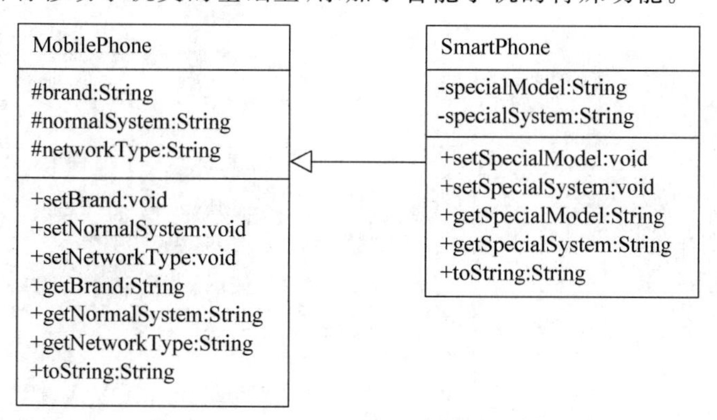

图 7-2　MobilePhone 类与 SmartPhone 类的继承关系

(1) 移动手机类(MobilePhone)的定义。

```
class MobilePhone {
    String brand;
    String normalSystem;
    String networkType;
    public void setBrand(String brand){
        this.brand = brand;
    }
    public void setNormalSystem(String normalSystem){
        this.normalSystem = normalSystem;
    }
    public void setNetworkType(String networkType){
        this.networkType = networkType;
    }
    public String getBrand(){
        return brand;
    }
    public String getNormalSystem(){
        return normalSystem;
    }
    public String getNetworkTypes(){
        return networkType;
    }
    public String toString(){
        return "品牌:" + brand + "\t 操作系统:" + normalSystem + "\t 网络类型:" + networkType;
    }
}
```

(2) 智能手机类(SmartPhone)的定义。

```
class SmartPhone extends MobilePhone{
   private String specialModel;
   private String specialSystem;
   public void setSpecialModel(String specialModel){
        this.specialModel = specialModel;
   }
   public void setSpecialSystem(String specialSystem){
        this.specialSystem = specialSystem;
   }
   public String getSpecialModel(){
          return specialModel;
   }
   public String getSpecialSystem(){
          return specialSystem;
   }
   public String toString(){
          return "品牌:" + brand + "\t 操作系统:" + normalSystem + "\t 网络类型:" + networkType
+ "\t 机型:" + specialModel + "\t 可升级至操作系统:" + specialSystem;
   }
  }
```

(3) 主类。

```
class Example7_1{
   public static void main(String[ ]args){
   SmartPhone sp = new SmartPhone();
   sp.setBrand("华为手机");
   sp.setNormalSystem("安卓系统");
   sp.setNetworkType("5G");
   sp.setSpecialModel("Mate40 系列");
   sp.setSpecialSystem("鸿蒙系统");
   System.out.print(sp.toString());
 }
}
```

程序的运行结果如下：

```
品牌: 华为手机   操作系统: 安卓系统   网络类型: 5G   机型: Mate40 系列   可升级至操作系统:
鸿蒙系统
```

本例中 SmartPhone 类是 MobilePhone 类的子类，它们处于同一个包(无名包)中，子类 SmartPhone 类直接继承了父类 MobilePhone 类中声明的非私有的成员方法。

7.1.2 成员变量的隐藏与成员方法的覆盖

1. 成员变量的隐藏

成员变量的隐藏指的是子类在继承父类时，如果子类中的成员变量与父类成员变量同名，就会隐藏父类的成员变量，从而不会被子类的对象继承到。子类使用任意的访问控制符修饰成员变量，均可隐藏父类的成员变量。例如在下面的代码中，子类 Son 虽然继承了

Father 类,但由于 Son 中重新定义了成员变量 highSpeed,因而隐藏了父类中的 highSpeed。

```
class Father {
        int highSpeed = 80 ;
}
class Son extends Father {
      int highSpeed = 100;                              //隐藏了父类中的成员变量 highSpeed
      public static void main(String [] args){
      Son sf = new Son();
      System.out.println(sf.highSpeed);                 //输出子类中设定的值 100
      }
  }
```

2. 成员方法的覆盖

成员方法的覆盖也称为成员方法的重写,指的是子类在继承父类时,如果子类中的成员方法与父类中的成员方法具有相同的方法签名,则子类中的成员方法就会覆盖父类的成员方法。方法签名相同是指方法名称相同并且方法的参数列表(参数的类型与个数)也相同。在子类成员方法与父类成员方法的方法签名相同时,子类成员方法的返回值类型必须与父类中方法的返回值类型相同,或者是父类返回类型的子类型(JDK 1.5 之后),否则会报错。例如下面的代码中,子类 Son 类中的 suggest(String x,int y)方法与父类 Father 类中的 suggest(String obj,int speed)具有相同的方法签名,即方法名与参数列表是相同的(参数类型都是 String 与 int,参数个数都是 2 个),同时具有相同的返回值类型,因而,实现了方法覆盖。在子类 Son 的对象 sf 中,访问的是子类 Son 中的 suggest。

```
class Father {
      String suggest(String obj, int speed){              //参数中的 obj 表示车型,speed 代表车速
            return obj + "可以从左边通行" + "\t 通行速度为" + speed;
      }
  }
      class Son extends Father {
            String suggest(String x, int y){            //覆盖父类中的成员方法 suggest
               return x +  "可以从右边通行" + "\t 通行速度不超过" + y;
      }
      public static void main(String [] args){
            Son sf = new Son();
            System.out.println(sf.suggest("小轿车",40));//输出子类中 suggest 方法执行的结果
      }
}
```

注意:子类中方法的访问修饰符只能在高于或与父类同级别时,才能实现成员方法的覆盖。例如,在上面的代码中,suggest 的访问修饰符在父类与子类中都是默认,访问修饰符级别相同,因而能够正确实现方法覆盖。

3. super 关键字的使用

当子类需要访问被隐藏的父类变量和被覆盖的父类方法时,可以使用 super 关键字。super 关键字是当前对象的直接父类对象的引用,它指向这个对象的父对象。super 关键字的使用规则如下。

(1) super 关键字只能在非静态方法中使用。

（2）super.方法名，访问父类中的方法。

（3）super.变量名，访问父类中的变量。

（4）super([参数列表])可根据参数列表对应执行父类的构造方法([参数列表])，具体应用见7.1.3节。

【例7-2】 super关键字的使用。

（1）父类Father的定义。

```
class Father{
    int highSpeed = 80;                              //最高速度;
    String suggest(String obj,int speed){            //参数中的obj表示车型,speed代表车速
        if (speed <= highSpeed)
            return obj + "可以在左边第二、三、四车道行驶" + "\t当前行驶速度为" + speed +
"千米/小时";
        else
            return obj + "只能在右边第一车道通行" + "\t当前行驶速度为" + speed + "千米/小
时";
    }
}
```

（2）子类Son的定义。

```
class Son extends Father{
 int highSpeed = 100;                                //隐藏了父类中的成员变量
 String suggest(String x,int y){                     //覆盖父类中的成员方法suggest()
   if (y <= highSpeed)
       return x + "可以在左边第三、四车道行驶" + "\t当前行驶速度为" + y + "千米/小时";
   else
       return "可以在右边第一、二车道行驶" + "\t当前行驶速度为" + y + "千米/小时";
}
int visitNumOfF(){                                   //访问父类中被隐藏的成员变量highSpeed
     return super.highSpeed;
}
String visitSuggestOfF(String obj,int speed){        //访问父类中被覆盖的成员方法suggest()
         return super.suggest(obj,speed);
}
}
```

（3）主类。

```
class Example7_2{
   public static void main(String[]args){
     Son s = new Son();
     System.out.println("子类Son的最高速度为:" + s.highSpeed + "\t行驶规则为:" + s.
suggest("小轿车",90));
     System.out.println("父类Father的最高速度为:" + s.visitNumOfF() + "\t行驶规则为:" +
s.visitSuggestOfF("小轿车",90));
 }
}
```

程序的运行结果如下：

```
子类Son最高速度为:100   行驶规则为:小轿车可以在左边第三、四车道行驶   当前行驶速度为90
千米/小时
父类Father最高速度为:80   行驶规则为:小轿车只能在右边第一车道通行   当前行驶速度为90
千米/小时
```

本例中，子类 Son 隐藏了父类 Father 的成员变量(highSpeed)、覆盖了父类的成员方法(suggest(String x,int y))，并通过 super 关键字访问了被隐藏的父类的成员变量和被覆盖的成员方法。

7.1.3　子类中的构造方法

在类的继承机制中，子类可以继承父类的属性和方法，但是父类的构造方法是不继承的。当用子类的构造方法创建一个子类对象时，子类的构造方法总会显式或隐式地先调用父类的某个构造方法。

如果子类的构造方法没有明显地指明调用父类的哪个构造方法，Java 会默认调用父类的无参构造方法。如果想在子类的构造方法中调用父类的某个构造方法，需要在子类的构造方法中添加 super([参数列表])，显式调用父类指定的构造方法。具体调用哪个构造方法由 super 后的参数列表决定。

1. 默认执行父类中不含参数的构造方法 super()

下面通过例子说明父类构造方法的隐式调用。

【例 7-3】 默认执行父类中无参的构造方法。

(1) 父类(FClass)的定义。

```
class FClass{
   FClass(){
System.out.println("FClass()");
}
}
```

(2) 子类(SClass)的定义。

```
class SClass extends FClass{
      SClass(){
          //系统会默认添加一条 super()语句,执行父类中无参的构造方法 FClass()
          System.out.println("SClass()");
      }
}
class Example7_3{
   public static void main(String[ ]args){
      SClass sclass = new SClass();
   }
}
```

程序的运行结果如下：

```
FClass()
SClass()
```

本例中，子类 SClass 中有一个构造方法 SClass()，该构造方法会在编译时被系统默认添加一条 super()语句，执行父类中无参的构造方法。当 main()方法中调用 new SClass()创建对象时，首先执行 SClass()中的 super()语句，执行父类中无参的构造方法 FClass()。

2. 主动执行父类的构造方法 super([参数列表])

子类的构造方法可以主动使用语句 super([参数列表])执行父类中的构造方法，该语句必须是子类构造方法中的第一条语句。子类的构造方法一旦显式地通过 super 语句执行了父类中构造方法，则系统就不再默认添加无参的 super()语句。

【例 7-4】 主动执行父类中无参的构造方法。

(1) 父类(F_Class)的定义。

```
class F_Class{
   F_Class(){System.out.println("F_Class()");
}
   F_Class(int i){System.out.println("F_Class(int i)");
}
}
```

(2) 子类(S_Class)的定义。

```
class S_Class extends F_Class{
   S_Class(){
     super(3);           //主动执行父类构造函数 F_Class(int i)
     System.out.println("S_Class()");
   }
 }
class Example7_4{
   public static void main(String[ ]args){
     S_Class s_class = new S_Class();
   }
}
```

程序的运行结果如下：

```
F_Class(int i)
S_Class()
```

本例中，子类 S_Class 类中的构造方法 S_Class()中的第一条语句是 super(3)，该语句会执行父类中的构造函数 F_Class(int i)。由于在构造方法中显式地调用 super(3)，默认的 super 语句不再存在。

调用构造方法遵循以下规则。

(1) 子类调用父类的构造方法很简单，只要在子类的构造方法的方法体中，第一条为 super 语句就可以了。super 可以根据需要调用父类中的任意一个构造方法。

(2) 如果一个子类的构造方法中的第一条语句没有用 super 来调用父类的构造方法，则编译器会默认在构造方法中用 super 调用父类的无参的构造方法。

(3) 如果父类中定义了有参构造方法，则 Java 系统不再提供默认的无参构造方法，因此在子类的构造方法中一定需要显式地通过 super 调用父类有参构造方法。

7.1.4 继承的访问可见性规则

表 4-1 对 4 个访问控制符在子类中的可见性(可继承性)给出了结论，但由于当时还没有讲到子类继承的机制，因而没有详细说明。本节针对继承的访问可见性问题，通过具体实例予以解释。

若父类和子类处于同一个包中，则该包中的子类可继承到父类中 public、protected、默认修饰的成员变量和成员方法；若父类和子类处于不同包中，则其他包中的子类可继承到父类中 public、protected 修饰的成员变量和成员方法。以下将对子类继承时的成员变量和成员方法(以下简称属性和方法),在同一个包和不同包中的可继承性情况分别介绍。

1. 子类与父类处于同一个包中

同一个包 p1 中的父类 C1 和子类 C2,父类中非私有的属性和非私有的方法,子类可继承。私有的属性和私有的方法只属于父类本身,不能被子类继承。参见图 7-3(a)、(b)所示的例子。

2. 子类与父类处于不同的包中

如果包 p1 中的一个类 C2 是 public 修饰的,那么,其他任何一个包中的子类在引入类 C2 所在的包后,父类 C2 中的 public 和 protected 修饰的属性和方法对其他包中的子类都是可继承的。默认和私有的修饰符修饰的属性和方法均不可继承。

在图 7-3(b)中,子类 C2 继承 C1,属于包内继承,在子类对象 c 中,可以访问父类 C1 中的非私有属性和方法。在图 7-3(c)中,子类 C3 继承另一个包中的类 C2,属于包间继承,在子类对象 c 中,可以继承父类 C2 中的 public 和 protected 属性和方法,但不能继承默认修饰的 met_1()方法。

```
package p1;
class C1{
    private int i;
    float j;
    public double k;
    void method_1(){
        i++;
    }
    protected void method_2(){
        j++;
    }
}
```

(a) 父类C1

```
package p1;
 public class C2 extends C1 {
   protected double k = 3.45;
   public String str;
   void met_1() {
   C2 c = new C2();
   //c.i=0;//C1 类中的私有 i 不可见
     c.j++;
     c.k = c.k + k;
     c.method_1();
     c.method_2();   }
     public void met_2() {
          str = "China";     }
}
```

(b) 包内继承

```
package p2;
//import p1.C1; //C1类不可见
import p1.C2; //C2类为public，可见
class C3 extends C2{
    void met(){
    C3 c=new C3();
    c.str="I love China";
   // c.met_1();//C2父类中默认修饰的方法不可见
  c.met_2();
  c.k++; //C2父类中protected的属性k可见
  }
}
```

(c) 包外继承

图 7-3 子类继承时的属性和方法的可继承性

7.2 动态绑定机制

1. 对象的上转型赋值

观看视频

在Java中，由于子类对象具有父类对象所有的属性和方法，因此把子类对象赋值给父类对象是安全的。对象的上转型赋值就是指子类对象赋值给父对象。假设SubClass继承自父类SuperClass，则下面的赋值是合法的：

```
SuperClass a = new SubClass();
```

但反过来，由于子类具有的属性和方法在父类对象中可能不存在，当把一个父类对象赋值给子类对象时，会出现错误。例如在例7-1中定义的Mobile Phone类，Object类是Mobile Phone的父类，下面的赋值就会报错。

```
Mobile Phone x = new Object();
```

2. 方法的动态绑定

Java的动态绑定又称为运行时绑定，是指程序在运行时自动选择调用哪个方法。Java的动态绑定机制主要是由于对象的继承所引起的。在继承机制中，父类中定义的方法可以在子类中被重写，例如，在例7-1中，SmartPhone类隐含地继承了Object类并重写了toString()方法。考虑下面的代码：

```
Object x;
int type = 2;
if (type == 1)
     x = new SmartPhone();
else
     x = new Mobile Phone();
System.out.println(x.toString());
```

x. toString()是调用父类Mobile Phone的toString()方法还是调用SmartPhone类的toString()方法呢？

在这里，引用类型变量x可以存放null、所声明类型或其子类型实例的引用，即可以使用所声明的类型或其子类型的构造函数来创建该实例。因而，引用类型变量的实际类型是由其指向的对象决定的。在上面的代码中，x的实际对象是MobilePhone类型的，那么x. toString()就是调用MobilePhone类的toString()方法。

注意：*动态绑定机制只针对对象的调用方法，即绑定子类对象的方法代码。而对于对象的属性，无动态绑定子类对象的机制，即声明的对象是哪个类，就访问那个类的属性。*

对于上转型对象，可以总结如下：

(1) 属性使用上转型对象的，即使用父对象的属性。

(2) 方法调用子类的，即调用子类对象中重写的方法。

【例7-5】 动态绑定示例。

本例中A类、B类和C类具有这样的继承关系：A类继承B类，B类继承C类。继承关系如图7-4所示。

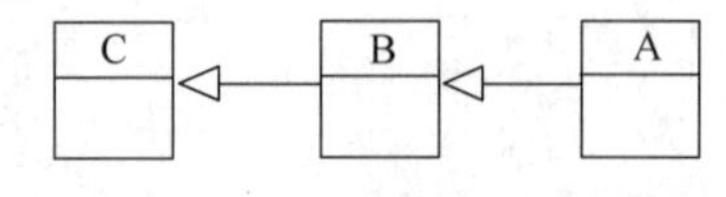

图7-4　A类、B类和C类继承关系示意图

（1）父类(C)的定义。

```
class C{
    int num = 1;
    void show(){
        System.out.println("This is C");
    }
}
```

（2）子类(B)的定义。

```
class B extends C{
    int num = 2;
    void show(){
        System.out.println("This is B");
    }
}
```

（3）子类(A)的定义。

```
class A extends B{
    int num = 3;
    void show(){
        System.out.println("This is A");
    }
}
```

（4）主类。

```
class Example7_5{
    public static void main(String[ ] args){
        C c = new A();
        System.out.println(c.num);
        c.show();
    }
}
```

程序的运行结果如下：

```
1
This is A
Process finished with exit code 0
```

在本例中，Example7_5 在 main()方法中声明了父类 C 的一个对象 c，但创建并存储的是子类 A 的对象，这种现象就称为向上转型。当对象 c 访问属性 num 时(c.num)，无动态绑定机制，按照声明谁就访问谁的属性原则，即对象 c 访问的是 C 类的变量 num，输出结果是 1；当对象 c 调用方法时，按照动态绑定机制，与类 A 的对象的内存地址进行绑定，即对象 c 访问的是 A 类的方法 show()，输出的结果是 This is A。

在 main()方法中继续添加如下语句，会继续输出 1 和 This is B。

```
c = new B();
System.out.println(c.num);
c.show();
```

在例 7-5 中，子类对象可以赋值给父类型的引用变量中，但反过来是不允许的，这是因为子类通常都对父类进行了扩展，子类中的属性与方法在父类中可能没有，这时把父类对象赋值给子类引用变量，是不安全的。

上转型对象有如下操作特点。

（1）上转型对象可以调用父类中被隐藏的成员变量，不能调用子类中新增加的属性和方法。

（2）上转型对象可以代替子类的对象调用子类中重写的实例方法。

（3）上转型对象可以调用子类继承的父类成员变量。

【例 7-6】 对象向上转型操作。

（1）父类(F_Demo)的定义。

```
class F_Demo{
    int i = 5;
    void method(){
        System.out.println("none of F_Demo");
    }
    static void method(int i){
        System.out.println("one of F_Demo");
    }
}
```

（2）子类(S_Demo)的定义。

```
class S_Demo extends F_Demo{
    int i = 15;                              //隐藏了父类的成员
    String str = "hello";
    void method(){                           //覆盖父类中的方法
        System.out.println("none of S_Demo");
    }
    static void method(int i){               //覆盖父类中的方法
        System.out.println("one of S_Demo");
    }
    void methodOfS(){                        //新增成员方法
        System.out.println("none of methodOfS");
    }
    void methodOfS(F_Demo fd){               //新增成员方法
        System.out.println("object of methodOfS");
    }
}
```

（3）主类。

```
class Example7_6{
    public static void main(String[ ]args){
    F_Demo fdemo;
    fdemo = new S_Demo();                    //父类引用指向子类对象
    System.out.println(fdemo.i);             //访问的是父类被隐藏的变量
    // System.out.println(fdemo.str);        //父类引用不能调用子类对象新增的成员变量
    fdemo.method();                          //父类引用调用子类中重写的实例方法
```

```
        fdemo.method(3);                     //父类引用访问的是父类中的被重写的类方法
        // fdemo.methodOfS();                //父类引用不能调用子类对象新增的成员方法
        S_Demo sdemo = new S_Demo();
        sdemo.methodOfS();
        sdemo.methodOfS(sdemo);              //除了父类对象 fdemo 作为参数以外,子类的对象
                                             //sdemo 也可以作为实参
    }
}
```

程序的运行结果如下：

```
5
none of S_Demo
one of F_Demo
none of methodOfs
object of methodOfs
```

本例中的子类 S_Demo 重写了父类 F_Demo 中的两个 method()方法，隐藏了父类的成员变量 i，新增了两个重载方法 methodOfS()和成员变量 str。在 main()方法中，根据上转型对象的操作特点，指向子类对象的父类引用 fdemo，能访问父类被隐藏的变量 i(fdemo.i)，访问父类被覆盖的类方法(fdemo.method(3))，不能访问子类新增的成员变量(str)和成员方法(methodOfS)，但是可以访问子类中重写的父类中的实例方法(fdemo.method())。

7.3 多态

多态是指同一操作作用于不同的对象，将产生不同的执行结果。实际上在许多编程语言中都存在多态的现象，例如，在计算 20＋30、20.5＋12.2、One＋world 时都用到"＋"操作，但由于参数类型不同，"＋"操作的实现代码完全不一样，这种多态性是在编译时由编译程序自动识别的，可以理解为编译时多态。在 Java 语言中，多态性表现为编译时多态和运行时多态。编译时多态是由方法重载(Method Overloading)机制实现的静态多态性，而运行时多态是由方法覆盖(Method Overriding)实现的动态多态性。方法重载的定义及条件在第 4 章已经介绍。

7.3.1 编译时多态

重载要求方法名相同、参数(个数、顺序、数据类型)不一样、返回值类型可以不一样。Java 程序在编译时，根据实际参数的个数、顺序和数据类型，确定执行重载方法中的哪一个。

【例 7-7】 编译时多态性举例。

```
class Polymorphic_Overload{
    public void met() {
        System.out.println("no param!");
     }
    public void met(int i) {
      System.out.println("one param!");
     }
```

```
        public void met(int i,int j) {
          System.out.println("two param!"); }
    }
    class Example7_7{
        public static void main(String args[]) {
          Polymorphic_Overload po = new Polymorphic_Overload();
          po.met();
          po.met(6);
          po.met(7,8); }
    }
```

程序的运行结果如下：

```
no param!
one param!
two param!
```

在本例中，Polymorphic_Overload 类有三个重载方法，分别为 met()、met(int i)和 met(int i,int j)。在 main()方法中，有三条调用 Polymorphic_Overload 类中重载方法的语句，分别为 po. met()、po. met(6)和 po. met(7,8)，编译器会根据方法参数的不同，静态确定调用哪一个重载方法。

7.3.2 运行时多态

当子类覆盖父类方法后，子类创建的对象可以赋值给父类变量。在这种情况下，Java 程序在运行时会根据父类引用的具体指向的对象选择不同的方法，即用相同的调用完成不同的功能，从而实现多态性。

【例 7-8】 运行时多态性举例。

(1) 父类(Animal)的定义。

```
class Animal{
   void communication(){
      System.out.println("动物都有交流方式");
   }
}
```

(2) 子类(Bird)的定义。

```
class Bird extends Animal{
   void communication(){
      System.out.println("鸟类通过鸣叫进行交流");
   }
}
```

(3) 子类(Fish)的定义。

```
class Fish extends Animal{
   void communication(){
      System.out.println("鱼类通过吐泡泡和摇尾巴进行交流");
   }
}
```

(4) 主类。

```
class Example7_8{
    public static void main(String[ ]args)
    {
      Animal animal;
      animal = new Bird();
      animal.communication();                    //动态绑定 Bird 类的 communication 方法
      animal = new Fish();
      animal.communication();                    //动态绑定 Fish 类的 communication 方法
    }
}
```

程序的运行结果如下:

```
鸟类通过鸣叫进行交流
鱼类通过吐泡泡和摇尾巴进行交流
```

本例中的 Animal 类是父类,该类有一个 communication()方法。Bird 类、Fish 类是它的子类,在这两个子类中,分别重写了 communication()方法,覆盖了父类 Father 中的 communication()方法功能,分别输出"鸟类通过鸣叫进行交流"和"鱼类通过吐泡泡和摇尾巴进行交流"。

在 Example7_8 中,父类 Animal 的引用分别指向了子类 Bird 和 Fish 的对象。语句 animal.communication()在运行时,会依据变量 animal 中存储的对象类型来选择所执行的方法,这使得同一形式的调用语句 animal.communication()可以产生不同的操作行为,分别输出语句"鸟类通过鸣叫进行交流"和"鱼类通过吐泡泡和摇尾巴进行交流"。多态性简化和统一了类对外的接口,实现使用相同的接口完成不同功能。

习题

1. 请简述 Java 继承机制。
2. 如果想在子类中调用被覆盖的父类方法,该如何实现?请举例说明。
3. Java 为何不允许把父类对象赋值给子类变量?请说明原因。
4. 请描述子类中构造方法的构成及执行原则。
5. 请简述多态的作用和应用举例。
6. 请简述动态绑定机制。
7. 请简述应该具备哪些前提条件才能声明为上转型对象。
8. 请给出下列程序的运行结果。

(1)

```
class A{
    A(){System.out.print("no param of constructor A");}
}
class B extends A{
}
public class MainClass_1{
```

```
    public static void main(String[ ]args){
          B b = new B();
    }
}
```

（2）

```
class A{
    A(){System.out.print("no param of constructor A");}
}
class B extends A{
    B(){System.out.print("no param of constructor B");}
}
public class MainClass_1{
    public static void main(String[ ]args){
          B b = new B();
    }
}
```

（3）

```
class A{
    A(){System.out.print("no param of constructor A");}
    A(int i){System.out.print("one param of constructor A");}
}
class B extends A{
    B(){
        super(3);
        System.out.print("no param of constructor B");}
}
public class MainClass_1{
    public static void main(String[ ]args){
          B b = new B();
    }
}
```

（4）

```
class C{
        int num = 1;
    }
  class B extends C{
        int num = 2;
    }
    class A extends B{
            int num = 3;
        }
        public class Dynamic_Binding{
              public static void main(String[ ] args){
                    C c = new A();
                    B b = new B();
                    System.out.println(c.num + ":" + b.num);
        }
}
```

(5)

```
class C{
      void show(){
           System.out.println("This is C"); }
  }
  class B extends C{
        void show(){
             System.out.println("This is B"); }
        }
        class A extends B{
             void show(){
                  System.out.println("This is A"); }
             }
        public class Dynamic_Binding{
             public static void main(String[] args){
                  C c;
                  c = new A();
                  c.show();
                  c = new B();
                  c.show();
        }
}
```

(6)

```
class C{
      void show(){
            System.out.println("This is C"); }
   }
  class B extends C{
        void show(){
            System.out.println("This is B"); }
   }
  class A extends B{
        void show(){
            System.out.println("This is A"); }
        void showOfA(C c){
            c.show(); }
   }
  public class Dynamic_Binding{
        public static void main(String[] args){
            C c = new A();
            c.show();
            A a = new A();
            a.showOfA(a);
            a.showOfA(c);
        }
     }
```

9. 请指出下列程序中会引起编译错误的语句。

(1)

```
1 class A{
2     protected void show(){
```

```
3           System.out.println("This is A"); }
4 }
5 class B extends A{
6     void show(){
7            System.out.println("This is B"); }
8 }
```

（2）

```
1 class C{
2     void show(){
3          System.out.println("This is C"); }
4 }
5 class B{
6     void show(){
7          System.out.println("This is B"); }
8 }
9 class A extends C{
10     void show(){
11          System.out.println("This is A"); }
12 }
13 public class Dynamic_Binding{
14    public static void main(String[ ] args){
15          C c;
16          c = new A();
17          c.show();
18          c = new B();
19          c.show();
20    }
21 }
```

（3）

```
1 class A{
2     A(int i){System.out.print("one param of constructor A");}
3 }
4 class B extends A{
5     B(){System.out.print("no param of constructor B");}
6 }
7 public class MainClass_1{
8     public static void main(String[ ]args){
9          B b = new B();
10     }
11 }
```

（4）

```
1 class C{
2     void show(){
3          System.out.println("This is C"); }
4 }
5 class B extends C{
6     void show(){
```

```
7         System.out.println("This is B"); }
8 }
9 class A extends B{
10     void show(){
11         System.out.println("This is A"); }
12       String showOfA(){
13         return "This is A?"; }
14 }
15 public class Dynamic_Binding{
16     public static void main(String[ ] args){
17         C c;
18         c = new A();
19         c.show();
20         c.showOfA();
21   }
22 }
```

(5)

```
1 class A{
2    A(int i,float j){System.out.print("two - param of constructor A");}
3   }
4 class B extends A{
5    B(){
6         super();
7      System.out.print("no param of constructor B");}
8 }
9 public class MainClass_1{
10    public static void main(String[ ]args){
11         B b = new B();
12      }
13 }
```

(6)

```
1 package father;
2 public class F{
3       public String name;
4       protected int age;
5       String play(){
6           return "I like playing football!";
7    }
8 }
9 package Son;
10 import father.F;
11 class S extends F{
12     public static void main(String[ ]args){
13           S s = new S();
14           String str_1 = s.name;
15           int num = s.age;
16           String str_2 = s.play();
10     }
11 }
```

抽象类、接口与泛型类

对于面向对象编程来说，抽象是它的一大重要特征。除了类之外，Java 还提供了两种面向对象的抽象：抽象类和接口。抽象类与接口是 Java 语言中对抽象概念进行定义的两种方法，正是由于它们的存在才使得 Java 的面向对象机制更加完善。Java 语言的泛型类则是 Java 5 增加的功能，它进一步增强了类的表达能力。

8.1 抽象类

在面向对象的概念中，所有的对象都是通过类来描述的，但是并不是所有的类都描述得很具体。比如在继承的层次结构中，父类有可能就是一个抽象概念，而父类派生出的子类会把父类中的抽象概念具体化，因此，如果一个类没有足够的信息来描述每个方法的具体实现，那么这样的类就称为抽象类。

例如，我们在分析动物 Animal 类时，发现动物都有发出叫声的 shout()方法，但是对于不同的动物其发出的叫声是不同的。因此，在定义 Animal 类时，shout()方法只能是一个抽象概念，而不能给出其具体定义，在这种情况下，Animal 类就是一个抽象类。

在 Java 中，当定义一个类时，如果某些方法用 abstract 关键字来修饰，该方法就是抽象方法。当一个类中包含了抽象方法时，该类就是抽象类，抽象类必须使用 abstract 关键字来修饰。抽象类的具体声明语法格式为：

```
abstract class <类名>{
    <类主体>
}
```

使用 abstract 关键字创建抽象类 Animal 的代码如下：

```
abstract class Animal{
    //定义成员变量
    public String name;
    //定义构造方法
    public Animal() {
    }
    //定义抽象方法
```

```
    public abstract void shout();
    public abstract void play();
}
```

shout()与 play()只有方法声明没有方法体,是抽象方法,需要加 abstract 修饰符。由于类中有抽象方法,Animal 类也必须加 abstract,因而 Animal 类是抽象类。

抽象类除了不能实例化对象之外,类的其他功能仍然存在,成员变量、成员方法和构造方法的访问方式和普通类一样。由于抽象类不能实例化对象,所以抽象类必须被继承,因此抽象类是用来被子类继承的。

如果一个类在继承抽象类时,只实现抽象类中的部分抽象方法,则该类仍然是抽象类,必须用 abstract 修饰。而如果子类实现了抽象类的所有方法,该类就是一个完整实现的具体类。下面的代码中,Dog 类实现了 Animal 类的所有抽象方法,Dog 类就变成了一个具体的类。

```
class Dog extends Animal{
    @Override
    public void shout() {
        System.out.println("我会叫 汪汪");            //子类给出具体实现
    }
    @Override
    public void play() {
        System.out.println("为主人看家");             //子类给出具体实现
    }
}
```

final 修饰的类的含义是该类是最终的,不能被继承,因此,final 和 abstract 不能共同修饰类。

【例 8-1】 定义抽象的动物 Animal 类,子类 Dog 和 Cat 分别继承这个抽象类。

```
public class Example8_1 {
    public static void main(String[] args) {
        Dog d = new Dog();
        d.shout();
    }
}
abstract class Animal{
    //定义成员变量
    public String name;
    //定义构造方法
    public Animal() {
        name = "";
    }
    public Animal(String t) {
        name = t;
    }

    //定义抽象方法
    public abstract void shout();
```

```
    public abstract void play();
}
//定义 Dog 类继承抽象类 Animal
class Dog extends Animal{
    public Dog(){
        super();
    }
    public Dog(String t){
        super(t);
    }
    //子类实现父类 Animal 的抽象方法
    public void shout() {
        System.out.println("狗狗发出的叫声,汪汪");
    }
    public void play(){
        System.out.println(name + "为主人看家");                //子类给出具体实现
    }}
//定义抽象类 Cat 继承抽象类 Animal
abstract class Cat extends Animal{
    public Cat(){
        super();
    }
    public Cat(String t){
        super(t);
    }

    public void play(){
        System.out.println(name + "逮老鼠");                    //子类给出具体实现
    }
}
```

在例 8-1 中，抽象类 Animal 有两个抽象方法，Dog 与 Cat 都继承了 Animal 类。由于 Dog 类给出了两个抽象方法的具体实现，因而 Dog 类就成了一个具体的类。由于 Cat 类只给出了 play()方法的实现，shout()仍然是抽象方法，因而 Cat 类的前面必须加 abstract 予以修饰。

抽象类的总结如下。

(1) 对于任何一个类，不管其有没有抽象方法，只要加了 abstract 修饰符，该类就是抽象类。

(2) 如果类中有抽象方法，则该类必须用 abstract 修饰符。

(3) 抽象类不能被实例化，不能使用 new 关键字为该类创建对象。

(4) 抽象类中可以有自己的构造方法，但这些构造方法需要通过子类的构造方法调用。

(5) 如果子类没有实现父类的所有的抽象方法，则该子类也必须定义为抽象类。

(6) abstract 和 final 不能共同修饰类，两者是对立关系。

观看视频

8.2 接口

Java 语言只支持单继承，不支持多继承，即一个类只能继承一个父类。但在对现实世界进行抽象时，使用多继承更加方便，为了解决这一问题，Java 中引入了接口。

在抽象类中，如果将所有的成员变量设置为常量，所有方法都定义为抽象方法，则可以变化出一种更加特殊的“抽象类”——接口(Interface)。

8.2.1　接口的定义

在Java 7之前的版本中，Java接口定义为只有常量属性与抽象方法的抽象类。Java接口的定义方式与类基本相似，不过接口的定义使用的关键字是interface，接口定义的语法格式如下：

```
<接口修饰符> interface <接口名称> [extends <父接口名列表>]{
//接口体,包含常量属性和抽象方法
}
```

接口的语法的说明如下。

(1) 接口修饰符：接口修饰符定义接口的访问权限，有public与默认两种选择。public表示该接口可以被任意类访问。当没有修饰符时，则使用默认的修饰符，此时该接口的访问权限仅局限于接口所属的包，即包内可见。

(2) interface：定义接口的关键字，相当于类定义中的class。

(3) <接口名称>：接口名称只要是合法的标识符即可，通常与类名采用相同的命名规则。

(4) extends：表示接口的继承关系。[extends <父接口名列表>]是可选部分，如果没有继承父接口，就不选。

(5) 父接口名列表：一个接口可以继承多个接口，可以通过关键字extends实现，父接口名列表给出了要继承的接口名称，当有多个父接口时，用“,”分隔。

(6) 接口体：接口体中含有所需要说明的静态属性和抽象方法。由于接口体中的属性只允许是常量，为了使代码更加简洁，在属性声明时，常量修饰符static和final全都省略，且在声明时就给出初始值，该常量值在接口被继承时不能修改。由于接口中的方法都是抽象方法，方法前的abstract修饰也可以省略不写，方法的访问权限通常设置为public(缺省时，默认是public)。

如下代码展示接口是如何定义的。

```
public interface Doable
{ double PI = 3.1415926;
    public void doThis();
    public int doThat();
    public void doThis2(float value, char ch);
    public boolean doTheOther(int num);
}
```

当接口继承多个父接口时，就要extends表示继承关系。接口继承允许多继承，这一点与类不同。在接口多继承时，会出现方法名重名与常量重名的情况，例如：

```
interface A extends B, C{
   常量定义;
   方法定义;
}
```

如上语句表示接口A继承了接口B与C所有的常量属性与抽象方法，而且可以再增加自己的常量与方法。在这个接口继承过程中可能会出现以下情况。

1）方法重名

如B与C中有两个方法完全一样，则只保留一个。如果两个方法有不同的参数（不同的类型或参数个数），那么两个方法被重载。若两个方法仅在返回值上不同，则出现错误。

2）常量重名

两个重名常量全部保留，并使用原来的接口名作为前缀。

8.2.2 类实现接口

Java类的定义中使用implements关键字来实现接口。一个类可以同时实现多个接口，接口之间用“,”分隔。当一个类实现接口时，类中可以使用接口中定义的常量，并要求在类中给出接口中抽象方法的实现；如果该接口还继承了其他父接口，父接口中的抽象方法也都要在类中给出具体实现，否则该类是一个抽象类。在实现一个接口时，类中对方法的定义要和接口中的相应方法的定义相匹配，即方法的访问权限、返回值类型、方法名、参数列表（数目与类型）信息要一致。

【例8-2】 定义一个动物的Animal接口，陆地动物TerrestrialAnimal接口继承Animal。定义Dog类实现TerrestrialAnimal接口和宠物接口Pets中所有的抽象方法。定义抽象类Cat实现TerrestrialAnimal接口。

```
public class Example8_2 {
    public static void main(String[ ] args) {
        Dog dog = new Dog();
        dog.shout();
        dog.run();
        dog.liveInLand();
        dog.play();

    }
}
interface Animal{
    //定义常量物种
    String species = "动物类";
    //抽象方法
    void shout();
    void run();
}
// TerrestrialAnimal 接口继承 Animal
interface TerrestrialAnimal extends Animal {
    String species = "陆地动物";
    void liveInLand();
}
//接口：宠物
interface Pets{
    //定义宠物名字
    String name = "宠物狗";
    //定位宠物的方法：玩耍
    void play();
```

```
    }
    class Dog implements TerrestrialAnimal, Pets{
       String name;
        @Override
        public void shout() {
            System.out.println("狗狗汪汪吼叫");
        }
        @Override
        public void run() {
            System.out.println(species + "在奔跑");
        }
        @Override
        public void liveInLand() {
            System.out.println("狗狗生活在陆地上");
        }
        @Override
        public void play() {
           name = "小黑";
           System.out.println(name + "在玩耍");
        }
    }
    abstract class Cat implements TerrestrialAnimal,Pets{
        @Override
        public void shout() {
            System.out.println("小猫喵喵叫");
        }
    }
```

运行结果如下：

```
狗狗汪汪吼叫
陆地动物在奔跑
狗狗生活在陆地上
小黑在玩耍
```

在例 8-2 中，Dog 类实现了 TerrestrialAnimal 接口和 Pets 接口。Dog 类给出了 TerrestrialAnimal 接口和其父接口 Animal 的三个抽象方法(shout()、run()、liveInLand())以及 Pets 接口中的 play()方法的具体实现。在 Cat 类中，由于只实现了父接口中的部分方法，因此必须定义为 abstract 类。由于接口中的方法为 public，Dog 与 Cat 类实现接口中方法时，方法访问权限必须为 public。

8.2.3 接口与抽象类的区别

关于接口和抽象类的区别，表 8-1 给出了总结。

表 8-1 接口与抽象类的区别

比较类型	接口	抽象类
能否实例化	不能	不能
类	一个类可以实现多个接口	一个类可以继承一个抽象类，实现多个接口

续表

比较类型	接　口	抽　象　类
数据成员	静态的，不能被修改，默认就是 public static final，且必须赋初值	可有自己的
方法	不可有私有的，默认是 public abstract 型	可以是私有的，非抽象方法
设计理念	表示的是"like-a"关系	表示的是"is-a"关系
实现	需要实现，要用 implements	需要继承，要用 extends

可以看出，抽象类是对一种事物的抽象，即对类抽象，而接口是对行为的抽象。抽象类是对类整体进行抽象，包括属性、行为，但是接口却是对类局部（行为）进行抽象。设计层面不同，抽象类作为很多子类的父类，它是一种模板式设计。而接口是一种行为规范，它是一种辐射式设计。

在 Java 8 以后，接口增加了一些新特性，如允许在接口中增加 static 方法，允许为接口方法提供一个默认实现等。

观看视频

8.3 内部类与匿名类

8.3.1 内部类

Java 支持在一个类中声明另一个类，这样的类称为内部类（InnerClass），而包含内部类的类称为内部类的外部类（OuterClass）。内部类一般用来实现一些没有通用意义的功能逻辑，即该内部类只在外部类内部使用。

定义内部类非常简单，将类的定义放在一个用于封装它的外部类的类体内部即可实现。图 8-1 给出了在外部类 OuterClass 中定义内部类的示例，在该示例中，InnerClass 定义在 OuterClass 内部，在内部类中，可以使用外部类的属性 data 与方法 m()。例 8-3 给出了如何使用内部类的例子。

```
public class OuterClass {
private int data;
public void m() {
        ...
}
// 内部类
      class InnerClass {
      public void mi() {
      // 可以使用外部类中的数据data与方法m()
      }
      }
}
```

图 8-1　内部类的定义

【例 8-3】 内部使用举例。

```
public class Example8_3 {
    public static void main(String[ ] args) {
```

```
        Out x = new Out();
        x.data = x.new Buy("鼠标",20,103.5f);
        x.m();
    }
}
class Out {
    String addr = "上海市中山路 1000 号";
    Buy data;
    public void m() {
        System.out.println("地址:" + addr + " 费用:" + data.pay());
    }
    //内部类定义
    class Buy {
        String item;
        int quanty;
        float price;
        Buy(String it, int q, float p){
          item = it;
          quanty = q;
          price = p;
          System.out.println("地址:" + addr + " 物品:" + item); //可以直接使用外部类中的成
员变量和成员方法
        }
        public float pay() {
          return quanty * price;
        }
    }
}
```

内部类与类中的成员变量和成员方法一样，均为外部类的成员，其使用有如下特点。

(1) 在内部类中，可以直接使用外部类中的成员变量和成员方法，即使它们是 private 的。因此不需要将外部类的对象传递给内部类的构造函数，内部类可以使程序变得简单和简洁，这也是使用内部类的一个好处。在例 8-3 的 Buy 构建方法中，就直接使用了外部类中的属性 addr。

(2) 如果内部类与外部类有同名的成员变量，可以使用冠以“外部类名. this”来访问外部类中同名的成员变量。

(3) 如果内部类是非静态的，则必须首先创建外部类的实例，然后使用以下语法为内部类创建对象。

```
OuterClass.InnerClass innerObject = outerObject.new InnerClass();
```

在例 8-3 中，先使用 Out x=new Out()创建对象 x，然后再使用 x. new Buy("鼠标",20,103.5f) 创建内部对象。

8.3.2 匿名类

在使用类创建对象时，Java 允许把类体与对象的创建合成在一起，也就是说，在类创建对象时，除了构造方法还有类体，此类体称为匿名类。

匿名类由于无名可用，所以不可能用匿名类声明对象，但是可以直接用匿名类创建一个对象。

【例 8-4】 匿名类举例。

```
public class Example8_4 {
    public static void main(String[ ] args) {
        Teacher t = new Teacher();
        Student s = new Student() {
            @Override
            void speak() {
               System.out.println("这是匿名类体的方法");
            }
        };              //匿名类体
        t.look(s);
    }
}
abstract class Student{
    abstract void speak();
}
class Teacher{
    void look(Student s){
      s.speak();
    }
}
```

程序的运行结果如下：

```
这是匿名类体的方法
```

从例 8-4 中可以看出抽象类 Student 中包含抽象方法 speak()，因此不能直接创建实例对象，但是在主方法中可以使用匿名类创建一个对象，创建过程中必须重写抽象方法 speak()。

另外，匿名类也可以直接用接口名创建一个匿名对象。

【例 8-5】 用接口名创建一个匿名对象。

```
public class Example8_5 {
    public static void main(String[ ] args) {
        Dog dog = new Dog();
        dog.call(new Animal() {
            @Override
            public void shout() {
                System.out.println("实现了接口匿名类");
            }
        });
    }
}
interface Animal{
    void shout();
}
class Dog{
    void call(Animal a){
        a.shout();
    }
}
```

程序的运行结果如下：

```
实现了接口匿名类
```

8.4　泛型

在前面的介绍中，不能根据参数定义类，即在定义类时不能接收类型参数，这在一定程度上限制了类的描述能力。Java 5 引入了泛型(Generic)，即参数化类型(Parameterized Type)的机制，使用此机制，在定义一个类、接口或方法时，可以使用泛型类型作为参数。在程序执行时，可以用具体的实际类型替换这里的泛型类型参数。用这种机制可以定义泛型类、泛型接口与泛型方法。泛型类的类型参数可以作为类的成员变量的类型、方法的类型以及局部变量的类型，该类型参数的实际类型将在创建对象时指定。该机制增强了 Java 类的表达能力。

8.4.1　泛型类声明

简单讲，泛型类就是在定义类时，有一个泛型类列表作为参数，支持按类型进行参数化的类。用户使用该泛型类创建对象时，需提供具体的类型列表。

泛型类的语法格式如下。

```
修饰符 class 类名称<泛型标识 1,泛型标识 2…>{
    类体
}
```

可以看出，泛型类的定义格式与一般类相似，只是增加了一个泛型参数列表<泛型标识 1，泛型标识 2…>。

Java 5 提供的泛型类机制在什么情况下使用呢？下面通过一个例子来说明。

假设已经定义了圆形类、三角形类、矩形类，它们类的名字分别是 Circle、Triangle、Rectangle。现在我们要定义一个锥体类，而锥体类底可以是圆形、三角形、矩形。如果没有泛型机制，则需要定义三个锥体类 CircleCone、TriangleCone、RectangleCone，这显然过于烦琐。使用泛型类定义机制可以很好地解决这一问题。

这里，我们主要是计算锥体的体积，只关心锥体的底面积是多少，并不关心它的类型是圆形、三角形或者是矩形。

【例 8-6】　带泛型的锥体类的定义与使用。

```
public class Example8_6 {
    public static void main(String[ ] args) {
        Circle circle = new Circle(10);;
        Cone < Circle > circleCone = new Cone < Circle >(circle);
        circleCone.height = 10;
        System.out.print("圆锥体的");
        circleCone.computeVolume();

        Rectangle rectangle = new Rectangle(10,5);
```

```
        Cone < Rectangle > rectangleCone  =  new Cone < Rectangle >(rectangle);
        rectangleCone.height = 30;
        System.out.print("矩形锥体的");
        rectangleCone.computeVolume();

        Triangle triangle = new Triangle(5,10);
        Cone < Triangle > triangleCone = new Cone < Triangle >(triangle);
        triangleCone.height = 20;
        System.out.print("三角锥体的");
        triangleCone.computeVolume();
    }
}
//锥型类
class Cone < E >{
    E bottom_area;
    double height;
    public Cone(E b){
        bottom_area = b;
    }
    public void computeVolume(){
        String s  =  bottom_area.toString();
        double area  =  Double.parseDouble(s);
        System.out.println("体积是:" + 1.0/3.0 * area * height);
    }
}
//圆形类
class Circle{
    double area,radius;
    Circle(double r){
        radius = r;
    }

    public String toString(){
        area =  radius * radius * Math.PI;
        return "" + area;
    }
}
//长方形类
class Rectangle{
    double sideA,sideB,area;
    Rectangle(double sideA,double sideB){
        this.sideA  = sideA;
        this.sideB  = sideB;
    }

    public String toString(){
        area  =  sideA  *  sideB;
        return ""  +  area;
    }
}
//三角形类
class Triangle{
    double bottom,height,area;
```

```
    public Triangle(double bottom, double height) {
        this.bottom = bottom;
        this.height = height;
    }

    @Override
    public String toString() {
        area = 1.0/2.0 * bottom * height;
        return "" + area;
    }
}
```

程序的运行结果如下：

```
圆锥体的体积是: 1047.20
矩形锥体的体积是: 500.00
三角锥体的体积是: 166.67
```

在例 8-6 中,使用

```
class Cone < E >{
…
}
```

对 Cone < E >类进行定义,这里有一个类型参数< E >。在创建 Cone 对象时,需要用具体的类型替换形参< E >。例如 Cone < Circle > circleCone = new Cone < Circle >(circle),就是用类 Circle 替换< E >来创建 Cone 对象。通过该例可以看出,泛型类机制提供了更强的类描述能力。

8.4.2 泛型接口

与泛型类的定义类似,Java 也提供了泛型接口的实现机制。泛型接口的语法格式如下：

```
interface 泛型接口名<泛型列表>{
    接口体
}
```

【例 8-7】 泛型接口的定义与使用举例。

```
public class Example8_7 {
    public static void main(String[ ] args) {
        Language < Dog > lan1 = new Language < Dog >();
        Language < Cat > lan2 = new Language < Cat >();
        lan1.shout(new Dog());
        lan2.shout(new Cat());
    }
}
class Language < T > implements Animal < T > {
```

```
    public void shout(T t) {
        System.out.println(t.toString());
    }
}
interface Animal<T> {
    public void shout(T t);
}
class Dog{
    String speech;
    Dog(){
        speech = "我使用汪星语";
    }
    public String toString(){
        return speech;
    }
}
class Cat{
    String speech;
    Cat(){
        speech = "我使用喵星语";
    }
    public String toString(){
        return speech;
    }
}
```

程序的运行结果如下：

```
我使用汪星语
我使用喵星语
```

Java 泛型的主要目的是建立类型安全的数据结构，如栈、队列等数据类型。由于在建立数据结构时指定了类型，因此不需要把 Object 对象向其他类型转换。

习题

1. 什么是抽象类？抽象类如何定义？
2. 类通常都有类名，匿名类是什么意思？通常用在什么场合？
3. 抽象类与接口在面向对象的设计中的关注点有何不同？
4. 接口的继承机制与类有何不同？
5. 接口中的方法可以不加修饰符，约定默认的修饰符是什么？
6. 修饰符 final 与 abstract 为何不能同时使用？
7. 抽象类不能创建对象，是不是也不允许有构造方法？
8. Java 5 引入泛型类有什么作用？
9. 选择题

(1) 对于一个非抽象子类，如果要实现某个接口，则(　　)。

A. 必须实现该接口中的所有抽象方法

B. 可以实现部分抽象方法

C. 可以不实现任何抽象方法

D. 无所谓

(2) 以下关于抽象类和接口的说法中错误的是(　　)。

A. 抽象类在Java语言中表示的是一种继承关系，一个类只能继承一个父类。但是一个类却可以实现多个接口

B. 在抽象类中可以没有抽象方法

C. 实现抽象类和接口的类必须实现其中的所有方法，除非它也是抽象类。接口中的方法都不能被实现

D. 接口中的方法都必须加上public关键字

(3) 使用abstract关键字修饰的抽象方法不能使用(　　)关键字修饰。

A. private　　B. 默认缺省　　C. protected　　D. public

(4) 以下关于匿名内部类的描述中，错误的是(　　)。

A. 匿名内部类是内部类的简化形式

B. 匿名内部类的前提是必须要继承父类或实现接口

C. 匿名内部类的格式是"new 父类(参数列表)或父接口(　　){}"

D. 匿名内部类可以有构造方法

(5) 不管写不写访问权限，接口中方法的访问权限永远是(　　)。

A. private　　B. 默认缺省　　C. protected　　D. public

(6) 下列关于接口的说法中错误的是(　　)。

A. 接口中定义的方法默认使用public abstract修饰

B. 接口中的变量默认使用public static final修饰

C. 接口中的所有方法默认都是抽象方法

D. 接口中定义的变量可以被修改

10. 判断题

(1) 内部类中的变量和方法能在创建该内部类的外部方法中访问。　　(　　)

(2) 接口中定义的变量默认是public static final型，且必须赋初值。　　(　　)

(3) 接口中定义的变量实际上都是常量。　　(　　)

(4) 在定义方法时不写方法体，这种不包含方法体的方法为静态方法。　　(　　)

11. 编程题

按如下要求编写Java程序。

(1) 定义接口A，里面包含值为3.14的常量PI和抽象方法double area()。

(2) 定义接口B，里面包含抽象方法void setColor(String s)。

(3) 定义接口C，该接口继承了接口A和B，里面包含抽象方法void volume()。

(4) 定义圆柱体类Cylinder，实现接口C，该类中包含三个成员变量：底圆半径(radius)、圆柱体的高(height)、颜色(color)。

(5) 创建主类来测试类Cylinder。

本章练习

第9章 异常处理

引 言

Java 的异常处理机制能够对程序中出现的运行错误(异常)进行检测、抛出与捕获,在发生异常后能采取处理措施使程序继续正常运行或优雅地终止,从而使程序运行过程更加稳健。异常处理机制可以将异常处理的程序代码集中在一起,与正常的程序代码分开,使得程序结构清晰并易于维护,提高了程序的稳定性和稳健性。

观看视频

9.1 异常与异常类

9.1.1 异常的概念

在编写程序时,难免会出现错误,关键是如何处理这些错误。Java 程序出现的错误分为编译错误和运行错误,其中编译错误是能被 Java 编译器检测出来的错误,如程序中使用了不合法的标识符、语句未结束、变量未定义、赋值类型不匹配等语法错误。而运行错误是不能被 Java 编译器检测到的,是程序在运行时出现的错误,这种运行错误就被称为异常。

在程序运行时,若 Java 虚拟机发现某条语句无法执行,就会出现运行时错误(异常),例如,数组元素的下标越界、算术表达式中分母为 0、用 Scanner 对象读取输入数据时类型不匹配等,这时 Java 虚拟机因不知道该如何操作,进而抛出异常,从而终止程序的运行。在 Java 程序中,异常会引起运行时错误,而异常引起的运行时错误会生成 Exception 类型的异常对象。如果异常对象不被捕获与处理,则程序将异常终止。如何捕获与处理异常,使程序能够继续运行或优雅地终止,是本章的主题。

例 9-1 是一个语法上正确的程序,但在运行时,有时会出现异常退出。下面给出 3 次运行该程序的示例。

【例 9-1】 运行时语句异常的示例。

```
import java.util.Scanner;
public class Example9_1 {
public static void main(String[] args) {
        Scanner input = new Scanner(System.in);
        while (true) {
        System.out.print("输入两个数: ");
        int number1 = input.nextInt();
```

```
        int number2 = input.nextInt();
        System.out.println(number1 + " / " + number2 + " is " + number1 / number2);
    }
  }
}
```

本例是一个语法上正确的程序，但在运行时，由于不同的数值输入会导致程序出现异常退出。下面给出不同的数值输入的程序运行结果。

（1）输入两个整数 18 和 2 的运行结果如下：

```
输入两个数：18  2
18/2 is 9
输入两个数：
```

（2）输入两个整数 18 和 0 的运行结果如下：

```
输入两个数：18  0
Exception in thread "main" java.lang.ArithmeticException Create breakpoint: /by zero at
Example10_1.main(Example10_1.java:9)
```

（3）输入非整数 18.2 和 2 的运行结果如下：

```
输入两个数：18.2  2
Exception in thread "main"java.util.InputMismatchException Create breakpoint
    at java.util.Scanner.throwFor(Scanner.java: 864)
    at java.util.Scanner.next(Scanner.java: 1485)
    at java.util.Scanner.nextInt(Scanner.java: 2117)
    at java.util.Scanner.nextInt(Scanner.java: 2076)
    at Example10_1.main(Example10_1.java: 7)
```

例 9-1 中的(1)输入的数值与 number1、number2 类型一致，因此输出了正常的运行结果；(2)由于 number2 的值为 0，导致了被 0 除的 ArithmeticException 异常，由于该异常没有被捕获与处理，导致程序异常终止；(3)由于输入的数据是 18.2，该数据与 number2 的类型不一致，导致了输入类型不匹配 InputMismatchException 异常，程序异常终止。(2)和(3)由于不合法的输入，导致了程序的异常退出。

针对被 0 除的问题，可以通过 if 语句判断分母是否为 0，进而可以避免这种程序异常。但对于输入类型不匹配的问题，由于是在数据读入变量时出现异常，代码中是无法检查的。如果没有异常捕获与处理机制，想实现对输入数据类型匹配检测还是很麻烦的。

9.1.2 Java 异常类

当程序中某个异常发生时，系统会根据产生异常的原因，找到相应的异常类，并产生一个相应的异常类对象。Java 中预定义了两大异常类：Error 类和 Exception 类，以及它们的子类。图 9-1 所示为 Java 中异常类的继承关系。

1. Throwable 类

从图 9-1 中可以看出，Throwable 类是 Object 类的直接子类，又是 Java 语言中两大异常类(Exception 类和 Error 类)的直接父类。该类定义了 3 个异常处理的方法。

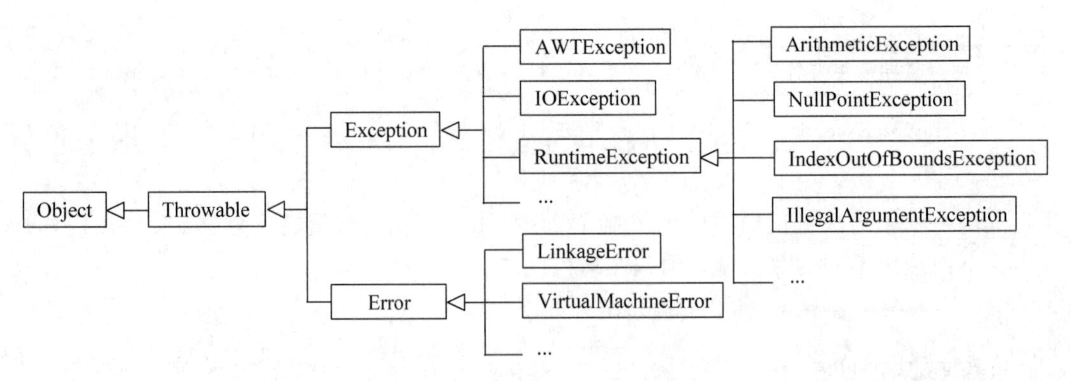

图 9-1　Java 中异常类的继承关系

```
public String getMessage()           //该方法返回此 Throwable 对象的简短描述
public String toString()             //该方法返回此 Throwable 对象的详细消息字符串
public void printStackTrace()        //打印异常的堆栈信息,指出程序中出错的位置及原因
```

2. Error 类

Error 类是一切错误类的根类，它及其子类表示的是运行系统产生的错误，通常是灾难性的致命错误，不是程序能够控制的，如内存溢出、虚拟机运行崩溃、栈溢出等。一般来说，Java 程序本身对这类运行错误是无法处理的，其解决方法就是将这类错误直接抛给系统进行处理，而 Java 程序对它们不做任何处理。

3. Exception 类

Exception 类是一切异常类的根类，它的各种不同的子类分别对应着不同的异常类型。Exception 类又分成两种：运行时异常（Runtime Exception）类和检查型异常（Checked Exception）类。

1）运行时异常类

运行时异常表示异常产生的原因是由程序编写错误所引起的，如整数被 0 除、求负数的平方根、数组下标越界、输入数据类型不匹配、类型无法转换等错误，这些异常并不要求必须使用异常处理机制来处理，也称为未检测异常（Unchecked Exception）或隐式异常，继承于运行时异常的类都属于这类异常。运行时异常都是由于程序设计不当而引起的，通过增加“逻辑处理”完全可以避免这些异常。表 9-1 给出了常见的运行时异常类的子类及其说明。更多的运行时异常类的子类可查阅 JDK API 文档。

表 9-1　部分运行时异常类的子类及其说明

运行时异常类类名	说　明
ArithmeticException	算术运算错误异常。例如，被 0 除或用 0 取模会引发该异常
ArrayIndexOutOfBoundsException	数组下标越界异常。当程序试图访问的数组下标值超出数组下标范围时，会引发该异常，如定义的数组 int[] x=new int[3]，程序中却使用了 x[6]
StringIndexOutOfBoundsException	字符串下标越界异常
NullPointerException	空引用异常。当程序试图访问一个空对象中的变量或方法，或一个空数组中的元素时，会引发该异常

续表

运行时异常类类名	说　明
NegativeArraySizeException	数组负长度异常。当试图创建一个大小为负的数组时，会引发该异常
NumberFormatException	数据非法格式异常。若程序试图将非数字格式字符串进行数字运算，则会引发该异常，如 Integer. parseInt("23. e")会引发该异常
SecurityException	安全异常。当 Applet 程序试图执行浏览器不允许的操作时，会引发该异常
InputMismatchException	输入不匹配异常。即输入的数据与变量数据类型不能匹配。如通过 Scanner 对象读取 int 类型数据，但由键盘输入了浮点类型数据

2）检查型异常类

Exception 的子类中除了运行时异常外，还有很多异常需要显式地检查并处理，这类异常称为检查型异常，又称为显式异常。这类异常通常不是由于程序编写错误引起的，而是由于运行环境与操作的异常引起的。对于这类异常，Java 程序要求必须进行处理，如果不处理，程序就不能编译通过，如 IOException、SQLException、线程睡眠中断异常等。表 9-2 给出了常见的检查型异常类的子类及其说明。更多的 Exception 类的子类可查阅 JDK API 文档。

表 9-2　检查型异常类的子类及其说明

检查型异常类类名	说　明
IOException	输入输出异常。该类异常在请求的 I/O 操作失败或者中断时被抛出，其子类有 EOFException 异常（文件结束异常）、FileNotFoundException 异常（文件未找到异常）和 InterruptedException 异常（I/O 中断异常）等
ClassNotFoundException	类未找到异常。尝试使用不存在的类，会发生此异常。如使用 Java 命令运行一个不存在的类，或者使用 Class. forName()通过字符串名加载一个不存在的类等
IllegalAccessExption	非法访问异常。该类异常是在程序试图访问一些它无权访问的类成员时抛出的异常
InterruptedException	线程处于休眠、等待或被占用状态时，被其他线程中断后抛出的异常
SQLException	对数据库访问出错时抛出的异常
FileNotFoundException	系统试图打开指定路径下的文件失败时抛出的异常

9.2 异常处理机制

观看视频

异常处理就是指在程序运行发生异常时，能够捕获异常并对之处理或抛弃，从而使程序能够正常地运行下去。Java 异常处理机制一般采用两种方式：一种是使用 try-catch-finally 结构对异常进行捕获和处理；另一种是通过 throw、throws 关键字将异常抛出。

9.2.1 try-catch-finally 结构

使用 try-catch-finally 结构对异常进行捕获和处理，要遵循以下的语法结构。

```
try{
        //可能导致异常的语句块
   }
  catch(ExceptionType1 e1){
        //处理 ExceptionType1 的语句块
   }
  catch(ExceptionType2 e2){
        //处理 ExceptionType2 的语句块
   }
   …
  catch(ExceptionTypen en){
        //处理 ExceptionTypen 的语句块
   }
    finally{
          //无论是否有异常发生，都必须执行的语句块
     }
```

在该异常处理机制中，finally 块是可选的。一旦存在 finally 块，则无论 try 块代码中是否出现异常，最终都会执行 finally 中的代码。

1. 没有 finally 语句块时的执行逻辑

(1) 将需要异常监控的代码放在 try 块代码中，try 块中的代码可能会产生多个不同类型的异常。

(2) 若 try 块中的代码没有发生异常，则所有的 catch 块都会被忽略而不被执行。执行完 try 块中的代码后，执行 try-catch 的后继语句。

(3) 如果在执行到某条代码时产生了异常，会生成相应类型的异常对象并跳过 try 块中未执行的语句。然后从上到下查找与异常对象类型第一个相匹配的 catch 块。如果存在匹配的 catch 块，则执行异常处理语句，然后执行 try-catch 的后继语句；否则，退出当前方法的执行，把该异常对象继续抛给本方法的调用者。如果在方法的调用链上没有方法处理该异常对象，则程序终止并把异常信息显示在控制台页面上。

【例 9-2】 运用 try-catch 结构处理例 9-1 程序中的输入异常。

```
import java.util. * ;
public class Example9_2 {
     public static void main(String[ ] args) {
         Scanner input = new Scanner(System.in);
         while (true) {
             System.out.print("输入两个数：");
             try {
                 int number1 = input.nextInt();
                 int number2 = input.nextInt();
                 System.out.println(number1 + " / " + number2 + " is " + number1 / number2);
             }catch (InputMismatchException e){
                 System.out.println("输入数据格式不对,要求为两个整数");
```

```
                input.next(); //清除输入缓冲区
            }catch (ArithmeticException e){
                System.out.println("输入数据不正确,要求分母 number2 不能为零");
            }
        }
    }
}
```

程序的运行结果如下：

```
输入两个数：18  2
18 / 2 is 9
输入两个数：18.2  2
输入数据格式不对,要求为两个整数
输入两个数：18  0
输入数据不正确,要求分母 number2 不能为零
```

在例 9-2 中，语句 number1 = input.nextInt()与 number2 = input.nextInt()需要从键盘缓冲区中读取两个整数。如果用户在输入数据时提供的不是两个整数，则 input.nextInt()将抛出 InputMismatchException 类型的异常对象，由异常类匹配的语句块 catch 捕获该对象并进行处理(catch (InputMismatchException e){处理代码})，在控制台显示“输入数据格式不对，要求为两个整数”的信息，然后通过 input.next()语句清除输入缓存，为下一次输入作准备。如果 number2 的值为 0，则 number1/number2 会抛出 ArithmeticException 类型的异常对象，catch (ArithmeticException e){处理代码}对该分母为 0 的异常进行处理，在控制台显示“输入数据不正确，要求分母 number2 不能为零”的信息。

2. 有 finally 语句块时的执行逻辑

(1) try 块代码中无异常。执行完 try 块中的代码，然后执行 finally 块，接着执行 try-catch-finally 的后继语句。

(2) try 块代码中有异常且被 catch 捕获处理。执行完 catch 后的处理代码，然后执行 finally 块，接着执行 try-catch-finally 的后继语句。

(3) try 块代码中有异常但没有对应的 catch 参数类型匹配。直接执行 finally 块，然后把异常对象抛给本方法的调用者。

(4) 即使在到达 finally 块之前遇到 return 语句，finally 块也会执行。finally 块执行完后再执行 return。

【例 9-3】 try-catch-finally 结构处理程序中的输入异常。

```
import java.util.Scanner;
public class Example9_3{
     public static void main(String[ ] args) {
        int i;
        Scanner scan = new Scanner(System.in);
        System.out.print("请输入整数:");
      //从键盘接收数据
      try{
          i = scan.nextInt();
          System.out.println("你输入的整数是:" + i);
          }catch(java.util.InputMismatchException e){
```

```
                System.out.println("输入类型不匹配异常!");
        }finally{
            System.out.println("即将关闭输入流!");
                scan.close();
        }
    }
}
```

针对不同类型的输入数据，程序的运行结果如下：

```
请输入整数：18
你输入的整数是：18
即将关闭输入流!

请输入整数：18.2
输入类型不匹配异常!
即将关闭输入流!
```

当从键盘输入 18 时，程序在执行“i=scan.nextInt();”语句时未出现异常，继续执行 try 块中的剩余语句“System.out.println("你输入的整数是："+i);”并向控制台打印输出“你输入的整数是：18”，然后执行 finally 块，关闭键盘输入流对象。

当从键盘输入 18.2 时，程序在执行“i = scan.nextInt();”语句时，立即引发 InputMismatchException 异常，程序流程转向 catch 块，匹配到 InputMismatchException 异常，执行 catch 中的语句“System.out.println("输入类型不匹配异常!");”并向控制台打印输出“输入类型不匹配异常!”，然后执行 finally 块，关闭键盘输入流对象。

finally 子句相当于 try-catch-finally 语句的一个出口，即无论 try 块中的代码是否存在异常，finally 子句的代码都会执行。使用 finally 子句可以清除一些变量及关闭一些资源。例如，在 I/O 编程中，为了确保文件在所有情况下都被关闭，就可以在最后的 finally 块中放置一条文件关闭语句。在例 9-3 中，finally 块中使用 scan.close()关闭 Scanner 输入流对象，以释放该对象的输入缓冲区。

3. 必须捕获或抛出的异常

对于运行时异常，如数组变量下标越界、访问空对象中的属性，这些异常是可以通过完善代码逻辑来避免的，Java 不会强制要求必须在程序中捕获或声明抛出未检查的异常，以避免过度使用 try-catch 语句，降低程序运行速度。当然，程序员可以根据需要，考虑在程序中捕获或声明抛出这类异常。这也是例 9-3 的程序中未对被零除进行异常抛出或捕获，也不给出语法错误的原因。

对于检查型异常，Java 编译器强制要求检查和处理它们，否则编译出错。检查型异常也意味着无法通过完善代码来避免，可能是由程序员无法控制的外部环境引起的，编译器强制检查并利用异常处理机制来处理它们。

【例 9-4】 检查型异常的捕获处理。

```
import java.io.BufferedReader;
import java.io.IOException;
import java.io.InputStreamReader;
public class Example9_4{
```

```
    public static void main(String args[]) {
        System.out.println("请输入一行文本:");
        InputStreamReader isr = new InputStreamReader(System.in);
        BufferedReader br = new BufferedReader(isr);
        String inputLine = null;
        try {
            inputLine = br.readLine();
        } catch (IOException e) {
            e.printStackTrace();
        }
        System.out.println("输入的文本是:" + inputLine);
    }
}
```

程序的运行结果如下：

```
请输入一行文本:
I Love China!
输入的文本是: I Love China!
```

在例 9-4 中的 BufferedReader 类中的 readLine()间接抛出了 java.io.IOException，当输入出错时会抛出该异常，而该异常是必须要检查的，否则编译会报错。本例使用 try-catch 结构捕获并处理了该异常。

9.2.2 throw 语句抛出异常

在编写程序时，编程人员可直接使用 throw 语句自行抛出异常对象。对于程序中自行抛出的异常对象，同样用 try-catch 捕获并进行处理。在例 9-5 中使用 throw 语句抛出异常并捕获处理。

【例 9-5】 throw 语句抛出异常并捕获处理。

```
public class Example9_5{
    public static void main(String args[]){
    int num = 0;
    try{
        if(num == 0)
         throw new ArithmeticException();
         System.out.println("100 整除" + num + " = " + 100/num);
      }catch(ArithmeticException e){
            System.out.println("分母不能为 0");
            e.printStackTrace();
      }
    }
}
```

程序的运行结果直接输出了“分母不能为 0”。

本例对 num=0 的情况使用了 throw 语句抛出了一个异常(ArithmeticException 类型的异常对象)，同时通过 catch 语句对抛出的异常对象进行了捕获，捕获后的处理程序是向控制台打印输出“分母不能为 0”。e.printStackTrace()输出异常对象 e 的异常信息，给出在程序中出错的位置及原因。

9.2.3 throws 子句抛出异常

在一个方法中，若出现异常，该方法可以对其捕获并处理，也可以不处理。不处理就是把异常交给调用该方法的方法来处理，此时只要在该方法的声明处使用 throws 子句抛出该方法中出现的异常即可。其语法结构如下：

```
修饰符 方法名() throws 异常类[,异常类 1,…异常类 n]{
      //语句
      …
  }
```

【例 9-6】 检查型异常的再次抛出处理。

```
import java.io.BufferedReader;
import java.io.IOException;
import java.io.InputStreamReader;
public class Example9_6{
    public static void main(String args[]) throws IOException {
        System.out.println("请输入一行文本:");
        InputStreamReader isr = new InputStreamReader(System.in);
        BufferedReader br = new BufferedReader(isr);
        String inputLine = null;
        inputLine = br.readLine();
        System.out.println("输入的文本是:" + inputLine);
    }
}
```

本例不处理 BufferedReader 类中的 readLine()方法间接抛出的 java.io.IOException 异常，而是使用 throws 语句在 main()方法后再次抛出 IOException 异常，其运行结果同例 9-4。

观看视频

9.3 自定义异常类

除了使用 Java 类库提供的大量预定义的异常类外，如果遇到预定义异常类无法充分描述的问题，则可以创建自己的异常类。通过继承 Throwable、Throwable 的子类 Exception 或 Exception 的子类，可创建自定义异常类。

异常类的语法结构如下：

```
class 自定义的异常类名 extends Throwable [或 Exception][或 Exception 的子类]
{
    public 自定义的异常类名(){ }  //隐含调用父类的无参构造方法 Throwable()、Exception()或
Exception 子类的无参的构造方法
    public 自定义的异常类名(String str){
    super(str);  //调用父类的有参构造方法 Throwable(String str)、Exception(String str)或
Exception 子类的有参的构造方法
    }
```

```
    //根据需要添加重载的自定义的异常类构造方法
}
```

Exception类有两个构造方法：一个是无参构造方法Exception()，另一个是Exception(String str)方法，这里的str是创建异常对象的字符串信息。

【例9-7】 自定义的异常类举例。

```
import java.util.InputMismatchException;
import java.util.Scanner;
class InvalidRadiusException extends Exception{
        private double radius;
        public InvalidRadiusException(double radius){
            super("无效半径!" );
            this.radius = radius;
        }
        public double getRadius() {
            return radius;
        }
}
//主类
public class Example9_7{
        public static void main(String args[]) {
        double x;
        Scanner scan = new Scanner(System.in);
        try {
            System.out.println("请输入半径值:");
            x = scan.nextDouble();
            if (x <= 0)
                throw new InvalidRadiusException(x);
            else
                System.out.println("radius = " + x);
        }
        catch (InvalidRadiusException e) {
            System.out.println(e.getMessage() + "radius = " + e.getRadius()) ;
        }
      catch (InputMismatchException e) {
            System.out.println("数据类型输入不匹配,请输入数值!") ;
      }
  }
}
```

运行该程序，如果输入值x>0，则显示radius＝x(实际输入值)；如果输入的半径x小于或等于0，则会执行throw new InvalidRadiusException(x)，生成并抛出异常对象，catch语句捕获该对象并进行处理，其中getMessage()是Exception类的方法，返回创建时的字符串"无效半径!"，getRadius()方法是InvalidRadiusException类中定义的方法，返回输入的半径的值；如果输入的不是数值，则会捕获InputMismatchException异常类对象，输出“数据类型输入不匹配，请输入数值!”。

9.4 异常处理的优点

Java 中的异常处理具有以下一些优点。

(1) 能自动发现异常，把控程序正常运行。Java 提供了大量的异常类来自动匹配程序中的异常，通过捕获异常对象并通过 e. printStackTrace()输出导致异常的调用轨迹，帮助程序员找到程序出现异常的地方。

(2) 异常处理机制为程序提供灵活的处理方式。Java 中的异常处理机制可以降低错误代码逻辑处理的复杂度(如嵌套的 if 处理语句)，简化程序代码；为程序员带来灵活运用的空间，如当程序员无法解决某个问题中的异常时，可以继续交给调用的程序来完成，而对于可以解决的异常，就在当前程序中直接处理。

习题

1. 什么是异常？异常是如何发生的？简述异常的分类。
2. 请描述显式异常和隐式异常的区别，程序该如何处理这两种异常？
3. 举例说明 Java 程序抛出各种异常的条件。
4. 异常的关键字 throw 与 throws 之间有何区别？它们如何使用？
5. 对于一个检查型异常，如果在本方法中不进行捕获，必须如何操作才能编译通过？
6. 请指出以下程序会抛出什么异常类。

(1)

```
public class Test_1 {
    public static void main(String[ ] args) {
        int i = 0;
        System.out.print(100 / i);
    }
}
```

(2)

```
public class Test_2 {
    public static void main(String[ ] args) {
        double[ ] array = new double[10];
        System.out.print(array[10]);
    }
}
```

(3)

```
public class Test_3 {
    public static void main(String[ ] args) {
        Object obj = new Integer("123");
        String d = (String)obj;
    }
}
```

(4)

```
public class Test_4 {
        public static void main(String[] args) {
          Object obj = null;
          String str = obj.toString();
      }
}
```

7. 请给出下列程序的运行结果。

(1)

```
public class Test_1 {
     public static void main(String[] args) {
         try {
             int value = 40;
             if (value < 50)
                   throw new Exception("value is too small");
         } catch (Exception e) {
             System.out.println(e.getMessage());
         } finally {
             System.out.println("end!");
         }
     }
}
```

若 int value=60,则该程序将输出什么样的结果。

(2)

```
public class Test_2 {
   public static void main(String[] args) {
        try {
            method(0);
            System.out.println("After the method call");
        }catch (ArithmeticException e) {
            System.out.println("ArithmeticException");
        }catch (RuntimeException e) {
            System.out.print("RuntimeException");
        }catch (Exception e) {
            System.out.print("Exception");
        }
   }
   static void method(int i) throws Exception {
            System.out.print(100 / i);}
   }
```

(3)

```
public class Test_3 {
   public static void main(String[] args) {
        try {
            String[] array = new String[15];
```

```
            System.out.println("array[15] is " + array[15]);
        } catch (ArithmeticException ex) {
            System.out.println("ArithmeticException");
        } catch(ArrayIndexOutOfBoundsException e){
            System.out.println("ArrayIndexOutOfBoundsException");
        } catch (RuntimeException ex) {
            System.out.println("RuntimeException");
        } catch (Exception ex) {
            System.out.println("Exception");
        }
    }
}
```

（4）

```
public class Test_4 {
    public static void main(String[ ] args) {
        try {
            method();
            System.out.println("After the method call");
        } catch (RuntimeException e) {
            System.out.println("RuntimeException in main");
        } catch (Exception e) {
            System.out.println("Exception in main");
        }
    }
    static void method() throws Exception {
        try {
            String s = "abc";
            System.out.println(s.charAt(3));
        } catch (RuntimeException e) {
            System.out.println("RuntimeException in method()");
        } catch (Exception e) {
            System.out.println("Exception in method()");
        }
    }
}
```

（5）

```
public class Test {
    public static void main(String[ ] args) {
        try {
            method();
        }catch (IndexOutOfBoundsException e) {
            System.out.println("IndexOutOfBoundsException");
        }catch (RuntimeException e) {
            System.out.println("RuntimeException");
        }catch (Exception e) {
            System.out.println("Exception");
        }finally{
            System.out.println("Over!");
        }
```

```
    }
    static void method() throws IndexOutOfBoundsException {
            String s = "abc";
            System.out.println(s.charAt(3));
    }
}
```

8. 程序编写：定义一个长方形类，该类提供计算长方形面积和周长的方法。编写一个可以计算长方形面积和周长的程序，要求通过键盘输入该长方形的长和宽(不约束长和宽的数据类型)，并对该程序中可能出现的所有异常进行处理(若长度不在[16,25]范围内，宽度不在[7,15]范围内，抛出一个自定义异常)。

本章练习

第10章 I/O与文件操作

引 言

大多数应用程序都需要与外部输入/输出设备(I/O 设备)进行数据交换。在 Java 中,所有的 I/O 机制都是基于数据“流”方式进行的。作为输入数据的键盘定义为标准输入设备,而显示器定义为标准输出设备。为了持久地保存数据,常需要把数据存储在磁盘文件中,磁盘既是输入设备又是输出设备,为此 Java 提供了数据存储与读取的文件操作机制。

观看视频

10.1 流的基本概念

Java 中将输入/输出操作抽象为流,流就像一个传送带,将两个容器连接起来,传输带上传输的是由 0、1 组成的二进制数,连接流的两个容器分别是计算机内存与外部设备。流是对数据传输的总称或抽象,其本质就是一组有顺序的二进制数。站在计算机内存的角度看,可以把流分为输入流和输出流。

(1) 输入流:当程序从外部介质(键盘、磁盘、网络)上获得数据时,创建的输入流对象。

(2) 输出流:程序内存中的数据输出到外部介质(控制台显示器、磁盘、网络)时,创建的输出流对象。

在 Java 程序中,输入流与输出流实际上是输入流对象与输出流对象的简称。Java 程序只能从输入流中读取数据,向输出流中输出数据,因而每个数据流操作都是单向的。在前面章节的程序中曾使用 System. in 作参数创建 Scanner 对象用于数据输入,使用 System. out 对象的 println( ) 方法输出数据,这里 in 与 out 是 System 类中定义的两个静态对象,in 是标准输入流(对应键盘输入),out 是标准输出流(对应显示器控制台)。对于磁盘文件,程序可以从中读取与写入数据,这时需要定义两个流:一个流(输入流)负责读取数据,另一个流(输出流)负责写出数据。图 10-1 所示为文件读写的输入与输出流示意。

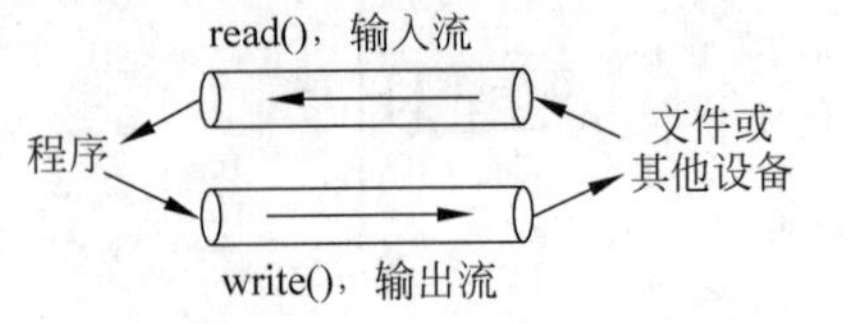

图 10-1 文件读写的输入与输出流示意

Java 语言是通过 java. io 包中的类和接口提供输入/输出与文件操作的。在整个 Java. io 包中最重要的就是 5 个类和 1 个接口。5 个类指的是 File、InputStream、OutputStream、Reader、Writer,1 个接口指的是 Serializable。掌握了这些类及其子类的核心操作就基本掌握了 Java 的 I/O 机制。

数据流中的二进制数据可以进一步打包成字节流(8 位二进制)和文本字符流(16 位二进制),二进制流被打包后,信息读写的基本单位变成字节或字符。实际上,计算机中的数据都是以二进制形式来存储的,把二进制流抽象成字节流与字符流,完全是为了读写数据方便。

10.2 字节流与相关类

10.2.1 字节流与字节流抽象类

字节流的读写是以字节为单位进行的,例如,要把一个 int 类型的数据写入文件中,则需要把 int 类型数据在内存中的 4 字节原封不动地写入文件,而当从文件中读取这个整数时,也是把这 4 字节的数读入内存中,其过程见图 10-2。由于在字节流输入/输出时,数据在内存、外存之间不进行任何转换,只是把数据在内存、外存之间搬家,因而效率是比较高的。字节流通常用于图像与声音文件的读写。

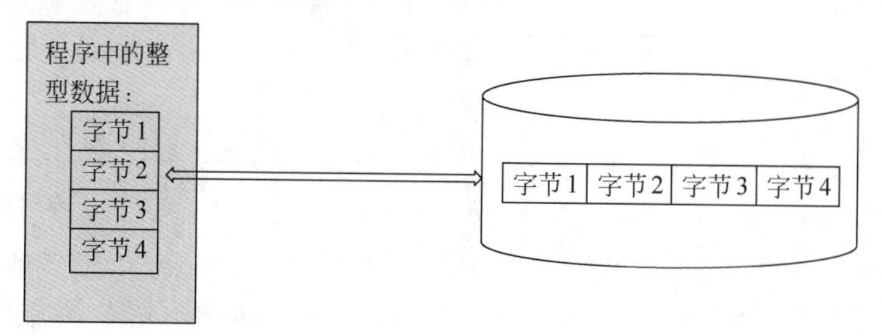

图 10-2 字节读写的过程示意

在字节流输入/输出时,需要先创建字节流输入对象或字节流输出对象。InputStream 类与 OutputStream 类是字节输入流与输出流的抽象类,是所有字节输入/输出类的父类,它们分别为字节输入/输出定义了操作方法,其子类覆盖了这些方法。图 10-3 所示为字节流类的继承关系。

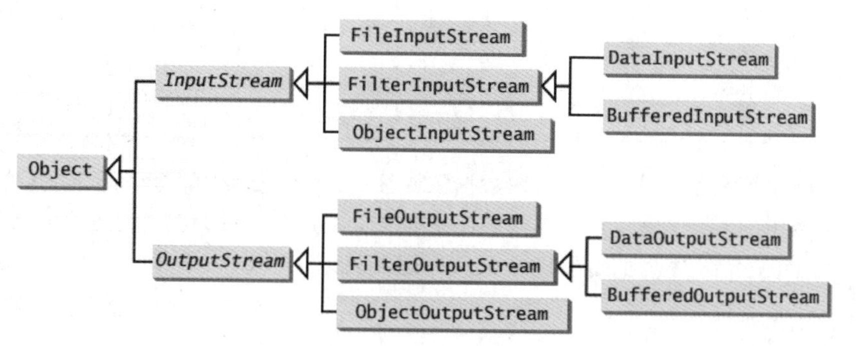

图 10-3 字节流类的继承关系

表 10-1 所示为 InputStream 类的常用方法。在 InputStream 类的常用方法中,read()是最重要的一个抽象方法,它的具体实现在其子类中定义,read()方法的功能是读取 1 字节。需要注意的是,尽管 read()方法读取的是 1 字节,但这 1 字节被转换成一个整数值返回。

表 10-1　InputStream 类的常用方法

方法返回值类型	方法与参数	说　明
abstract int	read()	从输入流中的当前位置读入 1 字节的二进制数据，返回值为高位补 0 的 int 类型值。若输入流中的当前位置没有数据，则返回－1
int	read(byte[] b)	从输入流中的当前位置连续读入多字节保存在数组 b 中，同时返回所读到的字节数
int	read(byte[] b, int off, int len)	从输入流中的当前位置连续读入 len 字节，保存在数组 b[off]到 b[off＋len－1]中
int	available()	返回输出流中可以读取的字节数
long	skip(long n)	使位置指针从当前位置向后跳 n 字节
void	mark(int readlimit)	在当前位置处做一处标记，并且在输入流中读取超过 readlimit 字节数后，该标记消失。该 mark 的位置可以被 reset()方法复位，从而使 readlimit 字节数据可以重复读取
void	reset()	将流重新定位到最后一次对此输入流调用 mark()方法时的位置
boolean	markSupparted()	测试输入流是否支持 mark()和 reset()方法。如果支持则返回 true，否则返回 false
void	close()	关闭输入流与外设的连接并释放所占用的系统资源

表 10-2 所示为 OutputStream 类的常用方法。在 OutputStream 类的常用方法中，write(int b)是一个抽象方法，在其子类中定义它的具体实现，write()的参数是写入输出设备的数值。需要注意的是，尽管 write(int b)的参数是 int 类型的数据，但它只把 int 类型数据的最后 1 字节写入输出流。

表 10-2　OutputStream 类的常用方法

方法返回值类型	方法与参数	说　明
abstract void	write(int b)	把 int 类型数 b 的最后 1 字节写到输出流
int	write(byte[] b)	将参数 b 数组中的字节数据写到输出流
int	write(byte[] b, int off, int len)	将参数 b 数组中从下标 off 开始的 len 字节写到输出流
void	flush()	将输出流缓冲区中的数据强制输出，并清空缓冲区
void	close()	关闭此输出流并释放与此流关联的所有系统资源

无论是输出流还是输入流对象，在数据读写完成后，都需要调用 close()方法把流关闭，以释放流所占用的系统资源，尤其是在输出数据时，Java 为了提高效率，会把流中的数据放在缓冲区中，close()方法会把缓冲区中的数据强制输出到外部设备上，然后释放缓冲区，这样能保证输出数据的完整性。

观看视频

10.2.2　字节流常用子类

InputStream 与 OutputStream 是抽象类，无法用它们创建输入/输出流对象。这两个类的常用子类见图 10-3，在程序中可以用这些子类创建输入/输出流对象。

1. 文件输出流 FileOutputStream 类

FileOutputStream 类是 OutputStream 的子类，它实现了 OutputStream 类的抽象方

法，因而可以用 FileOutputStream 类创建输出流对象。在创建输出流对象时，需要指定磁盘文件，并通过该输出流对象把字节数据输出到磁盘文件中。FileOutputStream 类的构造方法如表 10-3 所示。

表 10-3 FileOutputStream 类的构造方法

构造方法	说明
public FileOutputStream (String filename) throws FileNotFoundException	根据磁盘文件的文件名创建 FileOutputStream 类型的文件输出流对象。filename 是磁盘文件名称，包括盘符、路径和文件名
public FileOutputStream(File file) throws FileNotFoundException	通过文件对象 file 创建 FileOutputStream 类型的文件输出流对象
public FileOutputStream (String filename, boolean append) throws FileNotFoundException	通过文件名 filename 创建 FileOutputStream 类型的文件输出流对象，根据 append 参数确定是覆盖原内容还是添加到原内容尾部
public FileOutputStream (File file, boolean append) throws FileNotFoundException	通过文件对象 file 创建 FileOutputStream 类型的文件输出流对象，根据 append 参数确定是覆盖原内容还是添加到原内容尾部

说明：

在构建 FileOutputStream 对象时，如果文件不存在，则创建一个新的文件。如果文件已经存在，前两个构建方法将删除文件的当前内容。如果要保留当前文件中的内容并将新数据添加到文件尾部，需要使用后两个构造方法并把 true 传给 append 参数。这四个构造方法在执行时，会出现创建文件不成功的问题。如果创建文件失败，这时会抛出 FileNotFoundException 异常。

由于 FileOutputStream 是 OutputStream 的具体子类，表 10-2 中所示的 OutputStream 类的方法，FileOutputStream 对象都可以使用，其中 write(int b)就是把整数 b 的 4 字节中的最后 1 字节写入文件。

【例 10-1】 把字节数据写入文件。

```
import java.io. * ;
public class Example10_1{
   public static void main(String[ ] args) throws IOException {
      FileOutputStream fos;
      fos = new FileOutputStream(".\\filestream.dat");   //创建或打开文件输出流
      byte[ ] array = {25,33,89,27,127, - 5};
      for(int i = 0;i < array.length ;i++)
      fos.write(array[i]);        //写数据到文件输出流，也就是写入文件
      fos.write(255);
      fos.write(514);
      fos.close();                                    //关闭文件输出流，即关闭文件
      }
}
```

在 Example10_1 中，“fos=new FileOutputStream(".\\filestream.dat");”就是创建字节输出流对象 fos，调用 fos.write()方法把数据写到 fos 流所对应的文件中。这里".\\filestream.dat"表示在本程序所在的项目根目录下创建 filestream.dat 文件，如果文件已经

存在，则打开文件并把文件的写指针指到文件的开头，也就是说如果文件中原来有数据，则也会被重写。运行该程序，在控制台上没有任何显示，但可以在本 Java 项目的根目录下看到文件 filestream.dat。

如果想在文件的尾部追加写入数据，只需要把程序中的输出流对象的构建方法改为 fos= new FileOutputStream(".\\filestream.dat",true)即可。

需要说明的是输出流对象大部分操作都会抛出 IOException 异常，在例 10-1 中，对 write()、close()方法抛出的 IOException 异常没有捕获处理，而是在 main()方法中向外抛出。

在 FileOutputStream()的构造方法中，参数值还可以是 File 类型的对象。File 类提供了对文件操作与获得文件基本信息的方法，通过这些方法，可以得到文件的存储路径、文件名、大小、日期、文件长度、读写属性等。File 类的构造方法如下：

```
public File(String filename)
```

其中，参数 filename 是一个包括路径与文件名的完整的字符串。

```
public File(String pathname, String filename)
```

在这个构造方法中，将路径名与文件名字符串作为两个参数。

例如，在 D 盘的 Java\project 目录下，以文件名为 test 的文件构建 File 对象，如果 test 文件不存在，则创建 test 文件。创建该 File 对象的代码如下：

```
File f = new File("D:\\Java\\project\\test");
```

或者

```
File f = new File("D:\\Java\\project", "test");
```

【例 10-2】 File 类的使用举例。

运行以下代码，将打开项目中 Example10_1.java 文件，读取该文件中的字符并在屏幕上显示。

```
public class Example10_2 {
    public static void main(String str[]) throws IOException {
        File file = new File("src\\textbook\\Example10_1.java");
        System.out.println("文件名：" + file.getName());
        System.out.println("父目录：" + file.getParent());
        System.out.println("文件的相对路径：" + file.getPath());
        System.out.println("文件的绝对路径：" + file.getAbsolutePath());
        System.out.println("文件长度：" + file.length());
        System.out.println("文件是否存在：" + file.exists());
    }
}
```

程序的运行结果如下：

```
文件名：Example10_1.java
父目录：src\textbook
文件的相对路径：src\textbook\Example10_1.java
文件的绝对路径：D:\Java0924\src\textbook\Example10_1.java
文件长度：511
文件是否存在：true
```

Example10_1 存放在本项目下的 src\textbook 包中。getPath()可以得到在项目下的相对路径，而 getAbsolutePath()可以得到文件的绝对路径，文件的长度为 511 字节。

需要说明的是 Windows 与 Lunix 系统中的路径名分隔符是不一样的。Windows 系统中用"\"分隔，如 D:\java\project；而在 Lunix 系统中用"/"分隔，如/java/project。由于在 Java 中"\"是转义字符，所以字符串中的"\"要用 "\\"表示。

2. 文件输入流 FileInputStream 类

FileInputStream 类是 InputStream 的子类，它实现了 InputStream 类的抽象方法，因而可以用 FileInputStream 类创建输入流对象。在创建输入流对象时，需要指定磁盘文件，并通过该输入流对象把磁盘文件中的字节数据读到程序内存变量中。FileInputStream 类的构造方法如下。

1) public FileInputStream(String filename) throws FileNotFoundException

根据磁盘文件的文件名 filename 创建 FileInputStream 类型的文件输入流对象，通过该对象的 read()方法，以字节为单位读取文件中的数据。filename 是磁盘文件的完整名称，包括盘符、路径和文件名。

2) public FileInputStream(File file) throws FileNotFoundException

通过文件对象 file 创建 FileInputStream 类型的文件输入流对象。

由于 FileInputStream 是 InputStream 的具体子类，表 10-1 中 InputStream 类的方法在 FileInputStream 类中都进行了具体实现，因而 FileInputStream 对象都可以使用这些方法。在表 10-1 中，read()方法为抽象方法，该方法在 FileInputStream 给出了具体实现。这里，尽管 read()方法返回的是整数，但只有整数的最后 1 字节有效，前面的 3 字节为 0。

【例 10-3】 从字节数据文件 filestream.dat 中读出数据并显示。

```
import java.io.*;
public class Example10_3 {
    public static void main(String[] args)throws IOException {
        FileInputStream fis;
        fis = new FileInputStream(".\\filestream.dat");        //创建文件输入流
        int value;
        while((value = fis.read())!= -1)     //从文件输入流读数据，也就是从文件中读数据
            System.out.print(value + " ");
        fis.close();                                            //关闭文件输入流，即关闭文件
    }
}
```

程序的运行结果如下：

```
25  33  89  27  127  251  255  2
Process finished with exit code 0
```

在程序的运行结果中显示的数据是使用 fis.read()从文件中读回来后，用 System.out.print(value+" ")打印出来的。read()方法每次读 1 字节并把该字节转换为整数，若该值为 −1，表示已经读到文件末尾。需要注意的是，当执行 fos.write(514)时，整数 514 的最后 1 字节为 0000 0010，所以就把 0000 0010 写到文件中，当把该字节读回来时，就是 2，而不是 514。

10.2.3 DataInputStream 与 DataOutputStream

在例 10-2 中，使用 FileInputStream 和 FileOutputStream 数据流对象可以读写字节数据，但是对于 float、double、int、long 等类型的数据读写，就不适用，这是因为多数类型的变量在内存中占用多字节存储，按字节读写太复杂。

为了能在数据读写时，不管是什么类型的数据都能整体写出和读入，Java 提供了 DataInputStream 和 DataOutputStream 类。如果把 InputStream 与 OutputStream 看作传送带，DataInputStream 和 DataOutputStream 则是对传送带上的数据进行包装，使之能够对不同基本类型的数据整体读写。

DataInputStream 和 DataOutputStream 的构造方法如下。

1）public DataInputStream(InputStream in)

使用 InputStream 类型的字节输入流对象 in，创建一个 DataInputStream 输入流对象，用于实现基本数据类型的数据输入。如果要从文件中读取数据，in 参数则是 FileInputStream 类型的对象。

2）public DataOutputStream(OutputStream out)

创建一个数据输出流对象，用于把数据输出到 out 流中。如果要把数据写入文件，out 参数则是 FileOutputStream 类型的对象。

【例 10-4】 将基本类型数据写入文件，然后从文件中读出并显示。

```
import java.io.*;
public class Example10_4 {
    public static void main(String[] args) throws IOException{
        char c = 'A';
        boolean b = false;
        int i = 3721;
        long x = 18912342033L;
        float f = 3.14f;
        double d = 3.1415926535;
        String str = "hello world";
        DataOutputStream output;
        output = new DataOutputStream(new FileOutputStream(".\\datastream.dat"));
        output.writeChar(c);
        output.writeBoolean(b);
        output.writeInt(i);
        output.writeLong(x);
        output.writeFloat(f);
        output.writeDouble(d);
        output.writeUTF(str);
```

```
        output.close();
        DataInputStream input = new DataInputStream(new FileInputStream(".\\datastream.dat"));
        char cc = input.readChar();
        boolean bb = input.readBoolean();
        int ii = input.readInt();
        long xx = input.readLong();
        float ff = input.readFloat();
        double dd = input.readDouble();
        String sstr = input.readUTF();
        input.close();
        System.out.println(cc + "\n" + bb + "\n" + ii + "\n" + xx + "\n" + ff + "\n" + dd + "\n" + sstr);
    }
}
```

程序的运行结果如下：

```
A
false
3721
18912342033
3.14
3.1415926535
hello world
```

在 Example10_4 中，使用 new FileOutputStream (".\\datastream.dat")在当前项目的根目录下，创建一个文件名为 datastream.dat 的文件输出流对象，并把该文件输出流对象作为 new DataOutputStream()的参数创建了一个 output 对象。

DataOutputStream 类继承 FilterOutputStream 并实现了 DataOutput 接口，即 DataOutputStream 类的定义如下：

```
public class DataOutputStream extends FilterOutputStream implements DataOutput
```

这里，DataOutput 接口为基本数据类型数据输出声明了大量的抽象方法。因而 DataOutputStream 除了可以使用继承自的父类中的 close()、write()方法外，还有大量写数据的方法，具体方法参见表 10-4，其中的方法都会抛出 IOException 类型的异常。

表 10-4　DataOutputStream 的主要方法

返回值类型	方法与参数	说　明
void	flush()	清空流缓冲区
void	writeByte(int v)	把整数 v 的最后 1 字节写入流
void	writeInt(int v)	写整型数
void	writeLong(long v)	写长整型数
void	writeShort(int v)	写短整型数
void	writeFloat(float v)	写单精度浮点数
void	writeDouble(double v)	写双精度浮点数
void	writeChar(int v)	写字符的 Unicode 代码

续表

返回值类型	方法与参数	说　明
void	writeBoolean(boolean v)	写布尔值
void	writeUTF(String str)	写字符串，使用通用的 UTF-8 编码

在 Example10_4 中的后半段是把文件中的数据读回来，为此创建了 DataInputStream 类型的输入流对象 input。DataInputStream 类继承 FilterInputStream 类并实现 DataInput 接口。DataInput 接口为基本数据类型数据读取声明了大量的抽象方法。表 10-5 所示为 DataInutputStream 接口的主要方法，使用这些方法可以把磁盘上存放的数据读回到内存变量中。表 10-5 中的方法都抛出 IOException 类型的异常。

表 10-5　DataInputStream 接口的主要方法

返回值类型	方法与参数	说　明
void	flush()	清空流缓冲区
byte	readByte(int v)	把整数 v 的最后 1 字节读入流
int	readInt(int v)	读整型数
long	readLong(long v)	读长整型数
short	readShort(int v)	读短整型数
float	readFloat(float v)	读单精度浮点数
double	readDouble(double v)	读双精度浮点数
char	readChar(int v)	读字符的 Uncode 代码
boolean	readBoolean(boolean v)	读布尔值
String	readUTF(String str)	读字符串，使用通用的 UTF-8 编码

观看视频

10.3　字符流与相关类

在程序中经常需要输出字符、字符串类型的数据，例如把'a'、"Hello Java"数据显示在屏幕上或者写入磁盘文件。在用 Scanner 对象从键盘上输入数据时，输入缓冲区的也是字符。因而以字符为单位进行输入/输出也是编程时常用的要求。

由于 Java 中一个字符的编码占用 2 字节，在对字符读写时以 2 字节为单位是最合适的。对比字节流的操作可以看出，字节流中读写是以 1 字节为单位进行操作的，而字符流的读写是以 2 字节为单位进行的。

对于字符操作而言，在写入一个字符时，Java 虚拟机会将字符的 Unicode 代码写入文件，在读取字符时，将文件中的 Unicode 编码读回。例如，在使用字符流操作将字符串"123"写入文件时，是将这 3 个字符的 Unicode 代码依次写入文件，即将'1'、'2'、'3'对应的代码\u0031、\u0032 和\u0033 写入文件。存放字符的文件通常称为文本文件。

Writer 和 Reader 是字符流输入/输出的抽象类，它们分别为字符输出流和输入流操作定义了方法，它们的子类覆盖了这些方法。这些方法与 InputStream 和 OutputStream 类中定义的方法类似，只是读写的数据由 8 位的 byte 数据变成了 16 位的 char 数据。图 10-4 所示为 Reader 和 Writer 及其子类的继承关系类。

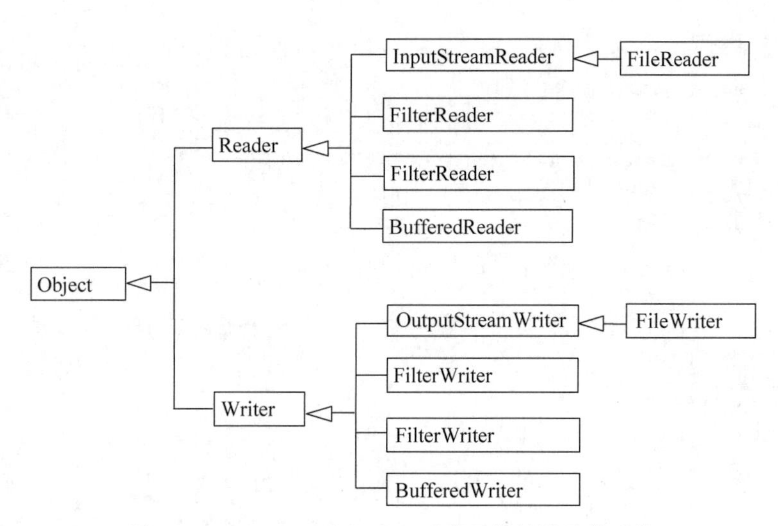

图 10-4　Reader 和 Writer 及其子类的继承关系类

10.3.1 FileWriter 类

FileWriter 类是最常用的字符数据输出类，它提供了把字符数据写到磁盘文件的方法。FileWriter 类的构造方法与成员方法如表 10-6 所示。

表 10-6　FileWriter 类的构造方法与成员方法

方法类别	方　法	说　明
构成方法	public FileWriter (String fileName) throws IOException	创建一个 FileWriter 类型的对象，用于向 fileName 文件中输出字符。如果创建失败，抛出 IOException 异常
	public FileWriter (String fileName, boolean append) throws IOException	创建一个 FileWriter 类型的对象，用于向 fileName 文件中输出字符。如果第二个参数 append 为 true，就在文件的尾部输出字符，否则从文件的开头处输出字符(覆盖原来的字符)。如果创建失败，抛出 IOException 异常
成员方法	public int write (int c) throws IOException	写一个字符到字符流。要写入的字符编码在整型数 c 的两低位字节，两高位字节忽略
	public void write (String str) throws IOException	将字符串写入输出字符流
	public int write (char [] buf) throws IOException	将字符数组中的字符写入输出字符流
	public void flush ( ) throws IOException	清空流缓冲区
	public void close()	关闭流并释放占用的资源

需要注意的是，FileWriter 的大部分方法都声明会抛出 IOException 异常，在使用这些方法时要进行异常处理或者用 throws 抛出 IOException。

【例 10-5】 使用 FileWriter 输出字符到文件。

```
import java.io.FileWriter;
import java.io.IOException;
```

```
public class Example10_5 {
    public static void main(String[] args) throws IOException {
        FileWriter fw;
        fw = new FileWriter(".\\filestream.txt");   //打开文件输出流
        char array[] = {'文','本','输','入','输','出','实','例','.'};
        for(int i = 0;i < array.length ;i++)
            fw.write(array[i]);                     //写数据到文件输出流,也就是写入文件
        fw.write('\n');
        fw.write(array);                            //字符数组可以整体写出
        fw.write('\n');
        fw.write("你好,欢迎使用 Java 编程\n");
        fw.write("PI = " + Math.PI);                //浮点数转成字符串写入文件
        fw.close();                                 //关闭文件输出流,即关闭文件
    }
}
```

可以在项目的根目录下看到程序创建的 filestream.txt 文件，该文件是个文本文件。filestream.txt 文件的内容都是字符，可以用编辑器打开显示。filestream.txt 文件的内容如下：

```
文本输入输出实例。
文本输入输出实例。
你好,欢迎使用 Java 编程
PI = 3.141592653589793
```

多次运行 Example10_5，会发现 filestream.txt 中的内容不变，说明在第二次运行该程序时，输出内容覆盖了第一次的内容。如果希望在多次运行程序时，输出数据放在上传输出的后面，可以把 fw=new FileWriter(".\\filestream.txt")改成 fw=new FileWriter(".\\filestream.txt",true)。

10.3.2 FileReader 类

FileReader 实现了 Reader 抽象类的所有方法，主要是读取文本类文件，可以一次读取单个字符，也可以一次将多个字符读取到一个字符数组中。表 10-7 所示为 FileReader 类的构造方法与成员方法。

表 10-7 FileReader 类的构造方法与成员方法

方法类别	方法名	说明
构造方法	public FileReader(String fileName) throws FileNotFoundException	创建一个 FileReader 类型的对象，用于读取 fileName 文件中的字符。如果文件不存在或者无法打开，则抛出 FileNotFoundException 异常
	public FileReader(File file) throws FileNotFoundException	创建一个 FileReader 类型的对象，用于读取 File 对象文件中的字符。如果 File 对象文件不存在或者无法打开，则抛出 FileNotFoundException 异常

续表

方法类别	方法名	说明
成员方法	public int read() throws IOException	从文件中读取一个字符。如果达到文件末尾，则返回−1
	public int read(char[] cbuf) throws IOException	从文件中读取一组字符并放到数组中。返回读取的字符数，如果达到文件末尾，则返回−1
	public int read(char[] buf,int off,int len) throws IOException	从文件中读取 len 个字符并放到数组的 buf[off]～buf[off+len−1]中。返回读取的字符数，如果达到文件末尾，则返回−1
	public void close() throws IOException	关闭流并释放占用的资源

需要注意的是，FileReader 类的大部分方法都声明会抛出 IOException 异常，在使用这些方法时要进行异常处理。

【例 10-6】 利用 FileReader 类从文本文件中读取所有字符并显示。

```
import java.io.FileReader;
import java.io.IOException;
public class Example10_6{
    public static void main(String[] args)throws IOException {
        FileReader fr;
        fr = new FileReader(".\\filestream.txt");           //打开文件输入流
        int value;
        while((value = fr.read())!= -1)                     //从文件输入流读数据
            System.out.print((char)value);
        fr.close();                                         //关闭文件输入流,即关闭文件
    }
}
```

程序的运行结果如下：

```
文本输入输出实例。
文本输入输出实例。
你好,欢迎使用 Java 编程
PI = 3.141592653589793
```

10.3.3 PrintWriter 输出字符到文件

java.io.PrintWriter 类可用于将对象的格式化表示形式输出到字符输出流中。PrintWriter 类的构造方法如下。

(1) public PrintWriter(String fileName)。

(2) public PrintWriter(File file)。

当程序中创建了 PrintWriter 对象以后，可以使用 print()、println()、printf()方法向文件中输出各种类型的数据。表 10-8 所示为 PrintWriter 的部分方法。

表 10-8 PrintWriter 的部分方法

返回值类型	方法与参数	说明
void	print(String v)	写一个字符串到文件

续表

返回值类型	方法与参数	说　明
void	print(char v)	写一个字符到文件
	print(char[] v)	写字符串数组到文件
	print(int v)	写整型数到文件
	print(long v)	写长整型数到文件
	print(float v)	写单精度浮点数到文件
	print(double v)	写双精度浮点数到文件
	print(boolean v)	写布尔值到文件
	close()	关闭文件

需要说明的是，当把内存中的数据按照字符流输出到文本文件中时，内存中的数据需要转换成字符串，然后再写到文件中，例如，如果要把 PI(PI 的值为 3.1415926)写入文本文件，需要把内存中的浮点数值转换成字符串"3.1415926"，然后把这个字符串写入文件，而不是把内存中浮点数直接输出到文本文件。当然，这个转换工作是 print()方法自动完成的，不需要编写程序转换。

表 10-8 中只列出了 print()方法，这种形式的输出也适用于 println()与 printf()方法。

【例 10-7】 使用 PrintWriter 流输出文本。

```
import java.io.*;
public class Example10_7 {
    public static void main(String[] args) throws Exception {
        File file = new File(".\\scores.txt");
        if (file.exists()) {
            System.out.println("文件已经存在");
            System.exit(0);
        }
        PrintWriter output = new PrintWriter(file);
        //把数据以文本字符格式写入文件
        output.print("数学成绩 ");
        output.println(90);
        output.print("物理成绩 ");
        output.println(85);
        output.close();
        }
}
```

运行该程序，在项目的根目录下可以看到 scores.txt 文件，该文件的内容是：

数学成绩 90

物理成绩 85

在程序运行时，先根据文件名 scores.txt 创建 File 对象。如果该文件已经存在，则退出程序的运行；如果该文件不存在，则调用 PrintWriter(file)创建一个文本输出对象流，然后把数据输出到文件中。

调用 PrintWriter(file)构造方法可能会抛出一个 I/O 异常。对应这种异常，Java 要求捕获并处理或者通过 main()方法向外抛出，否则程序报语法错误。

10.3.4　Scanner 读取文本文件

在 6.1.7 节中已经使用 Scanner 对象读取用户通过键盘输入的各种类型的值。如 nextInt()到输入缓冲区中读取整数、nextDouble()到输入缓冲区中读取浮点数。

如果希望从文本文件中读取数据，例如从 scores. txt 中把数据读到程序中，可以这样创建 Scanner 对象：

```
Scanner input = new Scanner(new File(".\\scores.txt"));
```

在例 10-8 中创建了一个 Scanner 对象 input，通过 input 对象可以从文件 scores. txt 中读取数据。这里假设 scores. txt 是由文本编辑器创建的文本文件，其中的数据如下：

数学成绩 90

物理成绩 85

【例 10-8】 利用 Scanner 读取文本文件中的数据。

```
import java.io.*;
import java.util.Scanner;
public class Example10_8{
public static void main(String args[]) throws FileNotFoundException {
            File file = new File(".\\scores.txt");
            String course;
            int grade;
            if (!file.exists()) {
                System.out.println("文件不存在");
                System.exit(0);
            }
            Scanner input = new Scanner(file);
            while (input.hasNext()) {
                course = input.next();
                grade = input.nextInt();
                System.out.println("Course: " + course + " grade " + grade);
            }
            input.close();
        }
    }
```

程序的运行结果如下：

```
Course: 数学成绩   grade 90
Course: 物理成绩   grade 85
```

10.4　对象输入/输出与 Serializable 接口

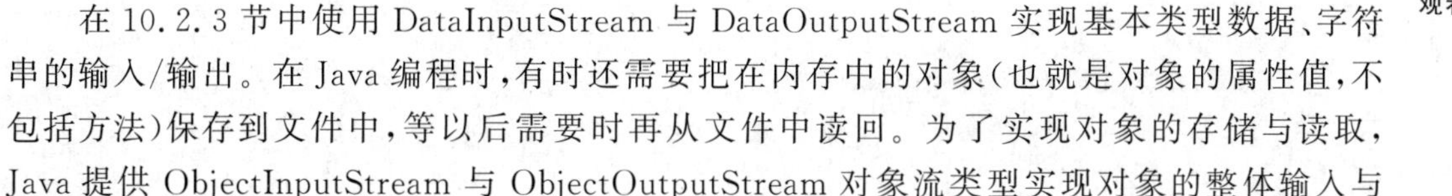

在 10.2.3 节中使用 DataInputStream 与 DataOutputStream 实现基本类型数据、字符串的输入/输出。在 Java 编程时，有时还需要把在内存中的对象（也就是对象的属性值，不包括方法）保存到文件中，等以后需要时再从文件中读回。为了实现对象的存储与读取，Java 提供 ObjectInputStream 与 ObjectOutputStream 对象流类型实现对象的整体输入与输出。

只有实现了 java. io. Serializable 接口的对象才能写入对象流中或从对象流中读出。Serializable 接口没有任何接口方法需要实现，它是一个空接口。一个类实现该接口，就是说明该类允许使用默认序列化机制对对象进行序列化。使用默认机制序列化对象时，不仅会序列化当前对象，还会对该对象引用的其他对象进行序列化，同样地，这些其他对象引用的对象也将被序列化，以此类推。Java 序列化技术可以将一个对象的所有属性（序列化）写入一个字节流里，并且可以从文件中把该字节流里的数据读出来（反序列化）。

Java API 中的许多类都实现了 Serializable 接口，许多 java. util 包中的类，如 Calendar、Date、HashMap、HashSet 都实现了该接口。试图存储不支持 Serializable 接口的对象将导致 NotSerializableException 异常。

writeObject(Object obj)方法用于将对象 obj 写入对象输出流中，这里的参数 obj 就是要写到输出流中的对象，字符串和数组都可以作为对象整体写出。readObject()用于从对象输入流中读取对象。在读取对象时，读取对象的类型与顺序要与写出时的对象类型一致。

1. 输出对象流的构造方法和写对象方法

1）构造方法

```
ObjectOutputStream(OutputStream out) throws IOException
```

使用输出流 out 作参数创建输出流对象。这里的输出流 out 对象通常是用 FileOutputStream(filename)创建的字节文件输出流对象。

2）写对象

```
void writeObject(Object obj)
```

把对象 obj 写入输出流对象，即写入到文件中。

2. 输入对象流的构造方法和读对象方法

1）构造方法

```
ObjectInputStream(InputStream in) throws IOException
```

使用输入流 in 作参数，创建对象输入流对象。这里输入流 in 对象通常是用 FileInputStream(filename)创建的字节文件输入流对象。

2）读对象

```
public final Object readObject() throws IOException,ClassNotFoundException
```

从输入流对象中读取一个对象。

【例 10-9】 把对象整体写入文件，然后从文件中读回并显示。

```
import java.io. * ;
public class Example10_9{
    public static void main(String arg[ ])throws Exception{
        Staff e1 = new Staff(1001,"Wang",5678.50);
        Staff e2 = new Staff(1002,"Zhang",7878.50);
        FileOutputStream fos = new FileOutputStream(".\\object.dat");
```

```
        ObjectOutputStream out = new ObjectOutputStream(fos);
        out.writeObject(e1);
        out.writeObject(e2);
        out.writeInt(2);                    //写整数对象
        out.close();
        FileInputStream fis = new FileInputStream(".\\object.dat");
        ObjectInputStream in = new ObjectInputStream(fis);
      Staff e11 = (Staff) in.readObject();
        Staff e22 = (Staff) in.readObject();
        int x = in.readInt();               //读整数对象
        System.out.println("从文件中读回对象并显示如下:");
        System.out.println(e11);
        System.out.println(e22);
        System.out.println(x);
        in.close();
    }
}
class Staff implements Serializable {
    int id;
    String name;
    double salary;
    Staff(int i, String n, double s)
    {
        id = i;
        name = n;
        salary = s;
    }
    public String toString()
    {
        return "Name: " + name + " Salary: " + salary;
    }
}
```

程序的运行结果如下：

```
从文件中读回对象并显示如下:
Name: Wang   Salary: 5678.5
Name: Zhang   Salary: 7878.5
人数 = 2
```

在该程序中，Staff类是用户自定的类，为了能把Staff类对象写入对象输出流，需要实现Serializable接口。在main()方法中，使用如下3条语句把3个对象写入文件：

```
out.writeObject(e1);
out.writeObject(e2);
out.writeInt(2);                    //写整数对象
```

然后，使用如下3条语句把3个对象从文件中读回：

```
Staff e11 = (Staff) in.readObject();
Staff e22 = (Staff) in.readObject();
int x = in.readInt();               //读整数对象
```

程序中的输出与输出对象流的构建、readObject()与 writeObject()都可能抛出异常。这些异常在本程序中没有捕获与处理，因而需要由 main()方法进一步向外抛出，否则程序会报语法错误。

ObjectOutputStream 除了有 writeObject()写对象方法，还提供 writeInt()、writeChar()、writeDouble()、writeFloat()、writeBoolean()等方法，这些方法可以把基本数据类型数据自动转换成对应包装类对象写入文件中。与之相对应，ObjectInputStream 类提供了 readInt()、readChar()、readDouble()、readFloat()、readBoolean()等方法读取数据。在该程序中，in. readInt()与 out. writeInt(2)展示的是整型数的读写操作。

10.5 文件系统应用举例

创建一个员工工资的管理程序 StaffSalary，员工类 Staff 包括员工的编号、姓名、工资，Staff 类的定义见例 10-9。要求该管理程序首先读取存放在 salary. dat 中的员工信息，然后进行以下操作。

(1) 能够新增加员工。

(2) 可以按员工工资的升序显示员工信息。

(3) 能够显示员工总人数、工资总和。

(4) 能够把所有员工信息保存到 salary. dat 中。

(5) 能够修改某名员工的工资。

(6) 能够删除某名员工。

分析：

(1) 定义员工类 Staff，通过 Staff 对象存放每名员工的信息。为了使两名员工对象能够根据姓名进行工资多少的比较，需要让 Staff 类实现 Comparable 接口。Comparable 接口定义在 java. lang 中，该接口只有一个 int compareTo(T x)方法。Java 语言要求要实现两个对象的比较，对象的类必须实现 Comparable 接口。Comparable 接口的定义如下：

```
public interface Comparable<T>{
int compareTo(T x)
}
```

在 Staff 类中实现 Comparable 接口时，需要提供 compareTo()方法，该方法将当前对象与指定的对象 x 进行比较。根据当前对象小于、等于或大于指定的对象 x，返回负整数、0 或正整数。在例 10-10 中，把实现了 Comparable 接口的 Staff 类定义成 Satff_Com，以与例 10-9 中的 Satff 类进行区别。

(2) 将员工存放在数组中。程序中假设员工的人数不会超过 1000 人，数组中实际员工的人数用 realNum 记录。对于不定长数组的存储，Java 提供了更强大的工具类，这部分内容将在第 14 章介绍。

【例 10-10】 文件系统的综合应用。

```
import java.io. * ;
import java.util.Scanner;
public class Example10_10 {
```

```
    static int MAX_NUM = 1000;                  //职工人数不超过 1000 人
    static Staff_Com[ ] st = new Staff_Com[MAX_NUM];;
    static int realNum;
    public Example10_10(){
    }
    public static void main(String arg[ ])throws Exception{
        Example10_10 stfs = new Example10_10();
        Scanner input = new Scanner(System.in);
        stfs.readStaff();                       //把存放在 salary.dat 的工资数据读回
        int choice = 0;
        while (true){
            System.out.println("1. 增加新员工");
            System.out.println("2. 按员工工资的升序显示员工信息");
            System.out.println("3. 显示员工总人数、工资总和");
            System.out.println("4. 把所有员工信息保存到 salary.dat");
            System.out.println("5. 修改某名员工的工资");
            System.out.println("6. 删除某名员工");
            System.out.println("0. 退出执行");
            System.out.println("请输入选项 0 -- 8");
            choice = input.nextInt();
            switch (choice) {
                case 1:
                    stfs.addStaff();
                    break;
                case 2:
                    stfs.nameSort();
                    break;
                case 3:
                    //stfs.totalSalary()
                    break;
                case 4:
                    stfs.writeStaff();
                    break;
                case 5:
                    //stfs.modifySalary()
                    break;
                case 6:
                    //stfs.deleteStaff();
                    break;
                case 0:
                    break;
            }
            if (choice == 0)
                break;
        }
    }
    void readStaff() throws Exception{
        FileInputStream fis = null;
        ObjectInputStream in;
        try {
            fis = new FileInputStream(".\\salary.dat");
        } catch (FileNotFoundException e) {
            System.out.println("salary 文件还没创建,没有员工薪酬数据\n\n");
```

```
        }
        if (fis!= null) {
            in = new ObjectInputStream(fis);
            realNum = (int) in.readInt();          //读员工人数
            st = (Staff_Com[]) in.readObject();   //整个数组一次读回
            fis.close();
        }
    }
    void writeStaff() throws Exception{
        FileOutputStream fos = new FileOutputStream(".\\salary.dat");
        ObjectOutputStream out = new ObjectOutputStream(fos);
        out.writeInt(realNum);                     //写员工人数
        out.writeObject(st);                       //写整个数组
        fos.close();
    }
    void nameSort(){
        for (int i = 0;i < realNum;i++)
            for (int j = 0;j < realNum - i - 1;j++)
                if (st[j].compareTo(st[j + 1])> 0)
                {Staff_Com t;
                    t = st[j];
                    st[j] = st[j + 1];
                    st[j + 1] = t;
                }
        for (int i = 0;i < realNum;i++)
            System.out.println(st[i]);
    }
    void addStaff(){
        Scanner input = new Scanner(System.in);
        System.out.println("编号 姓名 基本工资");
        String code,name;
        double salary;
        code = input.next();
        name = input.next();
        salary = input.nextDouble();
        st[realNum] = new Staff_Com(code,name,salary);
        realNum++;
    }
}
class Staff_Com implements Serializable,Comparable < Staff_Com >{
    String id;
    String name;
    double salary;
    Staff_Com(String i, String n, double s)
    {
        id = i;
        name = n;
        salary = s;
    }
    public String toString()
    {

        return "Staff_ID:" + id + " Name: " + name + " Salary: " + salary;
```

```
    }

    @Override
    public int compareTo(Staff_Com t) {
        return (int)(this.salary - t.salary);
    }
}
```

程序运行的主界面如下：

```
1. 增加新员工
2. 按员工工资的升序显示员工信息
3. 显示员工总人数、工资总和
4. 把所有员工信息保存到 salary.dat
5. 修改某名员工的工资
6. 删除某名员工
7. 退出执行
请输入选项 0 - - 7
```

程序运行后，首先执行 stfs.readStaff()把存放在 salary.dat 文件中的工资数据读回，先读取文件中的第一个数据，该数据是员工的个数 realNum，其后就是员工的信息，读取并存放在 st[]。注意这里不管有多少员工信息，用一个 st=(Staff_Com[]) in.readObject()就可以全部读回。

习题

1. 字节流与字符流有什么区别？如果要存储视频或音频数据，你认为用什么输出流合适，为什么？

2. Java 把标准输入设备(键盘)与输出设备(显示器)在 System 类中进行了定义。查询 Java docs，给出 System 类的静态属性名、修饰符与类型。

3. 在使用对象流读取数据时，要求对象所属的类必须实现哪个接口？该接口中有方法吗？

4. Scanner 类除了可以读取键盘输入的数据，还可以读取文本文件中的数据，说明使用 Scanner 对象读取文本文件数据的过程。

5. 对于 Java I/O 程序，为什么必须声明在方法中抛出 IOException 异常或者使用 try-catch 块来处理异常？

6. 下面的程序存在什么问题？

```
import java.io.*;
public class Test {
public static void main(String[] args) throws IOException {
ObjectOutputStream output = new ObjectOutputStream(new FileOutputStream("object.dat"));
output.writeObject(new A());
}
}
```

```
class A implements Serializable {
B b = new B();
}
class B {
}
```

7. 编写一个程序来比较两个文件的内容是否相同。

8. 编程把数组 float[] x = {23.45, 44, 25.65, 33, 88}、字符串 String s = "Java programming"、布尔值 true 写入文件 data.obj 中，然后把数据读回显示在屏幕上。

9. 随机产生 50 个 0～99 的整型数，然后把它们以文本文件形式写入磁盘文件 random.txt，然后使用 Scanner 对象把数据读回并显示在屏幕上。

10. 编写一个程序，把一个 Java 程序文件读出，并把 Java 代码在屏幕上显示出来。Java 代码文件的文件名由键盘输入。

11. 编写一个程序，把一个 Java 代码文件进行简单加密。加密方法是每个字符加 8。Java 代码文件的文件名由键盘输入。

第11章 多线程

多线程是指在程序中同时运行多个任务,它是提高CPU等计算机资源的利用率、提高程序的响应速度和交互性能的重要机制。Java为创建线程、执行线程、锁定资源与防止冲突提供了非常好的支持。本章主要介绍Java线程的概念、线程的创建与运行、多线程资源竞争与线程同步技术,以及如何使用这些技术开发多线程应用程序。

11.1 线程与线程类

一个程序可以由许多并发运行的任务组成,这些任务的功能可以由线程来实现,线程实际上就是任务的执行流。使用Java线程机制,可以从一个程序中启动多个线程,多个线程可以并行运行。如果计算机上配置多个CPU,多个线程可以在不同的CPU上真正地并行执行,而如果是单CPU,这些线程在Java虚拟机的调度下分时使用CPU。

11.1.1 线程类的定义与多线程运行

每个Java应用程序都是从主类的入口main()方法开始执行的。当启动一个Java应用程序执行时,Java虚拟机就为main()方法创建并启动了一个线程,该线程称为主线程,线程的名字为main,在主线程中可以创建其他线程。

在Java中,一个类通过继承Thread类或者实现Runnable接口来创建用户自定义的线程类,线程类的功能在其run()方法中实现。例11-1给出了通过继承Thread类并覆盖其run()方法定义线程类的示例。

【例11-1】 线程类的定义示例。

```
class CustomThread extends Thread {
public CustomThread( … ){
   …
  }
  public void run() {
      //线程的主要功能写在这里
  }
}
```

11.1.2 线程的状态与状态转换

一个线程对象在创建后，还必须调用其start()方法启动。一个线程对象只有在启动以后才可以被调度执行。线程启动后会进入runnable(可运行)状态，“可运行”状态的线程如果有多个，对于单CPU的系统来说，任一时刻，只能有一个处于“运行”状态，其他线程会进入Ready(就绪)队列等待，Java虚拟机负责为这些就绪线程分配CPU。线程获得CPU后，执行线程的run()方法，当分配给线程的时间片用完后，调度程序会剥夺该线程的运行权。被剥夺运行权的线程进入Ready(就绪)队列。因而Java线程的“可运行”状态实际包含“就绪”与“运行”两个子状态。图11-1给出了Java线程的状态及转换条件。

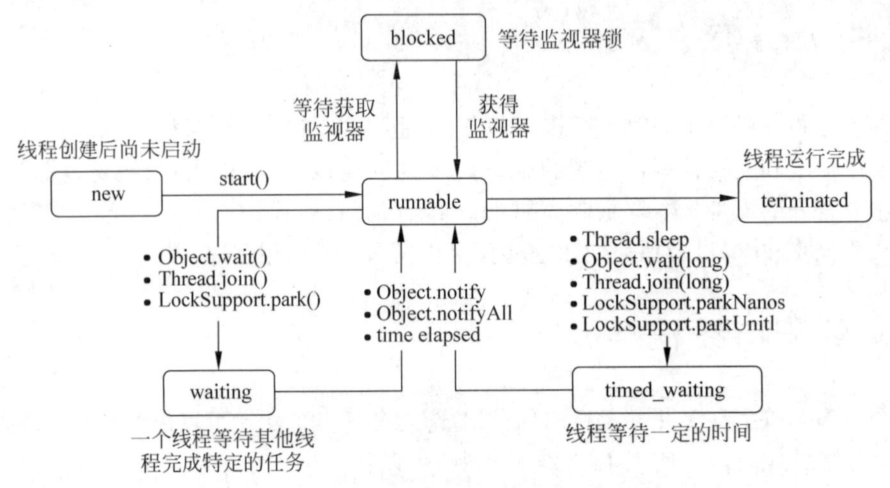

图11-1 线程的状态及转换条件

Java线程划分为6个状态，该划分方法与操作系统上的状态划分稍有不同。这6个状态的含义如下。

(1) new(新建)状态：线程对象已经创建，但还没有调用start()方法开始运行。

(2) runnable (可运行)状态：线程对象一旦调用了start()方法，就进入“可运行”状态，“可运行”状态下的线程可能正在Java虚拟机中运行，也可能处于等待CPU的就绪队列中。由此可以看出，“可运行”状态包括“就绪”与“运行”两个子状态。

(3) waiting(等待)状态：线程对象调用wait()方法等待其他资源或join()方法等待其他线程完成。此外，线程中一旦执行到与I/O有关的代码，相应线程也会进入等待状态。

(4) timed_waiting(定时等待)状态：线程调用sleep()等方法让当前线程等待一段时间。

(5) blocked(阻塞)状态：线程被同步(synchronized)操作阻塞，是与线程同步有关的一个状态。

(6) terminated(终止)状态：如果一个线程执行完，则会进入终止状态，线程消亡。

例11-2给出了使用用户自定义的CustomThread类创建线程对象并启动线程运行的示例。

【例11-2】 线程对象的创建与启动。

```
public class Example11_2{
```

```
public static void main(String[] args) {
    CustomeThread myThread = new CustomeThread("线程 A");
    myThread.start();
    for (int i = 0; i < 3; i++)
        System.out.println("主函数 main()第" + (i + 1) + "次输出! ");
}
}
class CustomeThread extends Thread {
    CustomeThread(String s){
        super(s);
    }
    public void run() {
        for (int i = 0; i < 6; i++)
            System.out.println(this.getName() + "第" + (i + 1) + "次输出! ");
    }
}
```

在例 11-2 中，主线程 main()创建了一个线程对象 myThread，线程的功能在 run()方法中定义。Java 虚拟机负责调度 main 线程与 myThread 线程，分时使用计算机的 CPU 进行计算。由于线程的调度有随机性，多次运行该程序会得到不同的输出结果序列。下面是该程序一次运行的输出结果：

```
主函数 main()第 1 次输出!
线程 A 第 1 次输出!
主函数 main()第 2 次输出!
主函数 main()第 3 次输出!
线程 A 第 2 次输出!
线程 A 第 3 次输出!
线程 A 第 4 次输出!
线程 A 第 5 次输出!
线程 A 第 6 次输出!
```

根据程序功能的需要，编程人员可以创建多个线程，多个线程在执行过程中会发生资源竞争与协同操作，因而线程 Thread 有加解锁、同步、休眠、等待等方法，11.4 节将通过示例详细予以说明。

11.2　使用 Runnable 接口创建线程类

观看视频

通过继承 Thread 类并覆盖其 run()方法定义线程子类非常实用，可以在子类中增加新的成员变量、增加新的方法，在 run()方法中定义需要线程完成的功能。但是，由于 Java 语言不支持多继承，如果一个线程类继承了 Thread 类，就不能继承其他类。

为了解决这一问题，java.lang 包中提供了 Runnable 接口，该接口中只有一个抽象方法 void run()。通过实现该 run()方法，可以定义线程的功能，例如，BThread 类继承了 A 并实现 Runnable 接口，该类中的定义方法如下：

```
class BThread extends A implements Runnable{
…
void run(){
```

```
        //线程的主要功能写在这里
    }
    …
}
```

使用 BThread 类可以创建 Runnable 对象：

```
BThread target = new BThread();
```

Runnable 对象虽然实现了 run()方法，但还不是线程，它需要使用线程的构造方法 Thread(Runnable target)生成线程对象，例如，下面的语句可以生成线程对象 th。

```
Thread th = new Thread(target);
```

【例 11-3】 通过 Runnable 接口创建线程。

```
public class Example11_3 implements Runnable {
    String threadName;

    public Example11_3(String threadName) {
        this.threadName = threadName;
    }
    public void run() {
        for (int i = 0; i < 3; i++) {
            System.out.println("正在运行的线程是" + threadName);
            try {
                Thread.sleep((int) (Math.random() * 1000));
            } catch (InterruptedException ex) {
                System.err.println(ex.toString());
            }
        }
    }
    public static void main(String[] args) {
        System.out.println("开始运行主函数!");
        Example11_3 myRunnable1 = new Example11_3("线程 A");
        Example11_3 myRunnable2 = new Example11_3("线程 B");
        Thread thread1 = new Thread(myRunnable1);
        Thread thread2 = new Thread(myRunnable2);
        thread1.start();
        thread2.start();
        System.out.println("主函数运行结束!");
    }
}
```

如下是该程序一次运行的输出结果。由于线程调度的随机性，再次运行该程序，输出结果可能不同。

```
开始运行主函数!
主函数运行结束!
正在运行的线程是线程 A
正在运行的线程是线程 B
正在运行的线程是线程 B
```

```
正在运行的线程是线程 B
正在运行的线程是线程 A
```

在例 11-3 中，Example11_3 实现了 Runnable 接口，在接口的 run()方法中定义了线程的功能。在 main()方法中首先创建两个 Runnable 对象 myRunnable1、myRunnable2，然后用这两个对象生成两个线程对象 thread1 与 thread2。

【例 11-4】 子类继承父类并实现 Runnable 接口的示例。

```
public class Example11_4 {
    public static void main(String[] args) {
        Master master = new Master("王昆仑");
        Thread thread = new Thread(master);
        thread.start();
    }
}
class Master extends Student implements Runnable {
    Master(String Name) {
        super(Name);
    }
    public void run() {
        int sum = 0;
        System.out.println("我是一名研究生!我叫" + this.Name);
        System.out.print("我会计算:");
        for(int i = 1;i <= 100;i++)
            sum = sum + i;
        System.out.println("1 + … + 100 = " + sum);
    }
}
class Student {
    String Name;
    public Student(String Name) {
        this.Name = Name;
    }
    public void introduce() {
        System.out.println("我是一名大学生!我叫" + this.Name);
}
```

在例 11-4 中，Master 类继承 Student 类并实现了 Runnable 接口。在 Master 类中，通过实现 Runnable 接口的 run()方法定义线程的功能。如下是该程序的运行结果：

```
我是一名研究生!我叫王昆仑
我会计算: 1 + … + 100 = 5050
```

11.3　Thread 类与相关操作

观看视频

11.3.1　Thread 类

Thread 类包含了用于为任务创建线程的构造方法，以及用于控制线程的方法，其中 run()方法、start()方法在前文已经介绍。表 11-1 给出 Thread 类的主要方法，本节将结合具体示例进一步介绍这些方法的使用。

表 11-1　Thread 类的主要方法

方法类型	方法名	含义
构造方法	Thread()	创建 Thread 对象
	Thread(String name)	创建 Thread 对象
	Thread(Runnable target)	创建 Thread 对象
静态方法	Thread currentThread()	获取当前正在执行中的线程对象
	void sleep(long millis)	使当前正在执行的线程暂时停止执行，休眠 millis 毫秒
实例方法	void run()	线程所执行的方法，子类必须通过覆盖该方法来实现自己的功能
	void start()	启动线程，使线程进入"可运行"状态
	String getName()	返回线程的名字
	void setName(String name)	设置线程的名字
	void setPriority(int newPriority)	设置线程的优先级
	int getPriority()	获取线程的优先级
	void interrupt()	中断线程
	void join()	当前线程等待另一个线程结束
	void join(long millis)	等待另一个线程结束，但最多等待 millis 毫秒
	void notify()	唤醒正在等待此对象的某个线程
	void notifyAll()	唤醒正在等待此对象的所有线程
	void wait()	使当前线程进入等待，直到另一个线程调用此对象的 notify()方法或 notifyAll()方法

表 11-1 中只给出了 Thread 类常用的部分方法，其中 notify()、notifyAll()、wait()等方法是 Thread 类继承自其父类 Object 的方法。

11.3.2　设置线程的优先级

当多个线程处于"可运行"状态时，如果只有一个 CPU，任一时刻只有一个线程拥有 CPU 并运行代码，其他线程处于"就绪"状态，排队等待 CPU。当正在运行的线程释放 CPU 资源后，Java 虚拟机就从"就绪"队列中选取优先级最高的线程，为其分配 CPU 并运行该线程。

线程创建时自动继承父线程的优先级。在前面的例子中，main 线程与在 main()方法中创建的其他线程都没有设定优先级，它们的优先级都为 NORM_PRIORITY，该常量值为 5。Thread 类提供了 3 个优先级常量，表 11-2 给出了这些常量的定义。

表 11-2　优先级常量

类型	常量名	取值
static int	MAX_PRIORITY	10，最大优先级
	MIN_PRIORITY	1，最小优先级
	NORM_PRIORITY	5，默认时的优先级

每个 Java 线程的优先级都在 Thread. MIN_PRIORITY 和 Thread. MAX_PRIORITY 之间，即 1～10，而每个新线程默认优先级为 Thread. NORM_PRIORITY。Java 线程的优

先级取值为 1～10 的整数，1 最低，10 最高。

对每个线程对象，可以用 setPriority(int newPriority)设置线程的优先级、用 getPriority()获得线程的优先级。当多个线程处于“就绪”状态时，JVM 会优先调度优先级高的线程运行。

11.3.3　currentThread()方法与 interrupt()方法

currentThread()方法是 Thread 类的静态方法，该方法返回当前正在使用 CPU 的线程，以便进一步控制线程的执行。currentThread()方法返回线程对象，然后调用 getName()方法输出线程对象的名字。

线程对象的 interrupt()方法经常用来“中断”休眠的线程。当一个线程调用 sleep()方法休眠时，该线程可以用 interrupt()方法“叫醒”。一旦一个线程在休眠状态被叫醒，该线程会抛出一个 InterruptedException 类型的异常，该异常可以被捕获并进行处理。该线程就从“等待”状态转换到“可运行”状态。

例 11-5 中展示了 currentThread()、interrupt()方法的使用。该例中有两个线程 teacher、student，这两个线程都是通过 Lecturing 类构建的。student 看到老师还没到，就进入休眠，teacher 线程启动后，喊了 3 遍“现在开始上课了！”后，发现王同学还在休眠，就调用 interrupt()方法把 student 线程“叫醒”。

【例 11-5】 currentThread()与 interrupt()方法的使用示例。

```
public class Example11_5 {
    public static void main(String s[]){
        Lecturing teacher = new Lecturing("张老师");
        Lecturing student = new Lecturing("王同学");
        teacher.add(student);                    //学生加到老师班上
        student.start();
        teacher.start();
    }
}
class Lecturing extends Thread{
    Lecturing stu;
    Lecturing(String s){
        super(s);
    }
    void add(Lecturing stu) {
        this.stu = stu;
    }
    @Override
    public void run() {
        String st = Thread.currentThread().getName();
        if (st.equals("张老师")) {
            for (int i = 0; i < 3; i++) {
                System.out.println(st + ":现在开始上课了!");
                try {
                    Thread.sleep(1000);     //每隔 1 秒喊一遍
                } catch (InterruptedException e) {
                }
```

```
                }
                stu.interrupt();                    //叫醒王同学
            } else if (st.equals("王同学")) {
                System.out.println(st + ":老师没到,先睡一会儿吧!");
                try {
                    Thread.sleep(1000 * 60 * 20);
                } catch (InterruptedException e) {
                    System.out.println(st + ":还没睡醒呢,就上课了?");
                }
            }
        }
    }
```

在如上程序中使用同一个Lecturing类创建了teacher、student两个线程，但这两个线程在执行run()方法时，先用currentThread(). getName()获得线程名并根据线程名的不同，执行不同的代码段。

teacher. add(student)把student对象添加到teacher线程对象中，这样，当teacher线程执行时，就可以访问student线程并用interrupt()方法唤醒王同学。

11.3.4 sleep()方法的使用

在例11-5中，student线程调用Thread. sleep(1000 * 60 * 20)进入休眠状态，这里设定休眠20分钟，等线程休眠到20分钟后，自动进入“可运行”状态。但是在休眠期间，其休眠状态可以被中断并抛出InterruptedException类型的异常。因而sleep()方法需要用try/catch捕获并处理该异常，sleep()方法抛出的InterruptedException异常的处理方式如下：

```
try {
    Thread.sleep(1000 * 60 * 20);
  } catch (InterruptedException e) {
 System.out.println(st + ":还没睡醒呢,就上课了?");
}
```

11.3.5 join()方法的使用

在例11-5中，主线程main创建并启动teacher、student线程后，就完成任务了，这时主线程很快进入terminated(终止)状态。也就是说，两个子线程还没运行完，主线程就终止了。如果希望在teacher与student线程结束前，主线程不能结束，这时就需要使用join()方法。

假设线程A只有在线程B终止后才能继续执行，则可以在线程A中调用B. join()，这样当线程A执行到B. join()时，线程A进入waiting(等待)状态，当线程B完成任务进入终止状态后，才唤醒线程A继续执行。另外，join(int time)方法可以使当前线程等待一定时间，当等待时间到了以后，不管另一个线程是否完成，当前线程都进入“可运行”状态。

下面的代码可以让main线程保持等待，直到所有子线程完成后再结束运行。

```
public class Example11_5 {
    public static void main(String s[]){
        Lecturing teacher = new Lecturing("张老师");
        Lecturing student = new Lecturing("王同学");
```

```
            teacher.add(student);
            student.start();
            teacher.start();
    student.join();                    //主线程等待 student 线程结束
    teacher.join();                    //主线程等待 teacher 线程结束
    System.out.println("两个子线程都已经结束");
    }
    }
```

11.4　线程的同步

通常创建多线程的目的是多个线程协作,以高效地完成某个任务。这就涉及线程的同步、通信、死锁等问题,本节通过示例说明这些问题的解决方法。

11.4.1　线程同步示例与同步方法

在实际应用中,有时多个线程需要共享一个对象,即每个线程都可能对共享对象进行修改。例如,在某一个线程读取共享对象并对其值进行修改时,另一个线程也试图更新或读取该对象,这时就会产生对共享对象的访问冲突。

例 11-6 的程序是产生 100 个线程,每个线程都往 acc 对象中的余额(balance)中加 1。但是运行该程序后得到 acc 对象中 balance 的值可能小于 100。

【例 11-6】 共享变量冲突的示例。

```
public class Example11_6 {
    public static void main(String[] args) {
        int size = 100;
        AddOneThread[] rathread = new AddOneThread[size];
        Account acc = new Account(0);
        for (int i = 0; i < size; i++) {
            try {
                rathread[i] = new AddOneThread(acc);
            } catch (Exception e) {
                e.printStackTrace();
            }
        }
        for (int i = 0; i < size; i++) {
            try {
                rathread[i].join();
            } catch (InterruptedException ex) {
                System.err.println(ex.toString());
            }
        }
        System.out.println("sum = " + acc.balance);
    }
}
class AddOneThread extends Thread {
    Account acc;
    public AddOneThread(Account acc) {
```

```
            this.acc = acc;
            start();
        }
        public void run() {
            try {
                Thread.sleep(10);
            } catch (InterruptedException ex) {
                System.err.println(ex.toString());
            }
            acc.addOne();
        }
    }
    class Account {
        int balance;
        public Account(int x) {
            balance = x;
        }
        public void addOne() {
                balance = balance + 1;
        }
    }
```

该程序的某一次的运行结果如下：

```
sum = 96
```

以上代码运行后sum的值不是100，其原因是执行acc.addOne()时出现了问题。假设线程A在执行addOne时，balance变量的值是15，然后执行balance+1，得到的值为16，如果16尚未写回到balance变量，分配给线程的时间片已用完，该线程就被调度到就绪队列中，等下次再次获得CPU后，继续执行。假设线程B在这个时刻被调入执行，线程B读取到变量balance的值仍为15，然后执行balance=balance+1，这时写入balance的为16。等到线程A再次被调入执行时，它把之前计算得到的16写入balance，从而覆盖掉了线程B执行时写入的balance值16。这样，两个线程都执行了+1操作，但写入balance变量的值不是17，而是16。

Java提供了synchronized修饰符实现对使用共享资源的同步。Java的同步机制分为方法同步与对象同步。

1. 方法同步

方法同步的定义形式如下：

```
public synchronized void methodName(parameterList) {
        //对共享对象的操作;
    }
```

方法同步的含义是一旦一个线程执行这个方法，在该方法执行完所有代码之前，其他线程只能排队等待。

在例11-6中，addOne()方法同步的代码改写如下：

```
public synchronized void addOne() {
        balance = balance + 1;
    }
```

2. 对象同步

如果同步的方法中代码较长，并且有许多代码并不会访问共享资源，为了提高代码的执行效率，这种情况下只需对访问共享资源的代码进行同步，也即是把 synchronized 加在共享对象前面。

```
public void methodName(parameterList) {
      …
    synchronized (Object){
    //对共享对象的操作;
    };
   …
}
```

对 Account 类型的对象同步操作的示例如下：

```
class Account {
int balance;
public Accountt(int x) {
   balance = x;
  }
public void addOne() {
   synchronized(this){ /* 执行加 1 操作前,把当前对象锁定,在其后的语句块执行完之前,
             其他线程不能访问该对象 */
              balance += 1;
   }
   }
}
```

11.4.2 线程锁同步方法

synchronized 同步在执行时实际上是隐含地获得实例对象的锁。在 Java 5 之后引入了 ReentrantLock 类，该类显式地提供创建锁的功能，使用该锁可以对线程更方便地控制。

对于例 11-6 中的共享变量访问冲突的问题，使用锁予以解决的代码如下：

```
class Account {
      int balance;
      private static Lock myLock = new ReentrantLock();          //为该类创建一个锁对象
      public Account(int x) {
      balance = x;
  }
  public void addOne() {
     myLock.lock();                                              //加锁
     try{
      balance += 1;
     }
     finally{
       myLock.unlock();                                          //解锁
     }
     }
}
```

在lock与unlock之间的代码称为临界区。一旦一个线程锁定了临界区，其他任何线程必须等待，直到该临界区unlock释放后，才能执行。这里把unlock操作放在finally子句之内是为了程序的运行安全。当在临界区内的代码抛出异常时，能确保unlock执行，否则其他线程将永远被阻塞。表11-3给出了java.util.concurrent.locks.ReentrantLock类的主要方法。

表11-3 ReentrantLock类的主要方法

方法类型	方法名	含义
构造方法	public ReentrantLock()	创建一个可以用来锁定临界区的锁对象
	public ReentrantLock (boolean fair)	创建一个带有公平策略的锁。当公平性参数fair为true时，等待时间最长的线程将得到锁。否则，就没有特定的顺序
实例方法	void lock()	获得锁
	void unlock()	释放锁
	Condition newCondition()	创建一个绑定在该锁上的Condition对象

观看视频

11.5 资源共享时的多线程协作

11.5.1 基于wait()、notify()实现同步

在多线程协作完成某个任务时，需要线程间相互交流通信与等待。多线程的协作通常是通过共享的数据资源实现的，如果共享数据当前不可用，会导致调用线程进入等待。当等待的资源可用时，再唤醒等待的线程，进入"可运行"状态。

线程的交流通信是建立在生产者－消费者模型上的。该模型的思想是线程A(消费者)需要等待线程B(生产者)计算出某个结果后，才能使用该数据继续执行，而线程B需要等待线程A把数据使用完后，才可以再计算新的数据，二者协作才可以完成。在实际应用中，为了提高代码效率，通常为生产者线程提供一个缓冲区，当缓冲区不满时，生产者线程不需要等待，可以一直生产。只有缓冲区满时，才必须停止生产等待消费者消费，而消费者一旦消费了数据，就通知生产者可以继续生产。Java.lang.Object类提供了wait()、notify()、notifyAll()共3个方法，协调线程间的通信。

wait()：wait()方法可以让调用该方法的线程进入等待状态，当缓冲区已满/空时，生产者/消费者线程停止自己的执行，放弃对资源的锁定，使自己处于等待状态，让其他线程执行。

notify()：notify()方法可以随机选择一个在该对象上调用wait()方法的线程，解除其阻塞状态。当生产者/消费者向缓冲区放入/取出一个产品时，向其他等待的线程发出可执行的通知，同时放弃锁，使自己处于等待状态。

notifyAll()：notifyAll()方法可以唤醒在该对象上调用wait()方法的所有线程，解除其阻塞状态。

【例11-7】 数据的共享与同步。

```
package textbook;
public class Example11_7 {
    public static void main(String[ ] args) {
        Data s = new Data();              //共享的数据
        ThreadA ta = new ThreadA(s);
        ThreadB tb = new ThreadB(s);
        ta.start();
        tb.start();
    }
}
//共享数据类
class Data {
    // 可以扩展,表达复杂的数据
    int d;
}
//生产者线程类
class ThreadA extends Thread {
    private Data s;
    ThreadA(Data s) {
        this.s = s;
    }

    public void run() {
        while (true) {
            synchronized (s) {
                if (s.d < 500) {
                    try {
                        Thread.sleep(1000);
                    } catch (InterruptedException e) {
                        e.printStackTrace();
                    }
                    s.d = s.d + 100;  //每隔 1 秒生产 100 个
                    System.out.println("生产者:库存有 " + s.d);
                    s.notify();

                }
                else {
                    System.out.println("生产者:生产了太多了,我歇一会,消耗后叫我");
                    try {
                        s.wait();
                    } catch (InterruptedException e) {
                        e.printStackTrace();
                    }
                }
            }
        }// run
    }
}
```

```
// 消费者线程类 ThreadB
class ThreadB extends Thread {
    private Data s;

    ThreadB(Data s) {
        this.s = s;
    }
    public void run() {
        while (true) {
            synchronized (s) {
                int need = (int) ( Math.random() * 100 );  //消费者需要的数量 need
                if (s.d >= need)
                    {
                    s.d = s.d - need;
                    System.out.println("消费者:我消费了:" + need);
                    s.notify();         //我已消费完,通知继续生产
                    try {
                        Thread.sleep(200);
                    }
                     catch (InterruptedException e) {
                        e.printStackTrace();
                    }
                }
                else {
                System.out.println("库存有" + s.d + "需要" + need + " 库存不够,我在等
待");
                    try {
                        s.wait();
                    } catch (InterruptedException e) {
                        e.printStackTrace();
                    }
                }
            }
        }
    }//run
}
```

在例 11-7 中，ThreadA 是生产者线程，它把生产出来的数据存入 Data 对象的 d 变量中，为了模拟数据生产过程，线程中每生产 100 个数就给消费者线程发一个通知，唤醒等待的消费者线程，然后用 sleep(1000)强制休眠 1 秒。ThreadB 是消费者线程，它把 Data 中的数据取出并判断是否够这次消费（s. d ＞＝need），如果够，则予以消费（s. d＝s. d－need），并通知生产者线程生产，否则，消费者线程继续等待。该程序的生产者线程与消费者线程无限循环。例 11-7 的某一次运行的部分结果如下：

```
生产者: 库存有 100
生产者: 库存有 200
消费者: 我消费了: 39
```

```
消费者：我消费了：88
消费者：我消费了：40
库存有 33  需要 48  库存不够，我在等待
生产者：库存有 133
生产者：库存有 233
生产者：库存有 333
消费者：我消费了：71
消费者：我消费了：89
消费者：我消费了：7
消费者：我消费了：82
消费者：我消费了：35
库存有 49  需要 78  库存不够，我在等待
生产者：库存有 149
生产者：库存有 249
生产者：库存有 349
生产者：库存有 449
生产者：库存有 549
生产者：生产了太多了，我歇一会，消耗完叫我
消费者：我消费了：40
```

11.5.2 基于锁与条件对象实现同步

Java 5 以后提供了 Lock 类，可以通过 Lock 对象创建锁对象，并通过锁对象 lock()与 unlock()的操作，确保多个线程的锁定临界区来避免访问冲突。实际上，线程进入用 lock()方法锁定的临界区后，却发现在某一条件满足后才能执行，在条件不满足时必须挂起等待。而另一个线程的操作可能会引起该条件发生改变，这时，需要唤醒挂起等待的线程。

为了方便线程进行通信，Java 提出用条件对象来管理已经获得的锁 myLock。通过 myLock. newCondition()方法可以获得一个 Condition 对象。在一个线程的执行中，一旦某件事情发生，可以通过该 Condition 对象的 await()方法挂起当前线程，另一个线程用相同的 Condition 对象的 signal()和 signalAll()方法唤醒该条件对象上的等待线程，进而实现线程间的通信。图 11-2 给出了两个线程通过条件对象 waitCondition 实现线程间的等待与唤醒。

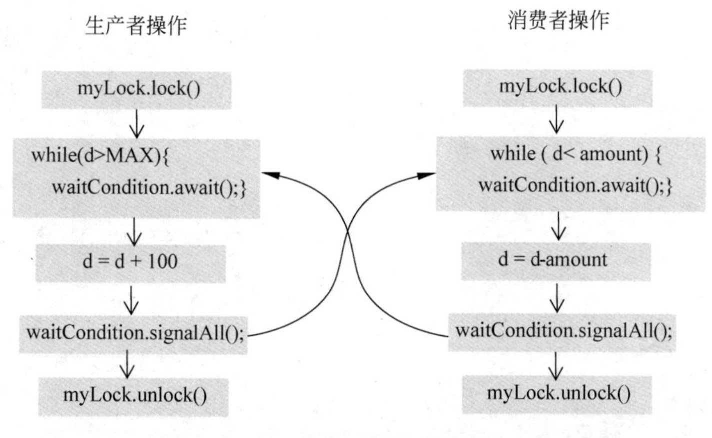

图 11-2 基于条件对象的线程间的通信

Condition 接口定义在 java. util. concurrent. locks 包中，该接口的两个重要方法是 await()和 signal()。表 11-4 给出了 Condition 接口的主要方法。

表 11-4　Condition 接口的主要方法

功　能	方 法 名	含　义
创建 Condition 对象	lock. newCondition()	通过锁对象 lock 生成 Condition 对象
主要方法	void await()	使当前线程等待，直到收到 signal 信号或中断
	void signal()	唤醒在该 Condition 对象上一个等待的线程
	void signalAll()	唤醒在该 Condition 对象上所有的等待的线程

例 11-8 给出了两个线程使用 Condition 对象互相通信的例子。例子中有一个共享的资源 DataShare，DataShare 中主要有一个整型变量 d，d 中存放的是可以消费的产品数量。DataShare 中有两个方法，一个是 produce()，该方法的功能是生产产品（每次生产 100 件），而 consume()方法是消费产品，每次的消费数量是 0～99 的随机数。由于这两种方法都会修改变量 d 的值，所以在访问 d 时，必须先获得能够对临界区操作的锁，操作完后再释放锁。这样能保证两个方法不同时访问临界区。

【例 11-8】 生产者线程与消费者线程的资源竞争与同步。

```
import java.util.concurrent. * ;
import java.util.concurrent.locks. * ;
public class Example11_8 {
static class DataShare{
    //定义一个对共享数据生产、消费的静态内部类
    private static int d = 0;
    private static int MAX = 500;
    private static Lock myLock = new ReentrantLock();
    private static Condition waitCondition = myLock.newCondition();
    public static void consume(int amount) {
        myLock.lock();                         //获得锁
        try {
          while ( d < amount) {
               System.out.println("现在有" + d + " 需要量为" + amount);
               waitCondition.await();
               }
           d = d - amount;
          System.out.println("消费者 -- 消耗了: " + amount + " 剩余量:" + d);
          waitCondition.signalAll();
        }catch (InterruptedException ex) {
             ex.printStackTrace();
           }
       finally {
            myLock.unlock();
          }
       }
    public static void produce() {
        myLock.lock();                         //获得锁
        try {
           while(d > MAX) {
                System.out.println("现在有" + d + ",已超过最大库存量 500,我先歇一会儿再生
产");
```

```
                waitCondition.await();
            }
            d = d + 100;
            System.out.println("生产者 -- 当前剩余量:" + d);
            waitCondition.signalAll();
        } catch (InterruptedException ex) {
            ex.printStackTrace();
        }
        finally {
            myLock.unlock();
        }
    }
    } //DataShare类定义完成

public static void main(String[] args) {
    ProduceThread ta = new ProduceThread();
    ta.start();
    ConsumerThread tb = new ConsumerThread();
    tb.start();
}
}
//生产者线程类
class ProduceThread extends Thread {
public void run() {
    while (true) {
        Example11_8.DataShare.produce();
        try {
            Thread.sleep(500);
        } catch (InterruptedException e) {
            e.printStackTrace();
        }
    }
}
}
//消费者线程类
class ConsumerThread extends Thread {
public void run() {
    while (true) {
        Example11_8.DataShare.consume((int)(Math.random() * 100));
        try {
            Thread.sleep(500);
        } catch (InterruptedException e) {
            e.printStackTrace();
        }
    }
}
}
```

例 11-8 某一次运行的部分结果如下：

```
生产者——当前剩余量: 100
消费者——消耗了: 75  剩余量: 25
生产者——当前剩余量: 125
```

```
消费者——消耗了：13  剩余量：112
消费者——消耗了：64  剩余量：48
生产者——当前剩余量：148
生产者——当前剩余量：248
消费者——消耗了：0  剩余量：248
生产者——当前剩余量：348
消费者——消耗了：28  剩余量：320
生产者——当前剩余量：420
消费者——消耗了：25  剩余量：395
生产者——当前剩余量：495
消费者——消耗了：77  剩余量：418
生产者——当前剩余量：518
消费者——消耗了：81  剩余量：437
生产者——当前剩余量：537
消费者——消耗了：31  剩余量：586
```

11.6 线程死锁

当两个或多个线程在获取多个共享对象之后才能完成线程的任务时，可能会导致死锁，即每个线程对其中一个对象锁定，并等待另一个对象的锁释放。考虑具有两个线程和两个对象的场景，如图11-3所示，线程1(Thread1)锁定对象1(Object1)，线程2(Thread2)锁定对象2(Object2)。现在线程1正在等待对象2的资源，线程2正在等待对象1的资源。这样，每个线程都等待另一个线程释放它锁定的资源，在这之前，两个线程都不能继续运行。

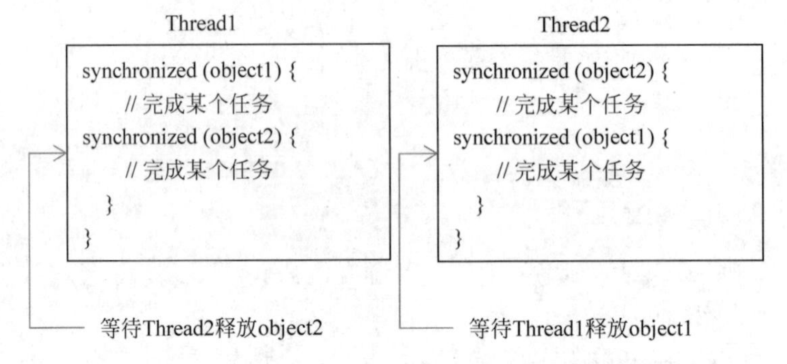

图 11-3 线程死锁

【例 11-9】 线程死锁示例。

```
public class DeadLock {
   public static void main(String[ ] args) {
      Res x = new Res();
      Res y = new Res();
       ThreadOne t1 = new ThreadOne(x,y);
       t1.start();
       ThreadTwo t2 = new ThreadTwo(x,y);
       t2.start();
   }
}
class ThreadOne extends Thread
```

```
{ Res res1,res2;
   ThreadOne(Res r1,Res r2)
   {
      res1 = r1;
      res2 = r2;
   }
   public void run()
   { synchronized (res1) {
      System.out.println("ThreadOne:I have res1 and I am waiting for res2");
      try {
         Thread.sleep(1000);
      } catch (InterruptedException e) {
         e.printStackTrace();
      }
      synchronized (res2) {
         System.out.println("ThreadOne:I have res1 and res2,I can do the task now!");
       }
   }
   }
}
class ThreadTwo extends Thread
{ Res res1,res2;
   ThreadTwo(Res r1,Res r2)
   {
      res1 = r1;
      res2 = r2;
   }
   public void run()
   { synchronized (res2) {
      System.out.println("ThreadTwo:I have res2 and I am waiting for res1");
      try {
         Thread.sleep(600);
      } catch (InterruptedException e) {
         e.printStackTrace();
      }
      synchronized (res1) {
         System.out.println("ThreadTwo:I have res1 and res2,I can do the task now!");
        }
      }
    }
}
class Res {
   int mydate;
}
```

运行结果如下：

```
ThreadOne: I have res1 and I am waiting for res2
ThreadTwo: I have res2 and I am waiting for res1
```

从例 11-9 中可以看出，死锁是由于多线程访问共享资源的顺序不当所造成的。通常是一个线程锁定了一个资源 A，而又想去锁定资源 B；在另一个线程中，锁定了资源 B，而又想去锁定资源 A，两个线程都必须得到对方的资源，以完成线程自身的功能。这样，会出现两个线程都在等待而无法执行的情况。

在这种情况下，通过把 ThreadTwo 类的资源获取顺序调整为与 ThreadOne 一样，即先拿到资源 res1，再拿到资源 res2，就可以避免这种死锁发生。

【例 11-10】 修改程序以避免死锁发生。

```
class ThreadTwo extends Thread
{   Res res1,res2;
    ThreadTwo(Res r1,Res r2)
    {
        res1 = r1;
        res2 = r2;
    }
    public void run()
    { synchronized (res1) {
        System.out.println("ThreadTwo:I have res1 and I am waiting for res2");
        try {
            Thread.sleep(600);
        } catch (InterruptedException e) {
            e.printStackTrace();
        }
        synchronized (res2) {
            System.out.println("ThreadTwo:I have res1 and res2,I can do the task now!");
          }
        }
     }
}
```

程序调整后，该程序中的线程都可以顺利执行，有效地避免死锁发生。程序的运行结果如下：

```
I have res1 and I am waiting for res2
I have res1 res2,I can do the task now!
I have res2 and I am waiting for res1
I have res1 res2,I can do the task now!
```

习题

1. 什么是线程？解释线程的“可运行”状态。

2. 什么是多线程？在单 CPU 的情况下，如何理解多线程并行地运行？

3. 如果程序中有多个线程，能用线程的优先级完全控制各线程的执行顺序吗？说明原因。

4. 线程的状态有哪些？举例说明状态间是如何转换的。

5. 在 main 线程中启动了多个子线程，如果希望在子线程结束前主线程不结束，该怎么做？

6. 什么是 Runnable 对象？说明创建自定义线程类的两种方法。

7. Java 5 以后，访问临界区域可以用：

（1）synchronized 与通信机制 wait()和 notify()。

(2) lock-unlock 与通信机制 await()和 signal()。

试说明它们使用的方法，并说明(2)的优势。

8. Lock 是类还是接口？用什么类创建锁对象？

9. 如何从锁对象得到条件对象？一个锁对象只能创建一个条件对象吗？

10. wait()与 notify()是什么对象的方法？await()与 signal()方法的对象是什么？

11. 在例 11-8 中，如果把 consume()方法中的 while (d＜amount)改成 if (d＜amount)，produce()方法中的 while(d＞MAX)改成 if(d＞MAX)，程序会怎样运行？试分析原因。

12. 修改下面程序中的错误并运行程序。

```
public class Test implements Runnable{
  public static void main(String[]args){
    new Test();
  }
  public Test(){
    Test task = new Test();
    new Thread(task).start();
    public void run(){
    System.out.println("test");
  }
}
```

```
public class Test implements Runnable{
  public static vold maln(String[]args){
    new Test();
  }
  public Test(){
    Thread t = new Thread(this);
    t.start();
    t.start();
   }
  public void run(){
    System.out.println("test");
  }
}
```

13. 下面的代码为什么会出错？

```
synchronized (object1) {
try {
while (!condition)
object2.wait();
}
catch (InterruptedException ex) {
}
}
```

14. 修改例 11-6 的程序，用加锁的方法实现对共享资源访问的同步。

15. 假设产品 Product 类的定义如下。

```
class Product{
    String name;
    long num;
}
```

要求定义一个能放 10 个产品的对象数组。编写生产者线程类 ProduceThread，该类负责生产产品，只要数组中没有放满产品，就一直生产，否则停工等待。同时提供消费线程类，该类负责从数组中取走产品进行消费，只要数组中还有产品，就一直进行消费操作，否则停止消费并等待。参考例 11-8 完成该程序的编写。

本章练习

第12章 GUI编程基础

引 言

在前面章节中学习了类与对象的知识，以及如何使用控制台进行输入/输出，并掌握了选择、循环和数组等编程常用的技术方法。然而，这些 Java 的编程技术并不足以开发图形用户界面程序。图形用户界面，简称 GUI，通常由窗体、下拉菜单、按钮、对话框等可视化界面元素及其相应的处理机制构成，用户只要通过单击图形用户界面的组件对象，就可以完成相应的功能。本章将介绍 Java 语言的 GUI 设计的基本内容，包括相关的 GUI 组件、各种容器、布局管理器等，然后在第 13 章介绍基于 GUI 的事件驱动编程和实现方法。

观看视频

12.1 GUI 编程概述

GUI 是目前非常流行的一种人机操作和交互方式，通过 GUI 用户可以直接用鼠标进行所见即所得的操作，取代了以前控制台输入/输出的人机交互方式。因此，在软件开发领域中，GUI 图形化编程是一个非常重要的功能。Java 具有技术成熟、功能完善的 GUI 编程框架，其基于事件驱动的编程原理广泛应用于各类软件开发中，如移动应用等软件开发。

12.1.1 AWT 和 Swing

Java 开发工具包 JDK 中包含的 Java GUI 编程类的集合称作抽象窗口工具包(Abstract Window Toolkit，AWT)，从 JDK 1.0 版本开始，它就是 Java 基础类(Java Foundation Classes，JFC)的核心部分之一。JFC 是一个图形框架，它主要由 AWT、Swing 以及 Java 2D 三者构成。AWT 中包括 GUI 开发中所需要的一些基本的界面组件类，如窗口、菜单、按钮等和一些常见的布局管理器。此外，AWT 也提供 GUI 编程必须的事件处理机制。最初设计的 AWT 虽然可以满足很多 GUI 编程的需要，但是这个工具包还是太简单，对于一些比较复杂的界面需求有些力不从心。另外，AWT 最早的目标是通过提供一个抽象的层次使 GUI 编程达到跨平台的目的，使 GUI 程序能在所有平台上正常显示。然而，在这方面 AWT 还存在一些问题，不能完全满足一些复杂应用场景下跨平台正常显示的要求。因此，从 Java 1.1 开始，人们对 AWT 就不断地进行改进，甚至从 Java 1.2 开始，在 JDK 中添加了新的 GUI 工具库，这就是 Swing。

Swing 是基于 AWT 库扩展而来的，相比 AWT，Swing 组件对本地资源的依赖性更小，同时程序的稳健性和灵活性也更好，所以通常把 Swing 称作轻量级的 GUI 库，而把 AWT

称作重量级的 GUI 库。此外，Swing 提供了比 AWT 更加丰富的组件，并且改进了组件的性能，这使得基于 Swing 开发 GUI 应用程序比直接使用 AWT 开发更为高效，功能更为强大，设计的界面也更加美观。为了和 AWT 的组件有所区别，Swing 组件类的名字前面都加上一个大写字母 J，例如 JButton、JLabel、JTextField、JRadioButton JPanel、JTable 等。尽管 AWT 组件仍然还可以使用，但是在大多数应用场景下，推荐采用 Swing 组件而不直接使用 AWT 组件，本书主要介绍 Swing 组件的应用。

12.1.2　Java 用户界面 API 库

Java GUI 库中的类有很多，根据它们角色和作用不同，可以分为三种类型：组件类、容器类以及其他辅助类。Swing 的组件类都是以字母 J 开头，用它们创建的对象都可以显示在屏幕上，是构成 GUI 的基本组成元素。Swing 常见的容器类有 JFrame、JPanel、JDialog 等，它们可以用来容纳各种 Swing 组件。此外 Java 还提供了一些辅助类，例如 Graphics、Color、Font、Dimension 等，一般可以用来支持和增强其他组件的功能。Swing 的组件类和容器类主要是由 javax. swing 包提供的，而辅助类则是由 java. awt 包提供的。图 12-1 给出了 Java GUI 编程相关类的继承关系。

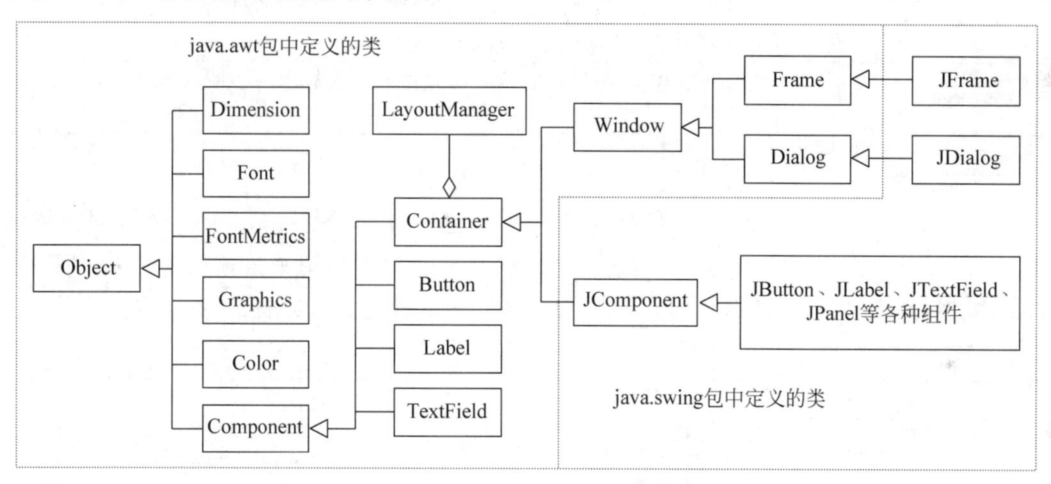

图 12-1　Java GUI 编程相关的继承关系

1. Component 类

在 GUI 设计中，使用组件类创建的对象实例通常被称作组件。组件其实就是可以在屏幕上面显示的对象。从图 12-1 可以看出，Component 类是其他所有组件类和容器类的父类，而 JComponent 则是所有轻量级 Swing 组件类的父类。Component 和 JComponent 都是抽象类，在实际应用中通常实例化的是它们的子类。为了更好地理解组件类之间的继承关系，可以编写如下面所示的代码段，这里的 instanceof 是一种二元运算符，x instanceof y 用来判断 x 对象是否为类 y(或 y 的子类）的一个实例。下面的代码段中所有的输出语句最后输出的都是 true。

```
JButton jbtOK = new JButton("OK");
System.out.println(jbtOK instanceof JButton);
System.out.println(jbtOK instanceof JComponent);
```

```
System.out.println(jbtOK instanceof Container);
System.out.println(jbtOK instanceof Component);
System.out.println(jbtOK instanceof Object);
```

2. Container 类

Container 类又称为容器类，可以被看作一种特殊的组件类，一个容器对象可以用来容纳多个其他组件和容器。在 GUI 设计中，常常需要把多个组件组合在一起进行统一设计，容器类就是专门用来完成这种工作的。Java 中的容器类对象就像一个集装箱，组件就是集装箱中装的物品。常见的 AWT 容器类有 Window、Frame、Dialog、Panel 等，而 Swing 中常用的容器类有 JFrame、JDialog、JPanel 等，Container 就是这些容器类的父类。表 12-1 给出了 Swing 中主要容器类的说明。

表 12-1　Swing 中的主要容器类的说明

容器类名	说明
javax.swing.JFrame	独立的顶层容器类，用来容纳其他 GUI 组件。该容器具有标题栏、边框、“最大化”按钮、“最小化”按钮和“关闭”按钮
javax.swing.JPanel	用来存放其他 GUI 组件或面板的容器类。它不是顶层容器，需要加到其他顶层容器（如 JFrame、JDialog）中，才能显示
javax.swing.JDialog	对话框窗体类，可以用来接收用户输入或者显示一些提示信息。它是顶层容器

3. 辅助类

Java GUI 库中还包括一些特殊的辅助类，它们并不是 Component 的子类，例如 Graphics、Color、Font 和 LayoutManager 等。这些类通常都被用来描述组件的相关属性，如字体、颜色、图片格式、组件的布局等。GUI 中常见的辅助类参见表 12-2。

表 12-2　GUI 中常见的辅助类

辅助类名	提供的相关功能
java.awt.Graphics	提供了绘制图形或字符的相关方法
java.awt.Color	可创建颜色对象，用于组件或图形的颜色设置
java.awt.Font	可创建字体对象，用于设置组件中的字体
java.awt.Dimension	可创建尺寸对象，用于设置组件的尺寸大小
java.awt.LayoutManager	可创建布局管理器对象，用于设置容器组件的布局方式

12.2　Swing 容器

Swing 容器类主要用来容纳其他组件和容器对象，常见的容器类包括 JFrame、JDialog 以及各种类型的面板 JPanel、JScrollPane、JSplitPane 等，由这些类创建的对象称为容器。JFrame、JDialog 是顶层容器类，可通过它们提供的 add()方法将其他组件添加到容器中，即一个容器对象通过调用 add(JComponent)方法将组件添加到该容器中。

从图 12-1 的 GUI 类的继承关系可以看出，Swing 组件继承于 JComponent，而 JComponent 是 Container 的子类，因而 JPanel、JButton、JTextField、JTextArea、JLabel、JRadioButton 等

Swing 组件实际上也都是容器类的子类。

在 GUI 设计中，如果界面上的组件比较多，可以把它们先放到 JPanel、JScrolalPane、JSplitpane 等容器中，然后再添加到 JFrame 等顶层容器中。通过容器嵌套，则可以实现较为复杂的 GUI 的设计。

12.2.1　JFrame 窗体

在使用 Swing 编写 GUI 程序时，通常可以利用 JFrame 类来创建一个顶层容器对象，该容器对象显示在屏幕上就是一个窗体。图 12-2 展示了一个带有按钮的窗体。例 12-1 给出了实现该窗体的代码。

图 12-2　一个带有按钮的窗体

【例 12-1】　创建一个带有按钮组件的窗体。

```
import javax.swing.*;
public class Example12_1 {
    public static void main(String[ ] args) {
        JFrame frame = new JFrame("一个窗体");
        //添加按钮到窗体中
        JButton jbtOK = new JButton("按钮");
        frame.add(jbtOK);
        frame.setSize(400, 300);
        frame.setDefaultCloseOperation(JFrame.EXIT_ON_CLOSE);
        frame.setLocationRelativeTo(null);              //设置窗体在屏幕中间
        frame.setVisible(true);
    }
}
```

程序首先调用 JFrame 构造方法创建窗体对象，构造方法的字符串类型参数用来设置窗体的标题。在创建了窗体对象后，可以使用 setTitle()、setSize()、setLocation()、setDefaultCloseOperation()与 setVisible()设置窗体的相关属性。

setTitle(String title)方法把窗体的标题设置为 title，如果在创建 JFrame 窗体时没有提供窗体的标题，或者需要修改窗体的标题时可以使用该方法设置窗体的标题。

setSize(int width，int height)方法设置窗体显示的大小，参数 width 和 height 分别是窗体的宽度和高度，单位是像素。setSize()方法是从 Component 类继承过来的，因此其他 GUI 组件都可以用这个方法来设置大小。在例 12-1 中，frame. setSize(400，300)设置窗体大小为宽 400 像素，高 300 像素。

使用 JFrame 创建的窗体在默认情况下是不可见的，因此，还必须调用 setVisable

(Boolean b)方法将其设置为可见，即在屏幕上显示出来。程序只有在执行到 setVisable (Boolean b)方法时才开始绘制窗体，之后再设置窗体的其他属性将无效，也就是说，setVisable()方法通常情况下应是最后一个被调用的方法。

此外，在创建窗体时，通常需要设置“关闭”按钮的动作。如图 12-2 中的箭头所指处，“关闭”按钮是指窗体标题栏上的“×”按钮。在 Java 图形界面中，当用户单击“关闭”按钮时，窗体的默认动作为将窗体隐藏，程序仍然继续在后台运行。可以通过调用 JFrame 类的 setDefaultCloseOperation(int operation)方法设置“关闭”按钮的其他操作，方法唯一的参数 operation 的取值可以是以下四个静态整数常量之一。

(1) DO_NOTHING_ON_CLOSE，常量值为整数 0：不执行任何操作。

(2) HIDE_ON_CLOSE，常量值为 1：隐藏窗口，为默认设置。

(3) DISPOSE_ON_CLOSE，常量值为 2：关闭窗口并释放相关资源。

(4) EXIT_ON_CLOSE，常量值为 3：关闭窗口并退出程序执行。

setLocationRelativeTo(Component c)用于设置当前窗体相对于指定组件 c 的位置。setLocationRelativeTo(null)表示当前窗体放在屏幕的中央。另外，还可以使用 setLocation (int x,int y)指定窗体相对屏幕左上角的坐标位置。

窗体创建好之后，就可以调用 JFrame 的 add()方法把组件添加到窗体中。在例 12-1 中，使用 frame.add(jbtOK)把按钮组件添加到 frame 窗体对象中。每个窗体对象都包含一个顶层内容面板(ContentPane)，在创建 JFrame 窗体时，该内容面板对象也同时创建。早期 JDK 版本的 Java 必须先调用 JFrame 的 getContentPane 来获取内容面板，然后再把其他 Swing 组件添加到内容面板中，例如，添加一个按钮到窗体对象中的代码片段如下：

```
JFrame frame = new JFrame("一个窗体");
JButton jbtOK = new JButton("按钮");
java.awt.Container container = frame.getContentPane();
container.add(jbtOK);
```

为了简化代码，从 Java 5 开始，就允许直接调用 add()方法把 Swing 组件添加到 JFrame 对象的内容面板中，省去了获取窗体内容面板的步骤，程序语句显得更加简洁，添加组件的代码如下：

```
JFrame frame = new JFrame("一个窗体");
JButton jbtOK = new JButton("按钮");
frame.add(jbtOK);
```

JButton 是一个按钮组件，例 12-1 通过 new JButton(按钮)创建了一个按钮对象实例，并设置该按钮显示文字“按钮”，然后通过 add()方法将按钮添加到窗体的内容面板中，最后在屏幕中间显示整个窗体。

从图 12-2 中可以看出，在程序运行后，按钮占据了整个窗体，这是因为窗体中的组件对象的位置排列是由 JFrame 的布局管理器管理的，默认情况下，JFrame 的布局管理器为 BorderLayout，即把整个窗体分成容器顶部(NORTH)、底部(SOUTH)、左侧(WEST)、右侧(EAST)和容器中心(CENTER)五个区域，向 JFrame 中添加组件时需要指定放在哪个区域。例 12-1 在使用 frame.add(jbtOK)把 jbtOK 添加到 frame 窗体中时，由于没有指定区域，默认情况下把组件对象放在 CENTER 且铺满在内容面板的正中间。布局管理器的详细内容将在 12.4 节中介绍。

12.2.2 JPanel 面板

在大多数情况下，一个窗体中会含有很多个组件，如按钮、标签、文本框等，这么多的组件如果只用一种布局管理器，就很难设计出美观的界面。此外，有的布局管理器只能管理有限数量的组件，或者由于可视面积有限而只能容纳有限数量的组件。因此，把一个复杂界面中的所有组件全部放在内容面板这一个容器中是不现实的。

观看视频

在 Swing 图形界面编程中，使用 JPanel 面板能很好地解决上面的问题。首先在 JFrame 窗体中添加几个面板或主要的组件，而后可继续在面板中添加组件或其他子面板，因为面板都是可以嵌套的，重复这样的方式，可以在窗体上放置多个嵌套子面板和摆放多个组件，并且通过为每个面板设置不同的布局管理方式实现一个复杂的多组件布局，达到美化界面的目的。

JPanel 面板可以通过 new JPanel()或者 new JPanel(LayoutManager)创建，然后使用 add(Component)方法将一个组件添加到面板中去。JPanel 面板默认采用 FlowLayout 布局管理器。下面的语句创建了一个默认布局的面板，并且在面板中添加一个新按钮：

```
JPanel p = new JPanel();
p.add(new JButton("OK"));
```

面板也可以被放置在主窗体或其他面板容器中，例如下面的语句为把一个 JPanel 面板对象 p 添加到一个 JFrame 窗体对象 frame 中。

```
frame.add(p);
```

例 12-2 设计实现了一个简单的搜索输入/输出界面，共定义了 2 个面板和 3 个组件，整个窗体采用 BorderLayout 布局管理，两个面板分别放在窗体布局的 NORTH(上方)和 CENTER(中心)位置，在 NORTH 的面板中添加了一个文本框和按钮，而 CENTER 的面板中则添加了一个文本输出区。

【例 12-2】 使用 JPanel 编程示例的源代码。

```
import javax.swing.*;
import java.awt.*;
public class Example12_2 {
    public static void main(String[] args) {
        JFrame frm = new JFrame();                  //创建窗体
        frm.setTitle("使用 JPanel");                 //设置窗体标题
        frm.setDefaultCloseOperation(JFrame.EXIT_ON_CLOSE);       //设置窗体关闭方式
        JPanel topPanel = new JPanel();             //创建面板并放在窗体上半部分
        frm.add(topPanel,BorderLayout.NORTH);
        JTextField input = new JTextField();        //创建文本输入框
        input.setEditable(true);                    //设置输入框可编辑
        input.setHorizontalAlignment(SwingConstants.LEFT);       //设置左对齐
        input.setColumns(25);                       //设置输入框为 25 列
        JButton myBtn = new JButton("搜索");         //创建搜索按钮
        topPanel.add(input);                        //添加输入框到面板
```

```
        topPanel.add(myBtn);                      //添加按钮到面板
        JPanel bottomPanel = new JPanel();        //创建面板并放在窗体的中部
        frm.add(bottomPanel, BorderLayout.CENTER);
        JTextArea output = new JTextArea();       //创建结果输出框
        output.setRows(6);                        //设置结果输出框为6行
        output.setColumns(32);                    //设置结果输出框为32列
        output.setEditable(false);                //设置结果输出框不可编辑
        bottomPanel.add(output);                  //添加结果输出框
        bottomPanel.setVisible(true);
        frm.setBounds(400, 200, 400, 200);        //设置(JFrame)的位置与大小并显示
        frm.setVisible(true);
    }
}
```

程序运行的结果如图12-3所示。

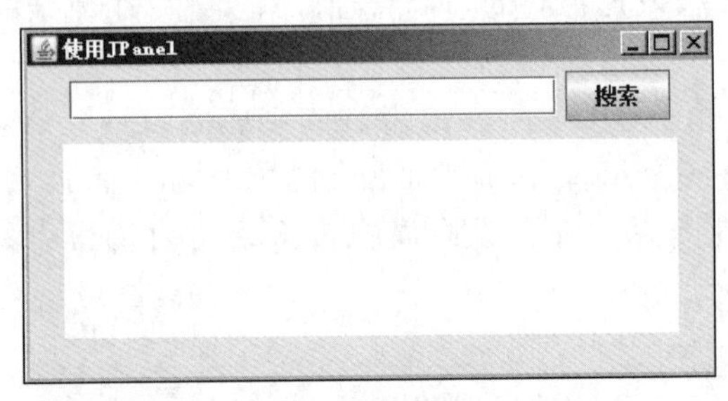

图12-3　JPanel演示的运行结果

12.3　常用的GUI组件

GUI可以给应用软件的用户提供美观、方便的人机交互接口，Java的GUI组件库提供了非常丰富的图形界面设计功能。虽然有很多Java IDE也提供了一些可视化工具可以自动生成GUI的程序代码，帮助程序员简化GUI的开发，但是这些自动化工具并不能完全代替人工编写GUI的工作，很多时候都需要对可视化工具生成的代码进行再次修改。因此，深入理解和掌握Java GUI组件的基本概念和常用功能是非常必要的。

Swing组件从功能上进行分类如下。

顶层容器：JFrame、JApplet、JDialog、JWindow，一般放在最外层。

中间容器：JPanel、JScrollPane、JSplitPane、JToolBar。

基本组件：实现人机交互的组件，如JButton、JTextFiled、JComboBox、JList、JMenu、JSlider等。

不可编辑信息的显示组件：向用户显示不可编辑信息的组件，如JLabel、JToolTip、JProgressBar等。

可编辑信息的显示组件：向用户显示能被编辑的格式化信息的组件，如JTable、JTextArea、JColorChooser、JFileChooser等。

Swing组件包除提供了与AWT类似的组件外，还提供了一些功能强大的复杂组件，如表格(JTable)、树(JTree)等。下面介绍一些常见的Swing组件的使用，更加完整的组件设计方法可以参考相关的Java API文档。

12.3.1 JButton 按钮

JButton 组件是最简单的用户交互按钮组件，通过单击按钮可以执行一些相应的操作，是 GUI 中最主要的一种用户交互方式。JButton 的构造方法与常用的成员方法见表 12-3。

表 12-3 JButton 的构造方法与常用的成员方法

方法类别	方法名	说明
构造方法	JButton(Icon icon)	创建图标按钮对象
	JButton(String text)	创建文字按钮对象
	JButton(String text,Icon icon)	创建文字按钮对象，按钮上既显示图标又显示文字
成员方法	void setText(String text)	设置按钮上的文字
	void setIcon(Icon defaultIcon)	设置按钮在默认状态下显示的图片
	void setFont(Font f)	设置按钮上的字体和大小
	void setRolloverIcon(Icon rolloverIcon)	设置当光标移动到按钮上方时显示的图片
	void setPressedIcon(Icon p)	设置当按下按钮时显示的图片
	setActionCommand(String com)	给组件上设置命令字符串，默认为按钮上的文本
	String getActionCommand()	获取组件上的命令字符串，默认返回按钮上的文本
	void addActionListerner(ActionListerner l)	为按钮对象注册动作事件监听器

例 12-3 演示了如何设计一个带有图片和文字的 JButton 按钮，可以注意到，程序使用了 javax. swing. ImageIcon 类将图片添加到按钮上，这种添加图片的方法在很多 Swing 组件上都是可以通用的。ImageIcon 实现了 Icon 接口，是 Icon 的子类。

【例 12-3】 使用 JButton 编程示例的源代码。

```
import javax.swing.*;
public class Example12_3 extends JFrame {
    public static void main(String[] args) {
        JFrame frame = new Example12_3();
        ImageIcon smile1 = new ImageIcon("image/smile1.gif");
        ImageIcon smile2 = new ImageIcon("image/smile2.gif");
        ImageIcon smile3 = new ImageIcon("image/smile3.gif");
        JButton jbt = new JButton("按钮", smile1);
        jbt.setPressedIcon(smile2);
        jbt.setRolloverIcon(smile3);
        frame.add(jbt);
        frame.setTitle("按钮图标");
        frame.setSize(200, 100);
        frame.setLocationRelativeTo(null);
        frame.setDefaultCloseOperation(JFrame.EXIT_ON_CLOSE);
        frame.setVisible(true);
    }
}
```

Example12_3 的运行结果如图 12-4 所示，图 12-4(a)为运行程序后显示的按钮图片(smile1)、图 12-4(b)为光标经过按钮时显示的按钮图片(smile3)，图 12-4(c)为按下鼠标左键时显示的按钮图片(smile2)。在本例中，由于未指定窗体的布局，按照默认布局的设定，按钮的大小会自动撑满整个窗体的内容面板。

(a) 初始

(b) 鼠标滚过

(c) 按下鼠标

图 12-4　Example 12_3 的运行结果

image 是 Example12_3 程序所在的项目下的一个存放图形文件的文件夹，在该文件夹下有三个图片文件 smile1.gif、smile2.gif、smile3.gif。这里使用图片文件创建三个图标对象 smile1、smile2、smile3，然后使用这些图标对象设置 JButton 按钮的属性。

12.3.2　JLabel 标签

JLabel 组件是用来在界面上显示文本和图像的，它主要用于输出一些不用修改的信息或对界面上的操作信息予以说明。表 12-4 给出了 JLabel 的构造方法与常用的成员方法。

表 12-4　JLabel 的构造方法与常用的成员方法

方法类别	方　法　名	说　明
构造方法	JLabel(Icon image)	创建具有指定图像的 JLabel 对象
	JLabel(String text)	创建具有指定文本的 JLabel 对象
	JLabel(String text,int horizontalAlignment)	创建具有指定文本和水平对齐方式的 JLabel 对象
	JLabel(String text, Icon icon, int horizontalAlignment)	创建具有指定文本、图像和水平对齐方式的 JLabel 对象
成员方法	void setText(String text)	设置标签上待显示的文本
	void setFont(Font font)	设置标签文本的字体及大小
	void setHorizontalAlignment(int alignment):	设置文本对齐方式(即显示位置)，传入参数为 JLabel 类提供的三个静态常量之一：LEFT(左对齐)、CENTER(居中)、RIGHT(右对齐)
	void setIcon(Icon icon)	设置标签中需要显示的图片
	void setHorizontalTextPosition (int textPosition)	设置文字相对图片在水平方向的位置，传入参数亦为 JLabel 类提供的以下三个静态常量之一：LEFT(靠左侧显示)、CENTER(居中显示)、RIGHT(靠右侧显示)
	void setVerticalTextPosition(int textPosition)	设置文字相对图片在垂直方向的位置，传入参数为 JLabel 类提供的以下三个静态常量之一：TOP(文字显示在图片的上方)、CENTER(文字与图片在垂直方向重叠显示)、BOTTOM(文字显示在图片的下方)

这里，常量 LEFT、CENTER、RIGHT、TOP、BOTTOM 是在接口 javax.swing.SwingConstants 中定义的。由于 JLabel 实现了 SwingConstants 接口，因而这些值可以从 SwingConstants 获取，也可以从 JLabel 中获取。

例 12-4 显示了如何设置一个带有图片和文字的 JLabel 标签，注意其中用到了 Java GUI 库中的 javax.swing.SwingConstants 辅助类的静态常量来设置组件中的元素对齐方式，这种方法同样在很多其他 Swing 组件上可以通用。

【例 12-4】 不同类型标签的演示。

```
import java.awt.BorderLayout;
import javax.swing.ImageIcon;
import javax.swing.JFrame;
import javax.swing.JLabel;
import javax.swing.SwingConstants;
public class Example12_4 {
    public static void main(String[ ] args) {
    JFrame frame = new JFrame();
    //和 JButton 类似,创建一幅图片
    ImageIcon icon = new ImageIcon("image/smile1.gif");
    //创建一个带有文本的标签
    JLabel jlbl1 = new JLabel("文字标签" );
    //创建一个带有图片的标签
    JLabel jlbl2 = new JLabel(icon);
    //创建一个带有文本和图片的标签并水平居中对齐文本
    JLabel jlbl3 = new JLabel("带图片和文字的标签", icon, SwingConstants.CENTER);
    //设置标签 jlbl3 上的文本水平居中对齐,垂直靠下对齐,文本和图片的间隔为 5 像素
    jlbl3.setVerticalTextPosition(SwingConstants.BOTTOM);
    jlbl3.setHorizontalTextPosition(SwingConstants.CENTER);
    jlbl3.setIconTextGap(5);
    frame.add(jlbl1 ,BorderLayout.WEST );
    frame.add(jlbl2 ,BorderLayout.CENTER );
    frame.add(jlbl3 ,BorderLayout.EAST );
    frame.setTitle("三种类型标签");
    frame.setSize(300, 100);
    frame.setLocationRelativeTo(null);
    frame.setDefaultCloseOperation(JFrame.EXIT_ON_CLOSE);
    frame.setVisible(true);
  }
}
```

程序运行后的结果如图 12-5 所示。

图 12-5　Example 12_4 的运行结果

12.3.3　JTextField 文本框

JTextField 组件是一个文本框，与 VB、Delphi 等可视化编程语言中的文本编辑框类似，一般用于接收用户输入的单行文本信息。可用 JTextField(String text) 构造方法创建带有默认文本的文本框对象，亦可以在创建文本框对象后用 setText(String t)方法设置文本信息。表 12-5 给出了 JTextField 的构造方法与常用的成员方法。

表 12-5 JTextField 的构造方法与常用的成员方法

方法类别	方 法 名	说 明
构造方法	JTextField()	用来创建一个默认的文本框
	JTextField(String text)	用来创建指定初始化信息(text)的文本框
	JTextField(int columns)	用来创建指定列数(columns)的文本框
	JTextField(String text,int columns)	创建一个既有初始化信息又指定列数的文本框
成员方法	void setText(String t)	设置文本框中的文本信息
	String getText(String t)	获取文本框中的文本信息
	void setHorizontalAlignment(int alignment)	设置文本框内容的水平对齐方式，传入参数为 JTextField 类提供的三个静态常量之一，即 LEFT(靠左侧显示)、CENTER(居中显示)和 RIGHT(靠右侧显示)
	void setForeground(Color fg)	设置文本框中字体颜色
	void setFont(Font f)：	设置文本框中文字的字体
	void setColumns(int columns)	设置文本框最多可显示内容的列数(即字符数)
	int getColumns()	获取文本框最多可显示内容的列数(即字符数)

下面的语句显示了如何创建并设置一个文本框，通过构造方法将其文本设置为“你好，Java!”，然后设置文本框的前景色为红色，对齐方式为水平靠右对齐。这里也用到了 java.awt.Color 和 javax.swing.SwingConstants 两个辅助类的静态常量。

```
JTextField jtfMessage = new JTextField("你好,Java! ");
jtfMessage.setColumns(30);
jtfMessage.setForeground(Color.RED);
jtfMessage.setHorizontalAlignment(SwingConstants.RIGHT);
```

将该文本框以某种布局方式添加到一个顶级容器中显示的文本框如图 12-6 所示。

图 12-6 文本框样式

JTextField 类还有一个子类 JPasswordField。它是一个特殊的文本框，一般用于密码输入。为了不让别人看到输入的密码，输入的字符在 JPasswordField 组件的输入框中用“ * ”来代替显示。

12.3.4 JTextArea 多行文本框

JTextField 组件一般用于单行文本框，如果需要多行文本输入和显示的场合则需要另外一个组件 JTextArea。该组件是前述 JTextField 组件的扩展，但是可以支持多行文本和其他相关方法。表 12-6 给出了 JTextArea 的常用构造方法与成员方法。

表 12-6 JTextArea 的常用构造方法与成员方法

方法类别	方 法 名	说 明
构造方法	JTextArea()	以默认的列数和行数创建一个文本区对象
	JTextArea(int x,int y)	以行数为 x、以列数为 y 创建一个文本区对象
	JTextArea(String s)	以字符串 s 为初始值，创建一个文本区对象
	JTextArea(String s,int x,int y)	以 s 为初始值、行数为 x、列数为 y 创建一个文本区对象

续表

方法类别	方法名	说明
成员方法	void append(String str)	将指定文本追加到文本区域末尾
	void insert(String str,int pos)	将指定文本插入指定位置
	void replaceRange(String str, int start,int end)	用给定的新文本替换指定的文本段,即替换从起始位置(start)到结束位置(end)的文本
	int getColumns()	返回文本域中的列数
	int getRows()	返回文本域中的行数
	void setLineWrap(Boolean wrap)	设置当其中的文本超过组件宽度时是否自动换行,默认为false,即不自动换行

下面的程序语句显示了如何创建并设置一个多行文本框,这段语句首先通过调用构造方法直接设置文本框为5行20列,然后设置了文本框的其他相关属性。

```
JTextArea jtaNote = new JTextArea("这是一个多行文本框.\n这是第二行。", 5, 20);
jtaNote.setLineWrap(true);                         //设置文本框为自动换行模式
jtaNote.setForeground(Color.red);
jtaNote.setFont(new Font("Courier", Font.BOLD, 20));        //设置字体与字体大小
```

这些语句运行后显示的界面如图12-7所示。

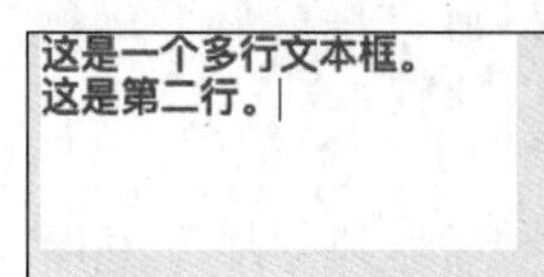

图12-7　创建多行文本框示例的运行结果

12.3.5 JCheckBox复选框

JCheckBox组件实现了复选框,每个复选框只有选中和未选中两种状态,主要用于多个选择的应用场景,即可以同时选定多个复选框。JCheckBox与JRadioButton类(见12.3.6节)的使用方法类似,它们都属于javax.swing.JToggleButton类的子类,都可以用来实现用户勾选一系列选项的功能,只不过前者可以多选,而后者只能是单选。两种组件都为用户提供了setText(String text)和setSelected(Boolean b)等常用方法。表12-7所示为JCheckBox的常用构造方法和成员方法。

表12-7　JCheckBox的常用构造方法和成员方法

方法类别	方法名	说明
构造方法	JCheckBox(Icon icon)	创建一个有图标,但未被选中的复选框
	JCheckBox(Icon icon, boolean selected)	创建一个有图标,并且指定选择状态的复选框
	JCheckBox(String text)	创建一个有文本,但未被选中的复选框
	JCheckBox(String text, boolean selected)	创建一个有文本,并且指定选择状态的复选框

续表

方法类别	方法名	说明
成员方法	void setText(String text)	设置复选框中的文本信息
	void setSelected(Boolean b)	设置复选框的选中状态，true 为选中，false 为未选中
	boolean isSelected()	返回组件的选择状态，如果选中，返回值为 true，否则返回值为 false

通常在设计一组 JCheckBox 组件时会把多个 JCheckBox 对象放置在一个 JPanel 面板中，以便更好地进行统一管理。下面的语句演示了如何创建一组个人兴趣爱好信息的复选框选项，并把它们放置到一个面板中，请注意其中复选框的带参数构造方法。

```
//创建一个复选框,文本内容是“阅读”,布尔参数 true 设置该复选框为选中状态
JCheckBox jchkReading = new JCheckBox("阅读", true);
//创建一个复选框,文本内容是“体育”,默认为非选中状态
JCheckBox jchkSports = new JCheckBox("体育");
//创建一个复选框,文本内容是“旅游”, 默认为非选中状态
JCheckBox jchkTravel = new JCheckBox("旅游");
// 创建一个 Jpanel 面板来放置 3 个复选框
JPanel jpCheckBoxes = new JPanel();
jpCheckBoxes.setLayout(new GridLayout(3, 1));              //设置 JPanel 的布局方式
jpCheckBoxes.add(jchkReading);
jpCheckBoxes.add(jchkSports);
jpCheckBoxes.add(jchkTravel);
```

可以把上面语句中的面板加入一个窗体程序中运行，此时就可以看到复选框的最终显示样式如图 12-8 所示。

阅读
体育
旅游

图 12-8　复选框的最终显示样式

12.3.6 JRadioButton 单选按钮

JRadioButton 是一种单选按钮，类似于 JCheckBox 多选框，它也有选中和未选中两个状态，但是在一组单选按钮中只能有一个可以处于选中状态。因此，JRadioButton 单选按钮在大多数情况下都是成组使用的，很少单独使用。

通常，JRadioButton 需要与 ButtonGroup 类联合使用，确保一组单选按钮只能有一个按钮被用户选中，当某一个按钮被选中时，取消原有选定的操作将由 ButtonGroup 类自动完成。表 12-8 所示为 JRadioButton 的常用构造方法和成员方法。

表 12-8　JRadioButton 的常用构造方法和成员方法

方法类别	方法名	说明
构造方法	JRadioButton (Icon icon)	创建一个有图标，但未被选中的单选按钮
	JRadioButton（Icon icon，boolean selected)	创建一个有图标，并且指定选择状态的单选按钮
	JRadioButton (String text)	创建一个指定文本，但未被选中的单选按钮
	JRadioButton(String text，boolean selected)	创建一个指定文本，并且指定选择状态的单选按钮

续表

方法类别	方法名	说　明
成员方法	void setText(String text)	设置单选按钮中的文本信息
	void setSelected(Boolean b)	设置单选按钮的选中状态，true 为选中，false 未选中
	boolean isSelected()	返回单选按钮的选择状态，如果选中，返回值为 true，否则返回值为 false

配合 JRadioButton 类使用的 java. swing. ButtonGroup 类用于管理一组单选按钮。ButtonGroup 对象并不是一个可见的 Swing 组件，其主要功能是负责维护该组各按钮的“开启”状态（即选中），确保组中只有一个按钮处于“开启”状态。该类还可以用于维护 JRadioButtonMenuItem 和 JToggleButton 等对象组成的按钮组，ButtonGroup 的常用构造方法与成员方法如表 12-9 所示。

表 12-9　ButtonGroup 的常用构造方法与成员方法

方法类别	方法名	说　明
构造方法	ButtonGroup()	创建一个按钮组对象
成员方法	void add(AbstractButton b)	添加按钮到按钮组中
	void remove(AbstractButton b)	从按钮组中移除按钮
	int getButtonCount()	返回按钮组中包含按钮的个数，返回值为整型
	Enumeration< AbstractButton > getElements()	返回一个 Enumeration 类型的对象，用于遍历按钮中的所有按钮对象

要使用按钮组来管理一组单选按钮，首先需要创建一个 ButtonGroup 对象，然后把按钮逐个加入组中。如下面的语句，创建了两个单选按钮供用户选择其中之一，并设置了默认选中红色按钮。

```
JRadioButton jrbRed = new JRadioButton("红色", true);        //参数 true 代表选择该按钮
JRadioButton jrbGreen = new JRadioButton("绿色");            //默认情况下不选择该按钮
ButtonGroup group = new ButtonGroup();
group.add(jrbRed);
group.add(jrbGreen);
```

和 JCheckBox 组件类似，可以先把单选按钮逐个加入一个 JPanel 面板中，然后再把面板添加到窗体中显示。需要特别注意的是，不能把一个非可见的 ButtonGroup 对象添加到容器中，而是需要在容器中逐个添加每一个 JRadioButton 单选按钮。按钮组的最终显示样式如图 12-9 所示。

图 12-9　按钮组的最终显示样式

12.3.7　JList 列表框

JList 组件实现了一个列表框，用户可从该列表中选择某一项或多项。在创建时可以用构造方法 JList(Object[] list)直接初始化列表中的选项数据。该类有 3 种选取列表框中选项的模式，可由 setSelectedMode(int selectionMode)方法设置，传入参数为该类提供的 3 个静态常量之一，即可选 SINGLE_INTERVAL_SELECTION（只允许连续选取多项）、

SINGLE_SELECTION（只允许选取某一项）和 MULTIPLE_INTERVAL_SELECTION（既允许连续选取，又允许间隔选取，即任意选，这是 JList 的默认值）。表 12-10 所示为 JList 的常用构造方法和成员方法。

表 12-10　JList 的常用构造方法和成员方法

方法类别	方 法 名	说　明
成员方法	JList()	构造一个空的 JList
	JList (Object[] listData)	用对象数组中的元素构造一个列表框
成员方法	void setSelectedIndex(int index)	选中指定索引的一个选项
	void setSelectedIndex(int[] indices)	选中指定索引的一组选项
	int[] getSelectedIndices()	以 int[]形式获得被选中的所有选项的索引值
	Object[] getSelectedValues()	以 Object[]形式获得被选中的所有选项的内容
	void clearSelection()	取消所有被选中的项
	boolean isSelectionEmpty()	查看是否有被选中的项，如果什么都没选则返回 true，否则返回 false
	boolean isSelectionIndex(int index)	判断指定索引值的项是否已被选中
	void setSelectionMode(int selectionMode)	设置列表框选择模式：单选、连选和任意多选。默认为任意多选

JList 组件可以容纳多个选项，当选项的数量比较多且超过了组件的高度时，JList 组件不会自动滚动来显示所有项目。为了实现滚动功能，可以把 JList 组件添加到一个 JScrollPanel 面板容器中，如例 12-5 所示。

【例 12-5】 编写一个 GUI 界面，显示一个可以滚动的列表框。

```
import javax.swing.*;
import java.awt.*;
public class Example12_5 extends JFrame{
    public Example12_5(){
        String [] st = { "计算机学院", "管理学院", "外语学院", "能源与动力工程学院", "汉语言文学学院", "医学院" };
        JList jlst = new JList(st);
        jlst.setSelectedIndex(2);     //设置编号 2 的"外语学院"为选中状态(编号从 0 开始)
        jlst.setVisibleRowCount(4);  //设置 JList 组件显示高度为 4 行
        JScrollPane p = new JScrollPane(jlst);
        JButton jbt = new JButton("确 定");
        this.setLayout(new FlowLayout());   //设置窗体布局
        add(p);
        add(jbt);
    }
    public static void main(String[] args) {
        JFrame frame = new Example12_5();
        frame.setTitle("可滚动的 JList 列表框");
        frame.setSize(300, 200);
        frame.setLocationRelativeTo(null);
        frame.setDefaultCloseOperation(JFrame.EXIT_ON_CLOSE);
        frame.setVisible(true);
    }
}
```

上面的程序创建了一个高度为 4 行的 JList 列表框，而列表框里面的选项内容却有 6

行，可以把列表框组件加入一个JScrollPane可滚动的面板容器中，这样就能通过滚动条显示列表框中的全部内容。最后再把上面的JScrollPanel面板容器加入一个窗体中运行，就可以看到列表框界面如图12-10所示。

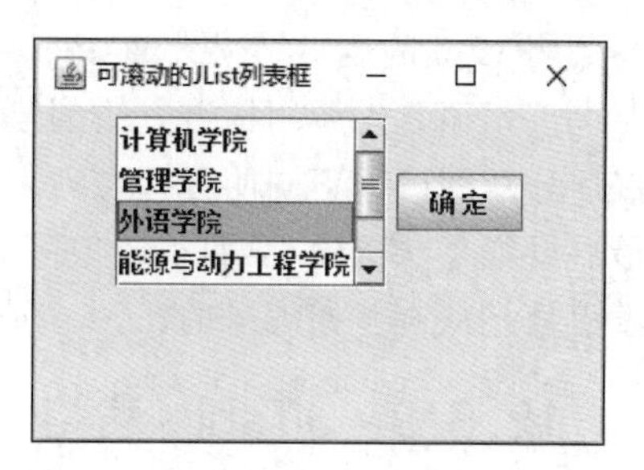

图12-10　列表框界面

仔细观察例12-5的程序，可以发现程序并没有直接实例化JFrame类，而是首先声明了一个Example12_5窗体类，并继承JFrame父类，在构造方法中完成了相关界面的设计，然后只需要实例化该类，就可以显示该窗体，这是Swing组件中一种常见的GUI开发方式。

12.3.8　JComboBox列表框

JComboBox类和JList比较类似，有着大多数相同的功能和方法，不同的是JComboBox只允许被选中一项。JComboBox组件实现了一个列表框，供用户从下拉列表中选择某一选项，同时可设置为编辑状态，在文本框中输入的值可添加到下拉列表框中，可理解为是一个文本框和一个列表框的组合。在创建JComboBox类的对象时，和JList组件类似，可利用构造方法JComboBox(Object[] items)直接初始化列表框包含的选项，并可用addItem(Object item)和insertItemAt(Object item,int index)等添加或插入选项。例12-6给出了下拉列表框的使用示例。

【例12-6】 JComboBox列表框的使用示例。

```
import java.awt.FlowLayout;
import javax.swing.JButton;
import javax.swing.JComboBox;
import javax.swing.JFrame;
import javax.swing.JScrollPane;
public class Example12_6 extends JFrame{
    public Example12_6() {
        JComboBox jcb = new JComboBox(new Object[] {"第一条选项", "第二条选项"});
        jcb.addItem("第四条选项");
        jcb.insertItemAt("第三条选项",2);        //在索引编号2的位置插入一个新选项
        jcb.setSelectedIndex(3);                //选中第4个选项,选项起始编号从0开始
        JScrollPane p = new JScrollPane(jcb);
        JButton jbt = new JButton("确 定");
        add(p);
        add(jbt);
    }
    public static void main(String[] args) {
        JFrame frame = new Example12_6();
        frame.setLayout(new FlowLayout());
        frame.setTitle("JComboBox列表框");
        frame.setSize(300, 200);
        frame.setLocationRelativeTo(null);
        frame.setDefaultCloseOperation(JFrame.EXIT_ON_CLOSE);
        frame.setVisible(true);
    }
}
```

例 12-6 的运行结果界面如图 12-11 所示。

该程序首先调用构造方法创建了一个下拉列表框，然后分别用两种不同的方式在列表框中添加新的选项，最后设置默认选中“第四条选项”，请注意列表框的选项索引号是从 0 开始编号的。

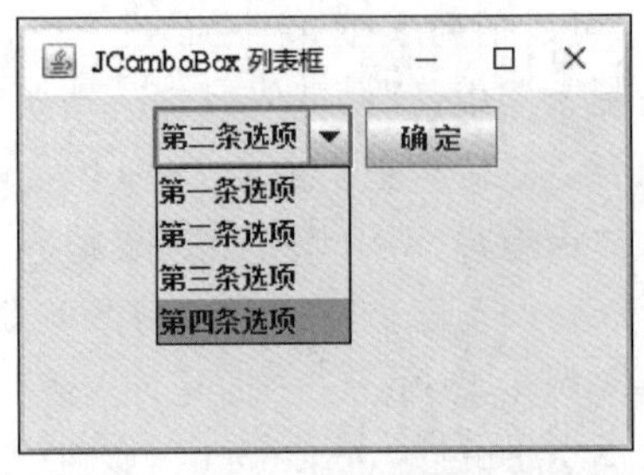

图 12-11　例 12-6 的运行结果界面

12.3.9　JTable 表格

表格是程序中一种很常见的组件，表格的功能是把数据以二维表格的形式显示出来，并且允许用户对表格中的数据进行编辑。Swing 中的表格组件是一个 JTable 类的对象实例，因此常使用 JTable 来处理关系模型数据库中的二维表格数据。

为了更好地进行数据处理，Swing 组件提供了一种功能强大的编程模型，把数据的存储和数据的显示分离开来分别进行编程，这实际上是一种初步 MVC 编程思想的实现技术，被普遍应用于 JComboBox、JList 和 JTable 等各种数据交互类组件中。JComboBox、JList 一般处理的是一维数据，采用非 MVC 的传统编程方式就可以满足大多数的需求。而 JTable 组件通常都和二维数据处理有关，相比之下数据的结构要复杂得多。因此，在实际应用中，JTable 往往都是采用一种简化的 MVC 模式，把数据存储和显示功能分离，实现功能更强大、处理更灵活的数据交互操作界面。

采用数据存储和显示分离的方式进行 JTable 组件的相关开发，首先需要创建一个 TableModel 数据模型类的实例对象，指定需要显示在表格中的数据结构，如二维数据表初始内容、每一列的标题等。TableModel 是一个接口，为了方便，一般不会直接使用，而是采用该接口的一个实现类 DefaultTableModel 模型类，该类的构造函数有很多，比较常用的有如下两个。

(1) DefaultTableModel(Object[][] data, Object[] columnNames)：分别用二维数组和一维数组来定义表格的数据内容和标题行。

(2) DefaultTableModel(Vector rowData, Vector columnNames)：采用 Vector 向量类来定义数据和标题行。

其中，第二个构造方法参数中的 Vector 向量属于一种集合类，集合类将在第 14 章介绍，现阶段可以采用数组的方式来完成数据模型的定义。

一旦完成了数据模型的定义，就可以通过 JTable 的构造方法把数据绑定到界面上显示二维数据，其构造方法的语法格式如下：

```
JTable (TableModel model)
```

为了正常显示所有的数据，往往需要把 JTable 表格放在 JScrollPane 滚动面板中。如果没有把表格加入滚动面板中，当数据量比较大的时候，可能部分数据将无法显示，而且标题行不可见。

通过数据存储和显示的分离，表格上数据的增加、删除和修改可以直接通过修改数据模型中的数据来完成，不需要再去修改界面，程序的结构更加合理，扩展性和灵活性也大大增强。例 12-7 采用数据存储和显示分离技术，演示了一个简单的学生信息表的相关应用。

【例 12-7】 基于数据存储显示分离模型的 JTable 表格的应用演示。

```
import javax.swing.*;
import javax.swing.table.DefaultTableModel;
public class Example12_7 {
    public static void main(String[] args) {
        TestTableModel frame = new TestTableModel();
        frame.setTitle("测试 JTable 表格");
        frame.setSize(500, 200);
        frame.setLocationRelativeTo(null);
        frame.setDefaultCloseOperation(JFrame.EXIT_ON_CLOSE);
        frame.setVisible(true);
    }
}
class TestTableModel extends JFrame {
    //定义标题行
    private String[] columnNames = { "学号", "姓名", "班级", "性别" };
    //定义二维表格数据的内容
    private Object[][] data = { { "001", "张三", "一班", "男" },
            { "001", "张三", "一班", "男" },
            { "003", "李四", "二班", "男" },
            { "004", "王小敏", "四班", "女" },
            { "005", "张杰", "三班", "男" },
    };
    public TestTableModel() {
        //定义数据模型对象
        DefaultTableModel tableModel = new DefaultTableModel(data, columnNames);
        //把数据模型绑定到表格组件中
        JTable jTable1 = new JTable(tableModel);
        //将 JTable 添加到滚动面板中,同时将滚动面板加入顶层内容面板
        add(new JScrollPane(jTable1));
        //在模型末尾增加一条数据
        tableModel.addRow(new Object[] { "006", "周弘", "二班", "男" });
        //在模型首行位置增加一条数据
        tableModel.insertRow(0, new Object[] { "007", "赵雨", "一班", "女" });
        //在模型中删除第二行数据
        tableModel.removeRow(1);
        //在模型中增加一列年龄
        tableModel.addColumn("年龄");
        //将第三行数据的年龄修改为 18
        tableModel.setValueAt("18", 2, 4);
    }
}
```

如上程序对数据模型中的数据进行增、删、改操作,甚至增加一个新的标题行。和其他组件类似,程序中的二维表格数据的行列编号均是从 0 开始的,最后的运行结果如图 12-12 所示。

测试JTable表格

学号	姓名	班级	姓别	年龄
007	赵雨	一班	女	
001	张三	一班	男	
003	李四	二班	男	18
004	王小敏	四班	女	
005	张杰	三班	男	
006	周弘	二班	男	

图 12-12 JTable 表格的运行结果

观看视频

12.4 布局管理器

在早期的图形界面开发平台中，组件在用户界面上的具体位置一般都是通过设置其绝对坐标直接定位来完成的。例如，可以把一个 JButton 按钮组件摆放在窗体面板容器的坐标<100,100>的位置，也就是横坐标和纵坐标均为 100 像素的地方。然而，这种“硬编码”的坐标定位方式在不同分辨率或者不同操作系统的计算机中显示的效果却会有较大的差异，甚至在某些分辨率下会出现组件布局位置紊乱的现象。Java 提供了一套行之有效的布局管理器来对组件在容器中的位置排列和大小进行统一规范的管理，使得图形界面在各种不同操作系统或分辨率屏幕下都能比较完美地显示出相同的效果，这是一种根据运行环境自适应地管理组件位置的界面设计方式，也是目前比较流行的用户交互界面设计手段。

12.4.1 使用布局管理器

Java GUI 的容器都有一个默认布局管理器，布局管理器会按照一定的方式组织容器中的各种组件，JFrame 窗体的默认布局管理器是边界布局(BorderLayout)。除此之外，Java 还提供了流式布局(FlowLayout)、网格布局(GridLayout)等，它们都是 java. awt. LayoutManger 接口的实现类。一旦为一个 Swing 容器指定了某种类型的布局管理器，就不需要再指定每个组件在容器中的坐标位置和大小，布局管理器会自动地对组件的排列、位置和大小进行管理。

容器可以使用 setLayout(LayoutManager manager) 方法来设置布局管理器。例如下面的语句为一个 JFrame 容器对象设置了一个流式布局 FlowLayout。

```
JFrame fm = new JFrame();
LayoutManager layoutManager  =  new FlowLayout();
fm.setLayout(layoutManager);
```

如不使用布局管理器，而是用绝对位置和大小摆放组件，可以将容器的布局管理器设置为 null，即 setLayout(null)。这样，任何放入容器的组件，均需使用 setBounds(Rectangle arg0)或 setBounds(int arg0，int arg1，int arg2，int arg3)来指定组件在容器中的绝对坐标位置和显示大小，其中第二个 setBounds()方法的前两个参数设置了组件左上角的起始点坐标，后两个参数分别为组件的宽和高。

12.4.2　边界布局

边界布局管理器是窗体面板 JFrame 容器的默认布局，这种布局将容器划分为 5 个区域，分别为容器顶部(North)、容器底部(South)、容器左侧(West)、容器右侧(East)和容器中心(Center)，如图 12-13 所示。

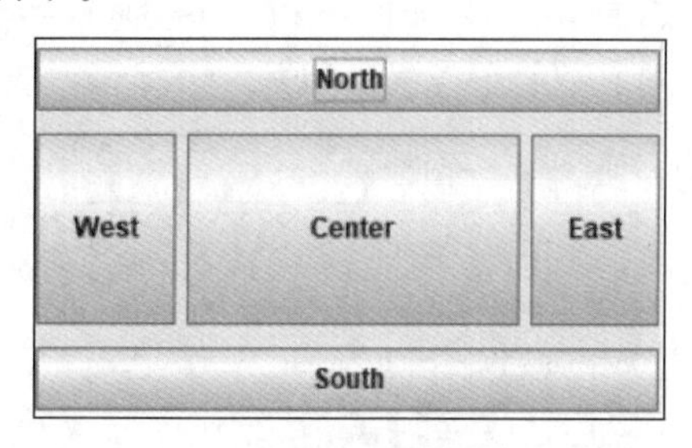

图 12-13　边界布局管理器的 5 个区域

容器可以通过 add(Component,index)方法将组件加进来，其中组件在容器中的位置取决于第二个参数 index，index 参数是一个字符串，可以是 BorderLayout. EAST(右方)、BorderLayout. SOUTH(下方)、BorderLayout. WEST(左方)、BorderLayout. NORTH(上方)，以及 BorderLayout. CENTER(中间)5 个常量中的任意一个，分别代表该组件在容器中的 5 个不同的位置。BorderLayout 中的这 5 个字符串常量对应的字符串分别是"East"、"South"、"West"、"North"、"Center"。在默认情况下，边界布局的容器中的组件会自动拉伸大小，并铺满其所在容器的空余空间。

BorderLayout 类还提供如下两个常用方法设置各个区域之间的间隔距离。

(1) setHgap(int hgap)：设置各区之间的水平间隔(以像素点为单位)。

(2) setVgap(int vgap)：设置各区之间的垂直间隔(以像素点为单位)。

也可以在通过 new BorderLayout(hgap: int,vgap: int)生成布局管理器时，设置各区域的间隔。

【例 12-8】 包含 5 个按钮的边界布局管理器。

```
import javax.swing.JButton;
import javax.swing.JFrame;
import java.awt.BorderLayout;
public class Example12_8 extends JFrame {
    public Example12_8() {
        //设置边界布局,并指定各区域之间的间隔
        setLayout(new BorderLayout(5, 10));
        //添加 5 个按钮,分布在 5 个不同区域
        add(new JButton("East"), BorderLayout.EAST);
        add(new JButton("South"), BorderLayout.SOUTH);
        add(new JButton("West"), BorderLayout.WEST);
        add(new JButton("North"), BorderLayout.NORTH);
        add(new JButton("Center"), BorderLayout.CENTER);
    }
    public static void main(String[] args) {
        Example12_8 frame = new Example12_8();
        frame.setTitle("测试边界布局管理器");
```

```
        frame.setSize(300, 200);
        frame.setLocationRelativeTo(null);
        frame.setDefaultCloseOperation(JFrame.EXIT_ON_CLOSE);
        frame.setVisible(true);
    }
}
```

程序的运行结果如图 12-14 所示。

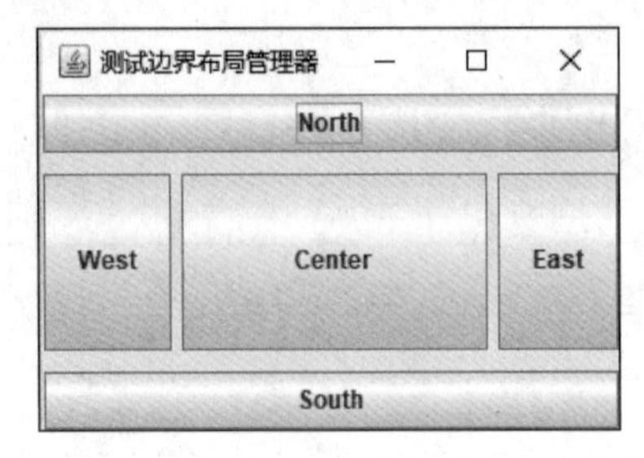

图 12-14 【例 12-8】的运行结果

为了更好地了解边界布局管理器的实际显示效果，有兴趣的读者可以尝试修改该程序，去掉一个或多个按钮组件，然后再重新运行，观察在边界布局管理器中的组件是如何自动拉伸铺满整个区域的。

12.4.3 流式布局

流式布局管理器 FlowLayout 类是另外一种非常简单的布局，它的布局策略是把容器中的所有组件按照加入的先后顺序依次从左到右排列，如果一行没有足够的空间放置新的组件了，则换下一行继续按从左到右的方向依次排列。如果容器大小发生变化，组件则按照上述规律自动重新进行排列。该类默认是居中显示组件的，但可以通过 setAlignment(int align)方法设置组件的对齐方式，该类同样提供了 setHgap(int hgap)和 setVgap(int vgap)方法设置组件的水平间距和垂直间距。

【例 12-9】 采用流式布局的个人信息输入程序界面。

```
import javax.swing.*;
import java.awt.*;
public class Example12_9 extends JFrame {
    public Example12_9() {
        FlowLayout layout = new FlowLayout();
        layout.setAlignment(FlowLayout.LEFT);
        setLayout(layout);
        add(new JLabel("姓名"));
        add(new JTextField(8));
        add(new JLabel("年龄"));
        add(new JTextField(3));
        add(new JLabel("住址"));
        add(new JTextField(12));
    }
    public static void main(String[] args) {
        Example12_9 frame = new Example12_9();
```

```
        frame.setTitle("测试流式布局管理器");
        frame.setSize(500, 100);
        frame.setLocationRelativeTo(null); //窗体居中
        frame.setDefaultCloseOperation(JFrame.EXIT_ON_CLOSE);
        frame.setVisible(true);
    }
}
```

运行如上程序，并调整窗体的大小，可以看到流式布局管理器会自动更新容器内组件的排列位置，图 12-15(a)所示为在窗体拉宽时的组件布局，图 12-15(b)所示为在窗体变窄时的组件布局。

(a) 容器宽度大　　(b) 容器宽度小

图 12-15　流式布局管理器在不同大小窗体下的布局

12.4.4　网格布局

网格布局像电子数据表格一样，按行、列排列所有的组件。容器中的组件按照加入的先后顺序，从左到右、从上到下依次排列，并且所有组件的大小都保持一致。该类提供的构造方法 GridLayout(int rows,int cols)在创建布局管理器对象时可指定网格的行数和列数，其中，参数 rows 用来设置网格的行数，参数 cols 用来设置网格的列数。

【例 12-10】 采用网格布局的个人信息输入程序界面。

```
import javax.swing.*;
import java.awt.*;
public class Example12_10 extends JFrame {
    public Example12_10() {
        setLayout(new GridLayout(3,2));            //创建一个 3 行 2 列的网格布局
        add(new JLabel("姓名"));
        add(new JTextField(8));
        add(new JLabel("年龄"));
        add(new JTextField(3));
        add(new JLabel("住址"));
        add(new JTextField(8));
    }
    public static void main(String[] args) {
        Example12_10 frame = new Example12_10();
        frame.setTitle("测试网格布局管理器");
        frame.setSize(300, 150);
        frame.setLocationRelativeTo(null);
        frame.setDefaultCloseOperation(JFrame.EXIT_ON_CLOSE);
        frame.setVisible(true);
    }
}
```

运行如上程序，得到的网格布局的界面如图 12-16 所示。

图 12-16　网格布局的界面示例

12.4.5 Box 容器与 Box Layout

JPanel 容器约定以流的方式水平摆放组件，如果有两组组件，如图 12-17 所示，每组都按垂直的方式摆放，然后放在外层容器的中间，用前面学过的三种布局管理器实现起来都不太方便，这时可借助于 Box 容器实现。

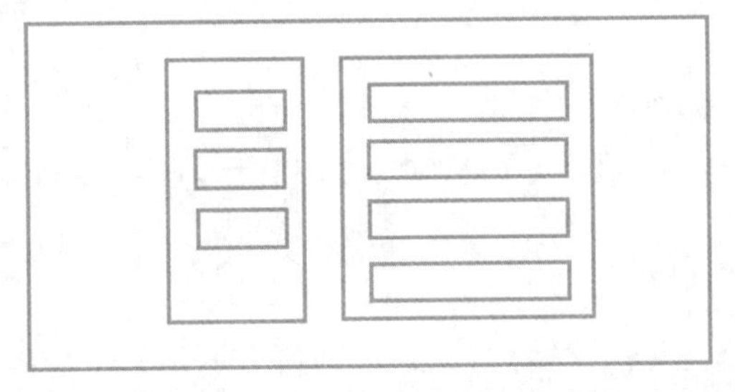

图 12-17　组件摆放示意

Box 容器的作用类似于 JPanel，Box 类是借助于 BoxLayout 布局管理器创建单行或单列组件的一个特殊 Java 容器。Box 类在创建对象时，可以指定布局管理器的 BoxLayout 参数值，该参数值是个整数，它指定是以水平还是垂直的方式摆放组件。Box 类提供了非常简洁的构造方法 Box(int axis)创建容器对象，axis 用于指定布局管理器是按水平还是垂直方式摆放组件，除此以外，还提供了创建 Box 容器的静态方法。表 12-11 所示为 Box 类的常用构造方法和成员方法。

表 12-11　Box 类的常用构造方法和成员方法

方法类别	方 法 名	说　明
构造方法	Box(int axis)	创建水平显示或垂直显示的 Box 容器，axis 取 0 为水平显示，取 1 为垂直显示
成员方法	public static Box createHorizontalBox()	产生一个从左到右显示组件的 Box 对象
	public static Box createVerticalBox()	产生一个从上到下显示组件的 Box 对象
	public static Component createHorizontalStrut (int width)	在水平的 Box 中，产生一个宽度为 widtht 像素的空白组件，以实现组件间的水平间隔
	public static Component createVerticalStrut (int height)	在垂直的 Box 中，产生一个高度为 height 像素的空白组件，以实现组件间的垂直间隔

对于水平容器，标签与按钮以其最大尺寸显示，文本域使用余下的空间。

在垂直容器中，标签与按钮的尺寸也是以其最大尺寸显示的，文本域的高度填充了标签与按钮没有使用的高度，而其宽度与容器的宽度相同。

【例 12-11】　使用 Box 容器创建一个如图 12-18 所示的学生信息输入界面。

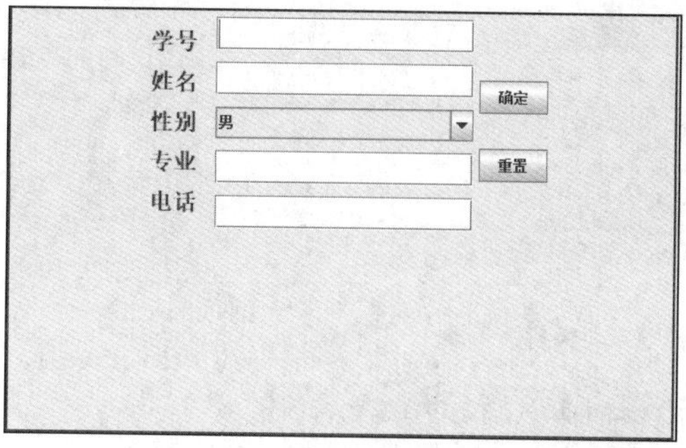

图 12-18 学生信息输入界面

```
import javax.swing.*;
import javax.swing.border.LineBorder;
import java.awt.*;

public class Example12_11 {
    public static void main(String[] args) {
        JFrame frame = new JFrame("一个窗体");
        JPanel jp = new BoxInputPanel();
        frame.add(jp);
        frame.setTitle("BoxInput");
        frame.setSize(600, 400);
        frame.setDefaultCloseOperation(JFrame.EXIT_ON_CLOSE);
        frame.setLocationRelativeTo(null);
        frame.setVisible(true);
    }
}
class BoxInputPanel extends JPanel {
    String[] term = {" 学号 "," 姓名 "," 性别 "," 专业 "," 电话 "};
    JTextField[] value = new JTextField[5];
    Font font = new Font("宋体",Font.BOLD, 20);
    JLabel lab;
    String[] choice = {"男","女"};
    public JComboBox comboBox = new JComboBox(choice);

public BoxInputPanel(){

        Box tBox = Box.createVerticalBox();
        Box vBox = Box.createVerticalBox();
        Box butBox = Box.createVerticalBox();
        tBox.setFont(font);
        vBox.setFont(font);
        for (int i = 0;i < 5;i++)
        {JLabel lab = new JLabel(term[i]);
         lab.setFont(font);
         tBox.add(lab);
```

```
         tBox.add(Box.createVerticalStrut(10));
        }
        for (int i = 0;i < 5;i++)
        {
        if (i == 2)
              vBox.add(comboBox);
           else{
              value[i] = new JTextField(20);
              value[i].setFont(font);
              vBox.add(value[i]);
            }
           vBox.add(Box.createVerticalStrut(10));
        }
        butBox.add(new JButton("确定"));
        butBox.add(Box.createVerticalStrut(30));
        butBox.add(new JButton("重置"));
        this.setBorder(new LineBorder(Color.BLUE, 2));
        this.add(tBox);
        this.add(vBox);
        this.add(butBox);
    }
}
```

12.4.6 容器的嵌套和布局管理

在实际应用中，很多时候需要设计结构比较复杂、组件数量较多的图形用户界面，此时在一个窗体中单纯采用某一种布局管理器往往难以满足要求。Swing 的 JPanel 面板对象提供了嵌套功能，可以在一个面板中嵌套若干子面板，每个子面板可以采用不同的布局管理器进行布局并放置不同的组件，同时所有的子面板也可以采用某种布局管理器组合在一起嵌套在一个上层面板容器中，从而构成一个比较复杂的界面结构。理论上这种嵌套层次可以无限扩展下去，为界面的设计提供了巨大的想象空间。

【例 12-12】 嵌套容器布局管理的应用——计算器界面设计。

如图 12-19 所示，计算器界面包括三个区域，结果显示区域、按键区域、"关于本产品"区域，这三个区域分别在容器 toPanel、middlePanel、bottomPanel 中实现。计算机的顶层容器是一个 JFrame 组件。

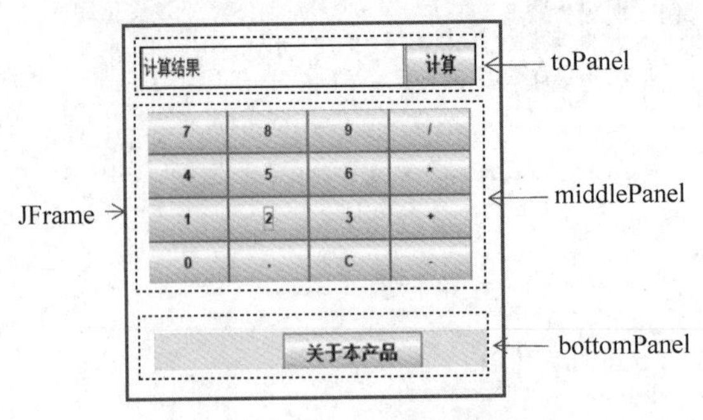

图 12-19　容器的嵌套布局

```
import javax.swing.*;
import java.awt.*;
public class Example12_12 extends JFrame {
public Example12_12() {
      JPanel toPanel = new JPanel(new BorderLayout());
                                                    //边界布局的顶部容器
      JPanel middlePanel = new JPanel(new GridLayout(4, 4,0,0));  //网格布局的中间容器
      JPanel bottomJPanel = new JPanel(new FlowLayout(FlowLayout.CENTER));//流式布局的底部
容器
      //在顶部面板中添加一个文本框和按钮
      toPanel.add(new JTextField("计算结果"), BorderLayout.CENTER);
      toPanel.add(new JButton("计算"), BorderLayout.EAST);
      //在中间面板中添加按网格布局的 16 个按钮
      String[] s = {"7","8","9","/","4","5","6","*","1","2","3","+","0",".","C","-"};
      for (int i = 0; i < s.length; i++) {
           middlePanel.add(new JButton(s[i]));
      }
      //在底部面板中添加一个按钮
      bottomJPanel.add(new JButton("关于本产品"));
      //把 3 个子容器面板按边界布局方式加入窗体内容面板
      add(toPanel, BorderLayout.NORTH);
      add(middlePanel, BorderLayout.CENTER);
      add(bottomJPanel, BorderLayout.SOUTH);
}
public static void main(String[] args) {
      Example12_12 frame = new Example12_12();
      frame.setTitle("容器的嵌套布局");
      frame.setSize(300, 250);
      frame.setLocationRelativeTo(null);
      frame.setDefaultCloseOperation(JFrame.EXIT_ON_CLOSE);
      frame.setVisible(true);
  }
}
```

例 12-12 的窗体内容面板采用了默认的边界布局管理器，并布置了 3 个子面板，每个子面板又具有各自不同的布局管理器和组件，它们一起组成了一个比较复杂的界面。

12.5 常见 GUI 相关辅助类

12.5.1 Color 类

RGB 颜色模型是当今工业界的一种颜色标准，是通过对红(Red)、绿(Green)、蓝(Blue)三种颜色通道的变化以及它们相互之间的叠加来得到各式各样的颜色的，RGB 即是代表

红、绿、蓝三个通道的颜色，这个标准几乎包括了人类视力所能感知的所有颜色，是运用最广泛的颜色系统之一。

Java 在 GUI 设计中，使用 java. awt. Color 类可以为每一个组件设置不同的前景色和背景色。Color 类也是基于 RGB 色彩模型的，颜色由红、绿、蓝三种分量混合而成，每个分量值采用 0～255 的一个整数来表示，数值越大代表相应的色彩分量强度越大。

通常情况下，可以由下面的构造方法创建一个 Color 颜色对象：

```
public Color(int r, int g, int b);
```

其中的参数 r、g、b 分别代表红、绿、蓝三种颜色分量的值。注意，如果在调用时三个参数的值不在(0,255)的范围内，将会得到一个 IllegalArgumentException 异常。

Swing 中的组件都可以调用 setBackground(Color c) 和 setForeground(Color c)两种方法来分别设置背景和前景颜色。例如下面的语句片段创建了一个按钮，并为其设置了不同的前景色和背景色。

```
JButton jbtOK = new JButton("OK");
Color color = new Color(128, 100, 100);
jbtOK.setBackground(color);
jbtOK.setForeground(new Color(100, 1, 1));
```

在实际应用中，RGB 色彩模型不够直观，可读性不太好。为了简化色彩的管理工作，Java 预置了 13 个基本的颜色常量(BLACK、BLUE、CYAN、GREEN、DARK_GRAY、GRAY、LIGHT_GRAY、MAGENTA、ORANGE、PINK、RED、WHITE 和 YELLOW)。这些颜色常量都被定义为 java. awt. Color 类的静态成员，可以直接在程序中调用。例如下面的语句可以很方便地将按钮设置为红色：

```
jbtOK.setForeground(Color.RED);
```

12.5.2 Font 类

在 Java 图形用户界面中，组件显示的文字字体是通过 java. awt. Font 对象来进行控制的。构建一个 java. awt. Font 对象，需要指定其字体的类型、风格和大小。

Font 类的构造方法定义如下：

```
public Font(String name, int style, int size);
```

构造方法的三个参数分别代表字体名称、字体风格和字体大小，其中字符串参数字体名称可以是系统中已经安装的中英文字体名称，如宋体、黑体或楷体等；字体的风格是指标准、粗体、斜体、粗斜体等，一般可以用 Font 类的静态成员常量 Font. PLAIN (值为 0)、Font. BOLD (值为 1)、Font. ITALIC (值为 2)和 Font. BOLD+Font. ITALIC (值为 3)，它们都是整数常量。

Swing 组件都可以通过 setFont(Font f)方法来进行字体的设置和修改。下面的语句片段创建了两个字体对象，并创建一个按钮使用了其中一种字体：

```
Font font1 = new Font("宋体", Font.BOLD, 16);
Font font2 = new Font("楷体", Font.BOLD + Font.ITALIC, 12);
JButton jbtOK = new JButton("确定");
jbtOK.setFont(font1);
```

如果不能确定系统中安装了哪些字体或者不清楚字体的具体名称是什么，可以使用GUI库中的java.awt.GraphicsEnvironment类提供的相关功能，对系统中安装的字体信息进行查询。

【例 12-13】 程序实现遍历并打印输出系统中可用字体的名称。

```
import java.awt.*;
public class Example12_13{
    public static void main(String[] args) {
        GraphicsEnvironment e = GraphicsEnvironment.getLocalGraphicsEnvironment();
        String[] fontnames = e.getAvailableFontFamilyNames();
        for (int i = 0; i < fontnames.length; i++)
            System.out.println(fontnames[i]);
    }
}
```

习题

1. 请说明AWT和Swing的关系，以及Swing的优点。
2. 什么是Java GUI中的组件，组件和对象有何关系？
3. 什么是容器？常用的顶层容器有哪几个？
4. 什么是布局管理器？为什么要使用布局管理器？
5. 在Java的GUI编程中，请判断下面的说法是否正确：
(1) 可以将一个JButton添加到JFrame中。
(2) 可以将一个JFrame添加到JPanel中。
(3) 可以将一个JPanel加到另一个JPanel中。
(4) 可以将任意一个组件添加到JFrame或者JPanel中。
(5) 可以编写自定义类继承JFrame或者JPanel。
6. JPanel的默认布局管理器是什么？如何将组件对象加入一个JPanel面板中？
7. 下面的程序运行结果是什么？

```
import javax.swing.*;
public class Test {
public static void main(String[] args) {
    JButton jbtOK = new JButton("OK");
    System.out.println(jbtOK.isVisible());
    JFrame frame = new JFrame();
    System.out.println(frame.isVisible());
}
```

8. JScrollPane 容器有什么作用？请举例说明哪些组件可能会用到该面板容器。

9. 如何设置组件的字体？如何用 Java 代码查看系统中安装了哪些字体？

10. 下面的代码片段在一个容器中多次添加同一个按钮组件，会出现什么样的显示结果？该代码片段是否有语法错误？是否会出现运行时错误？

```
JButton jbt = new JButton();
JPanel panel = new JPanel();
panel.add(jbt);
panel.add(jbt);
panel.add(jbt);
```

11. 下面的代码片段的功能为在一个窗体中显示一个按钮，但是程序运行后却没有按钮显示。请仔细检查代码，说说看问题出在哪里？应该如何修改程序才能正确显示按钮？

```
public class Test extends javax.swing.JFrame {
    public Test() {
        add(new javax.swing.JButton("OK"));
    }
    public static void main(String[ ] args) {
        javax.swing.JFrame frame = new javax.swing.JFrame();
        frame.setSize(100, 200);
        frame.setVisible(true);
    }
}
```

12. 编写一个 GUI 程序，要求：显示一个用 FlowLayout 布局的窗体，窗体中包含两个 panel 面板，每个面板中有 3 个按钮，且采用 BorderLayout 布局管理器。

13. 请选择合适的布局方式，设计一个如图 12-20 所示的图书管理系统的登录界面，其中身份类型包含普通账户、管理员账户、游客三种。

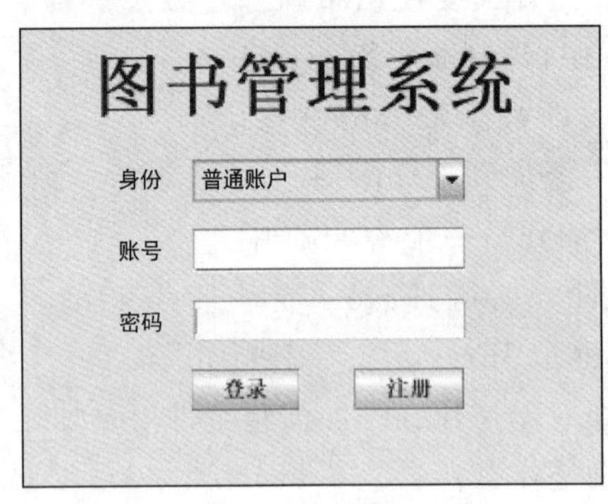

图 12-20　图书管理系统的登录界面

14. 请用 Java 组件设计一个如图 12-21 所示的一个二维数据录入界面。

15. 设计一个学生信息录入的窗体界面，用户可以录入如下信息。

(1) 学生基本信息：姓名、性别(男或女单选)、年龄和个人特长(可以从音乐、美术、体育、舞蹈、其他几个选项中多选)。

(2) 学生扩展信息：学号、学院(从界面上选择输入)、专业(从界面中选择输入)、GPA 绩点。

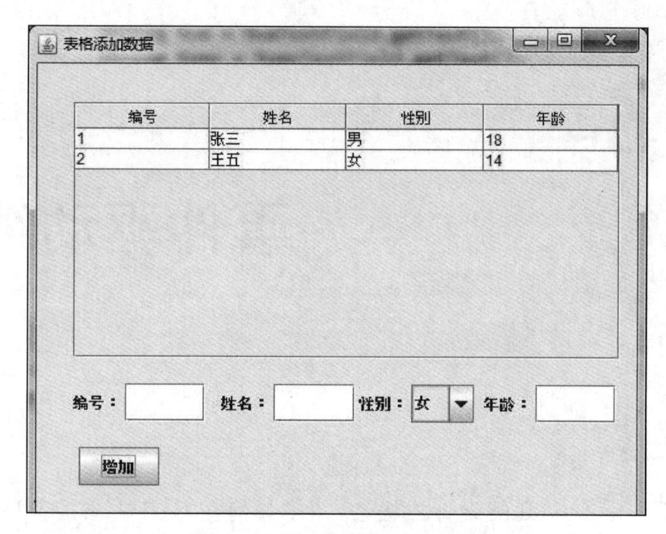

图 12-21　二维数据录入界面

要求选择合适的容器、组件和布局方式，设计一个操作简便、界面美观的窗体。

本章练习

第13章 事件驱动编程

引言

第 12 章介绍了 Java GUI 的设计方法，介绍了如何在 GUI 中添加各种组件并进行布局管理。迄今为止，这些界面还仅仅只是静态展示，并不能对用户的操作进行交互响应，例如，在例 12-2 程序的运行中，当用户单击了“搜索”按钮后，程序应该进行相应的处理，并把搜索到的数据显示在结果框中，但该例并没有实现这个功能。针对交互式程序设计问题，Java 提供了事件驱动的编程模型。本章将围绕 Java 事件驱动的编程方法，介绍事件源、事件、事件监听与事件处理。

观看视频

13.1 GUI 事件处理流程

在 Java 中，用户和 GUI 之间的交互操作是通过事件来驱动的。Java 为 GUI 编程提供了完善的事件驱动解决方案。事件驱动编程主要涉及三种对象，它们是事件源对象、事件对象和事件处理对象(事件监听器)。

事件就是某件事情发生后产生的信号，事件可以由外部用户操作触发，如鼠标移动、按钮单击和键盘按键的按下与释放等，或由内部程序活动触发，如计时器 Timer 等。事件发生后，程序可以选择响应或忽略该事件，如果程序选择响应，相关的程序代码就会被触发和执行。

事件源对象就是能够产生事件的 GUI 组件。例如当按钮组件被用户单击，就会产生一个 ActionEvent 类型的事件对象，在这种情况下按钮就是事件源对象，ActionEvent 类型的对象就是事件对象，简称事件。

在 Java 事件处理机制中，事件监听器包含了事件处理的主要功能程序。一个事件源对象可能会产生多个事件，如果程序需要响应某个事件，就需要在事件源上注册该事件所对应的事件监听器。经过注册，Java 就会在该事件源上进行相关事件的监听，一旦相关的事件发生，事件处理对象就会自动触发运行相应的事件处理程序。

Java GUI 的事件处理过程可以分为以下 4 步。

1. 将事件监听器注册到事件源对象上

事件监听器包含了事件处理的主要程序功能，一个事件源对象可以注册不同类型的多个监听器，以便处理不同类型的事件。

2. 事件源生成事件对象

大多数情况下,外部用户的动作,如按钮单击、鼠标移动、键盘按键的按下与释放等会产生各种不同的事件对象,如动作事件、鼠标事件或键盘事件等。

3. 触发对应事件监听器

当一个事件发生的时候,会根据事件的类型,查找并触发该事件源对象所注册的事件监听器。

4. 自动运行相应的事件处理程序

在所触发的监听器中可能包含多个事件处理程序,例如键盘事件监听器中就包含按键按下处理程序、抬起处理程序等,监听器会根据事件的类型选择不同的处理程序执行。

图 13-1 所示为 GUI 事件处理流程示意图,从中可以看出,Java 的 GUI 事件驱动编程的主要工作就是编写事件处理程序并将其注册到事件源中去。下面将逐一介绍事件源、事件类和事件处理的详细内容。

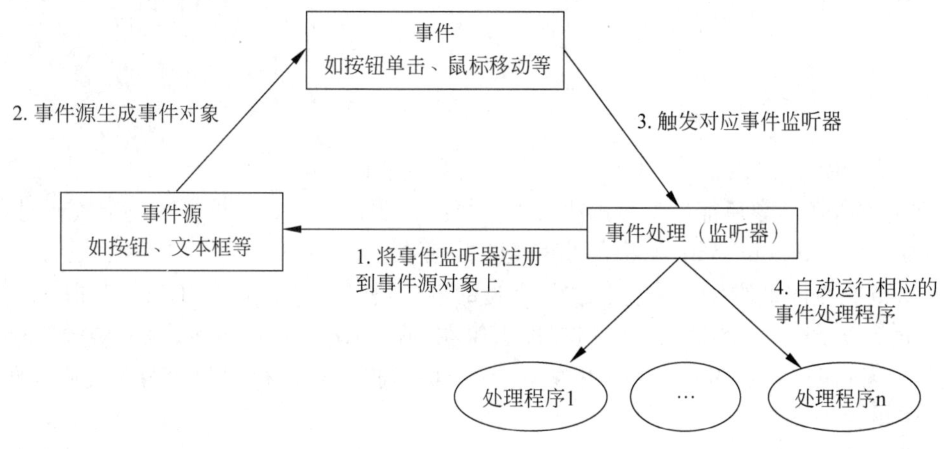

图 13-1 GUI 事件处理流程示意图

13.2 事件源

产生事件的组件或对象被称作事件源对象,简称事件源。在 GUI 编程中,事件源通常就是各个 GUI 组件。例如在 Swing 界面中发生按钮单击时,事件源就是 JButton 按钮组件,单击按钮会产生 ActionEvent 类型的事件。

表 13-1 展示了在 Swing 图形界面程序中,常见的外部用户动作作用于事件源之后所触发产生的事件对象类型。在一个事件源对象上的动作,有可能会同时触发多个事件,如表 13-1 中所示的“单击一个单选框”动作就产生了两个事件 ItemEvent 和 ActionEvent。程序代码可以选择处理或者忽略这些事件。

表 13-1 常见的外部用户动作作用于事件源之后所触发产生的事件类型

用 户 动 作	事件源对象的类型	可以触发的事件类型
单击按钮	JButton	ActionEvent
在文本框中回车	JTextField	ActionEvent
在下拉选择框中选择一个选项	JComboBox	ItemEvent、ActionEvent

续表

用 户 动 作	事件源对象的类型	可以触发的事件类型
选择菜单项	JMenuItem	ActionEvent
选择列表框中的一个选项	JList	ListSelectionEvent
单击一个单选框	JRadioButton	ItemEvent、ActionEvent
单击一个复选框	JCheckBox	ItemEvent、ActionEvent
窗体打开、关闭、最小化和恢复	Window	WindowEvent
鼠标按下、抬起、单击、进入、移出	Component	MouseEvent
鼠标移动和拖曳	Component	MouseEvent
键盘按下、抬起	Component	KeyEvent

如果一个组件可以触发一个事件，则该组件的任何子类都可以触发相同类型的事件。例如，每个 GUI 组件都可以触发鼠标事件、键盘事件、焦点事件和组件事件，因为组件是所有 GUI 组件的超类。

13.3 事件类

在 Java 图形用户编程中，事件作为一个对象，是由事件源对象产生的。由表 13-1 可知，不同的事件源对象所能够产生的事件对象类型也不同，例如，当单击了一个按钮对象后，就会产生一个 ActionEvent 类型的事件对象，而在一个 JPanel 面板上移动鼠标会产生 MouseEvent 类型的事件对象。除此之外，常见的事件类还有 ComponentEvent、WindowEvent、KeyEvent 等以 Event 结尾的类，它们都被组织在 java. awt. event 包下，并直接或间接继承了父类 java. util. EventObject。这些 AWT 包中的事件类可以被划分为两大类别：低级事件和高级事件。

低级事件是指基于特定动作的事件，如进入、单击、拖放等动作的鼠标事件，当组件得到焦点、失去焦点时触发焦点事件。常见的低级事件相关的类如表 13-2 所示。

表 13-2 常见的低级事件相关的类

类 名	事 件	含 义
ComponentEvent	组件事件	当组件尺寸发生变化、位置发生移动、显示/隐藏状态发生变化时触发该事件
ContainerEvent	容器事件	当容器里发生添加组件、删除组件时触发该事件
WindowEvent	窗口事件	当窗口状态发生改变（如打开、关闭、最大化、最小化）时触发该事件
FocusEvent	焦点事件	当组件得到焦点或失去焦点时触发该事件
KeyEvent	键盘事件	当按键被按下、松开、单击时触发该事件
MouseEvent	鼠标事件	当进行单击、按下、松开、移动鼠标等动作时触发该事件
PaintEvent	组件绘制事件	该事件是一个特殊的事件类型，当 GUI 组件调用 update()/paint()方法来呈现自身时触发该事件

高级事件是基于语义的事件，它可以不和特定的动作相关联，而依赖于触发此事件的类。常见的高级事件相关的类如表 13-3 所示。例如，在单击按钮或 TextField 中按 Enter 键会触发 ActionEvent 事件，在滑动条上移动滑块会触发 AdjustmentEvent 事件，选中项目

列表的某一项就会触发 ItemEvent 事件。

表 13-3 常见的高级事件相关的类

类 名	事 件	含 义
ActionEvent	动作事件	当按钮、菜单项被单击，在文本编辑框中按 Enter 键时触发该事件
AdjustmentEvent	调节事件	在滑动条上移动滑块以调节数值时触发该事件
ItemEvent	选项事件	当用户选中某项，或取消选中某项时触发该事件
TextEvent	文本事件	当文本框、文本域里的文本发生改变时触发该事件

常见的事件类之间的继承关系如图 13-2 所示。不难看出，除了 ListSelectionEvent 和 ChangeEvent 两个事件类之外，其他事件类都是 AWTEvent 类的子类，这些事件类都可以在 Swing 编程中使用。

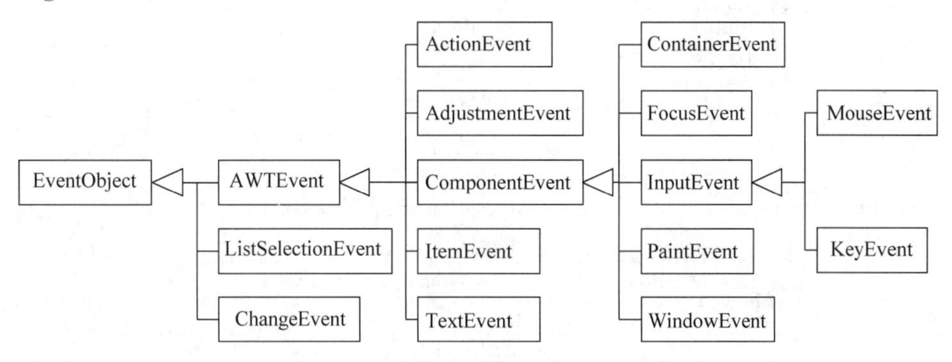

图 13-2 各种事件类的继承关系

一个事件对象包含与该事件相关的所有属性，用户可以使用该事件对象的 getSource() 方法获得产生该事件的事件源对象，很多时候可以用这种方法来追溯当前事件的事件源头。

在了解了事件源和事件对象的相关定义后，下面来看看如何对事件进行响应和处理。

13.4 事件处理

如果选择对事件源产生的事件进行相应的处理，需要编写相关的事件处理程序。Java 语言是采取委托模型(Delegation Model)来处理事件的。由于同一事件源上可能发生多个事件，事件源可以把其自身所有可能发生的事件分别授权给不同的事件处理对象来处理，事件处理对象又被称作监听器(Listener)。

13.4.1 监听器对象

监听器对象通常是一个实现了监听器接口的类实例，它能够监听事件的发生并对事件进行相应处理。根据图 13-1，监听器对象要想对事件源对象进行监听，必须把自己注册到事件源对象，这样，一旦在事件源对象上发生了所监听的事件，监听器对象的相关方法才会被自动触发并执行处理程序。

为了保证监听器对象中的方法能够正确处理各种事件，Java GUI 提供了各种监听器接口，这些接口声明了对各种 GUI 事件进行处理的方法。不同的事件分别由不同的监听器接口对象来进行监听，因此如果要实现程序对某个事件进行响应，首先需要了解该事件对应的监听器接口，在编程时，只需要实现监听器接口中声明的各种方法，就能实现对某种事件进行处理。

JDK 中声明的监听器接口有很多，用户编写的每个事件处理类都可以实现一个或多个监听器接口，监听器接口中声明了相应事件处理的抽象方法，在事件驱动编程时需要实现这些抽象方法。

监听器接口的名字一般都是以 Listener 结尾，如 ActionListener、MouseListener 等。通常情况下，一个形如 XxxListener 的监听器接口对应形如 XxxEvent 的事件。表 13-4 所示为常见的事件类型、监听器接口和监听器接口中的方法。

表 13-4　事件类型、监听器接口、监听器接口中的方法

事件类型	监听器接口	监听器接口中的方法
ActionEvent	ActionListener	actionPerformed(ActionEvent e)
ItemEvent	ItemListener	itemStateChanged(ItemEvent e)
MouseEvent	MouseListener	mousePressed(MouseEvent e)
		mouseReleased(MouseEvent e)
		mouseEntered(MouseEvent e)
		mouseExited(MouseEvent e)
		mouseClicked(MouseEvent e)
	MouseMotion Listener	mouseDragged(MouseEvent e)
		mouseMoved(MouseEvent e)
KeyEvent	KeyListener	keyPressed(KeyEvent e)
		keyReleased(KeyEvent e)
		keyTyped(KeyEvent e)
WindowEvent	WindowListener	windowClosing(WindowEvent e)
		windowOpened(WindowEvent e)
		windowDeiconified(WindowEvent e)
		windowIconified(WindowEvent e)
		windowClosed(WindowEvent e)
		windowActivated(WindowEvent e)
		windowDeactivated(WindowEvent e)

从表 13-4 中可以看出，事件被触发的动作原因有很多，不同的事件触发动作将由不同的方法，甚至不同的监听器来进行处理。如 MouseEvent 事件就可能是由按下鼠标键、释放鼠标键等多种不同动作触发的，要对这些事件进行处理，就需要分别实现 MouseListener 接口中的 mousePressed(MouseEvent e)和 mouseReleased(MouseEvent e)等方法。而若要对拖动鼠标动作触发的 MouseEvent 事件进行响应处理，则需要实现另外一个接口 MouseMotionListener 中的 mouseDragged(MouseEvent e)方法。这是因为鼠标事件 MouseEvent 比较特别，它是由两种不同的监听器接口来分别处理不同的鼠标动作事件。表 13-4 中所有方法的返回值都为 void。

下面的代码段定义了一个可以处理 ActionEvent 事件的监听器类 MyListener，该监听类实现了 ActionListener 接口。从表 13-4 中可以看到，ActionListener 接口中只有一个 actionPerformed(ActionEvent e)方法，在 MyListener 中只要实现该方法就可以对

ActionEvent 事件进行监听与处理。

```
class MyListener implements ActionListener{
   @Override
   public void actionPerformed(ActionEvent e) {
     //当 ActionEvent 事件发生时需要被触发并执行代码
   }
```

13.4.2 监听器对象的注册

只有在事件源对象上注册过监听器对象，该事件源上发生的事件才会被正确地处理。每一个事件源对象（组件）都有自己的监听器注册方法，如果事件源对象上产生了形如 XxxEvent 的事件，注册监听器的方法名就是 addXxxListener(listener)，即用该方法把事件监听器对象 listener 注册到事件源对象上。

例如，有一个按钮事件源对象 button，如果想要监听该按钮上所产生的 ActionEvent 类型事件，那就必须先调用 button.addActionListener（ActionListener e）方法，把某个 ActionListener 监听器对象注册到事件源对象 button 中。

注意，虽然大多数情况下对 JButton 类型按钮的单击都是通过单击鼠标完成的，但是按钮产生的事件并不是 MouseEvent，而是 ActionEvent，这是因为导致按钮被按下的原因，既可以是单击鼠标动作也可以是其他，如键盘动作。常见的事件源对象所产生的事件类型可以参考表 13-1，而处理该事件需要注册的监听器类型则可以参考表 13-4。

例 13-1 给出了一个监听器注册的完整例子，演示了如何对按钮单击事件进行监听和处理。程序运行后的 GUI 界面将显示 3 个按钮和 1 个文本框，当用户单击其中一个按钮时，文本框中将显示所单击的按钮信息。

在完成界面的设计后，需要编写事件处理相关的代码。通过查阅表 13-1 可以得知，按钮的单击将会触发 ActionEvent 事件，然后参考表 13-4 可知，若对 ActionEvent 事件进行处理，则需要在事件源上注册一个实现了 ActionListener 接口的实例对象，相关的事件处理代码需要编写在 ActionListener 接口的 actionPerformed()方法中。因此，除了界面设计代码外，程序需要编写一个 ActionListener 监听器接口的实现类，然后实例化该监听器对象，并注册到事件源组件中。这里，三个按钮都需要处理单击事件，故而三个按钮都要注册该监听器对象。

【例 13-1】 按钮单击事件的监听与处理。

```
import java.awt.event.*;
import javax.swing.*;
public class Example13_1 {
    static JTextArea text = new JTextArea("");
    static JButton btn1,btn2,btn3;
    public static void main(String[] args) {
        JFrame frm = new JFrame();
        JPanel jp = new JPanel();
        btn1 = new JButton("请按功能 1");
        btn2 = new JButton("请按功能 2");
        btn3 = new JButton("请按功能 3");
```

```
        jp.add(btn1);
        jp.add(btn2);
        jp.add(btn3);
        frm.add(jp,"North");
        frm.add(text,"Center");
        ButtonHandler1 btnHandler = new ButtonHandler();   //创建监听器对象
        btn1.addActionListener(btnHandler);                //给 btn1 添加监听器对象
        btn2.addActionListener(btnHandler);                //给 btn2 添加监听器对象
        btn3.addActionListener(btnHandler);                //给 btn3 添加监听器对象
        frm.setBounds(400, 200, 400, 200);
        frm.setDefaultCloseOperation(JFrame.EXIT_ON_CLOSE);
        frm.setVisible(true);
    }
}
class ButtonHandler implements ActionListener {
    public void actionPerformed(ActionEvent e) {
        if (e.getSource() == Example13_1.btn1)              //判断按了哪个按钮
            Example13_1.text.append("你按了功能 1\n");
        else if (e.getSource() == Example13_1.btn2)
            Example13_1.text.append("你按了功能 2\n");
        else
            Example13_1.text.append("你按了功能 3\n");
    }
}
```

程序的运行结果如图 13-3 所示。

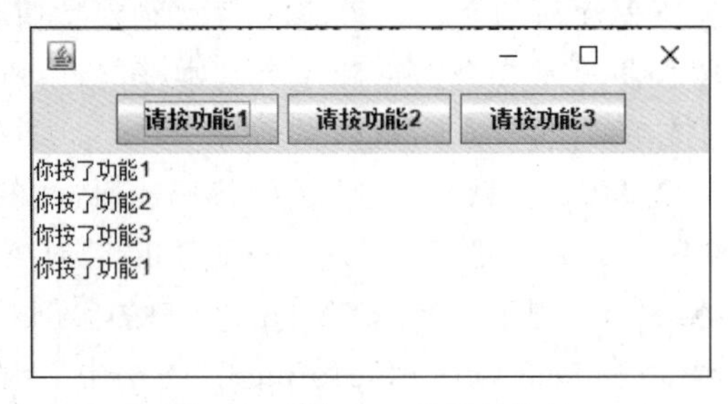

图 13-3　例 13-1 的运行结果

整个程序包含一个监听器类 ButtonHandler 和一个界面类 Example13_1。ButtonHandler 类实现了 ActionListener 接口中的 actionPerformed(ActionEvent e)方法，该方法的参数 e 是一个事件对象，该对象提供了相关方法可以追踪到事件来源。例如，可以通过 e.getSource()获取事件源对象的引用。此外，为了在 actionPerformed(ActionEvent e)方法中能访问到 GUI 上的组件，如文本框、按钮等，可以像例 13-1 程序那样把这些组件对象都声明为界面类的静态成员。

Example13_1 类定义了程序运行的主界面，包括三个按钮和一个文本框，并实例化了一个 ButtonHandler 监听器对象，然后在三个按钮上分别注册了这个监听器对象。如果一个事件源对象产生多个不同的事件，也可以为其注册多个监听器对象分别监听每个事件。同样，一个监听器对象也可以注册到多个事件源对象上，让这个监听器同时监听多个对象。

程序运行后，每当单击一个按钮，会触发一个 ActionEvent 事件，由于按钮注册了该事件的监听器对象，因此，相关监听器的方法就会自动执行，获取事件触发来源，最后在文本框中输出结果，显示相关信息。

13.4.3　GUI事件处理机制

监听器对象要想对事件源对象进行监听，必须把自己注册到事件源对象，这样，一旦在事件源对象上发生了所监听的事件，监听器对象的相关方法将会被自动触发并执行处理程序。这样做，实际上是把事件的处理委托给外部的处理实体进行处理，从而实现了事件源和监听器的代码分离。

基于委托模型的Java事件处理机制的编程总结如下。

(1) 确定事件源需要响应的事件类型。

(2) 确定事件类型对应的监听器接口类型。

(3) 编写事件处理类实现该监听器接口，实现接口中的抽象方法。

(4) 在事件源上注册相应的监听器对象。

事件处理机制的工作过程如下。

(1) 当事件发生时，事件源将事件对象发送给所有注册的监听器对象。

(2) 监听器对象根据事件中的信息自动调用相应的方法进行处理。

不难看出，在GUI事件处理机制中，事件处理程序基本上都是由事件处理对象，也即是监听器来执行的，因此GUI事件驱动编程的主要工作就是编写监听器接口的实现类。

13.4.4　事件处理案例

为了更好地理解Java的事件处理机制，下面再给出一个事件处理完整的例子。本例需要设计一个用户登录验证的窗体，验证用户输入的账号和密码的合法性，并显示结果。下面来看看这个例子是如何实现这个功能的。

【例 13-2】 验证用户输入的账号与密码的合法性。

```
import javax.swing.*;
import java.awt.GridLayout;
import java.awt.event.ActionEvent;
import java.awt.event.ActionListener;

public class Example13_2 extends JFrame {
    JPanel pan;
    JTextField text;
    JTextArea ta;
    JPasswordField pwdtext;
    JButton button1;
    JButton button2;
    Example13_2(){
        super();
        pan = new JPanel();
        pan.setLayout(new GridLayout(3,2,20,20));
        JLabel label1 = new JLabel(" 输入账号:");
        JLabel label2 = new JLabel(" 输入密码:");
```

```
        text = new JTextField(20);
        pwdtext = new JPasswordField(20);
        button1 = new JButton(" 确定");
        button2 = new JButton(" 重置");
        pan.add(label1);
        pan.add(text);
        pan.add(label2);
        pan.add(pwdtext);
        pan.add(button1);
        pan.add(button2);
        ta = new JTextArea(6,30);
        JScrollPane js = new JScrollPane(ta);
        this.setTitle("账号 - 密码检查");
        this.add(pan,"North");
        this.add(js,"Center");
        this.setBounds(400,200,400,300);
        this.setDefaultCloseOperation(JFrame.EXIT_ON_CLOSE);

        this.setVisible(true);
    }
    public static void main(String[] args) {
        Example13_2 inputFrm = new Example13_2();
        ConfirmListener conf = new ConfirmListener(inputFrm);    //创建监听器
        inputFrm.button1.addActionListener(conf);                //注册监听器
        inputFrm.button2.addActionListener(conf);
    }
}
class ConfirmListener implements ActionListener{
    Example13_2 frm;
    String[][] accpsw = {
                        {
                        "Anderson","123456"}
                        ,{
                        "James","ab567"}
                        ,{
                        "Bogerman","234wm"}
                        ,{
                        "Anderson","234567"}
                        }
                        ;
    ConfirmListener(Example13_2 inputFrm){
        frm = inputFrm;
    }
    public void actionPerformed(ActionEvent e) {
        if(e.getSource() == frm.button1) {
            String num = frm.text.getText();
            char[] pw = frm.pwdtext.getPassword();

            String pwStr = new String(pw);
            if (checkAccoundPassword(num,pwStr))
```

```
                frm.ta.append(num + " " + pwStr + " 查到了该账号" + "\n");
            else
                frm.ta.append(num + " " + pwStr + " 没查到该账号" + "\n");
        }
        if(e.getSource() == frm.button2) {
            frm.text.setText("");
            frm.pwdtext.setText("");
        }
    }
    boolean checkAccoundPassword(String acc,String psw){
        boolean result = false;
        for (int i = 0;i < accpsw.length;i++)
            if (accpsw[i][0].equals(acc) &&accpsw[i][1].equals(psw) )
                return true;
        return false;
    }
}
```

程序的 main()入口方法首先创建了一个窗体实例对象和一个监听器对象，然后在窗体中的两个按钮上分别注册了监听器，在程序运行时，当按钮上发生了“单击按钮”事件，监听器中相对应的事件处理方法就会被触发执行。

在上面的程序监听器定义类 ConfirmListener 中声明了一个窗体类型的对象变量 frm，并且编写了一个构造方法来初始化这个窗体对象引用，将 GUI 中需要访问的窗体对象引用传入监听器中。通过这种方式，就可以在 ConfirmListener 类中对窗体对象中的各种组件进行存取访问了。

程序的运行结果如图 13-4 所示。

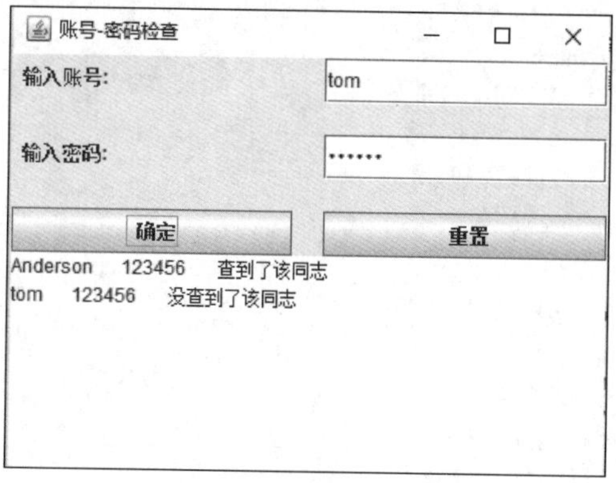

图 13-4　例 13-2 的运行结果

13.5　其他常见事件处理案例

Java 的图形用户界面提供的事件监听器有很多，除了比较常见的按钮单击事件外还有一些其他用户交互和界面状态变化事件。本节介绍另外两种常见的事件及其处理方式。

13.5.1 GUI 中的菜单

菜单是图形用户界面的重要组成部分，它通常有两种使用方式：窗体菜单和弹出式快捷菜单。Java 中的菜单主要由 javax.swing 包的 JMenu 类实现，一个菜单可以包含多个菜单项和分隔线，其中菜单项由 JMenuItem 类实现，而分隔线则由 JSeparator 类实现。

一个菜单如果依附到菜单条上，需要创建 JMenuBar 菜单条对象，并把 JMenu 添加到 JMenuBar 对象上。下面通过例 13-3 展示窗体菜单栏的创建和事件驱动编程的应用。

【例 13-3】 学生成绩管理的菜单界面示例。

```
import java.awt.BorderLayout;
import java.awt.Color;
import java.awt.event.ActionEvent;
import java.awt.event.ActionListener;
import javax.swing.*;
public class Example13_3 extends JFrame{
      private JMenuBar mBar;
      private JPanel panel;
      JTextArea text = new JTextArea();
      public Example13_3(){
         super();
         panel = new JPanel();
         mBar = new JMenuBar();                          //创建一个菜单条
         this.setTitle("USST 学生成绩管理系统");
         this.add(mBar,"North");                         //将菜单条添加到窗体的顶部
         this.add(panel,"Center");
         //创建四个菜单,并添加到菜单条中
         JMenu studentMenu, gradeMenu, statMenu, helpMenu;
         studentMenu = new JMenu("学生管理");
         gradeMenu = new JMenu("成绩管理");
         statMenu = new JMenu("统计分析");
         helpMenu = new JMenu("帮助");
         mBar.add(studentMenu);
         mBar.add(gradeMenu);
         mBar.add(statMenu);
         mBar.add(helpMenu);
         //创建两个子菜单项目
         JMenuItem xItem1,xItem2;
         xItem1 = new JMenuItem("添加学生");
         xItem1.setActionCommand("menu1");               //为该菜单项添加一个字符串标识 menu1
         xItem2 = new JMenuItem("查找学生");
         xItem2.setActionCommand("menu2");               //为该菜单项添加一个字符串标识 menu2
         //在"学生管理"菜单中添加两个子菜单项和一个分隔符,并注册监听器
         studentMenu.add(xItem1);
         MenuHandle mh = new MenuHandle(this);           //创建一个菜单单击事件的监听器
```

```
        xItem1.addActionListener(mh);                        //在第一个菜单项上注册监听器
        studentMenu.addSeparator();                          //两个菜单项之间添加分隔线
        studentMenu.add(xItem2);
        xItem2.addActionListener(mh );                       //在第二个菜单项上注册监听器
        JMenuItem xyItem, ycItem;
        xyItem = new JMenuItem("输入成绩");
        ycItem = new JMenuItem("成绩查询");
        gradeMenu.add(xyItem);
        gradeMenu.addSeparator();
        gradeMenu.add(ycItem);                               //xyItem、ycItem 都未注册监听器
        JMenuItem sItem1,sItem2;
        sItem1 = new JMenuItem("每名学生的绩点");
        sItem2 = new JMenuItem("每门课的平均成绩");
        statMenu.add(sItem1);
        statMenu.addSeparator();
        statMenu.add(sItem2);                                //sItem、sItem2 都未注册监听器
        JMenuItem smItem, gyItem;
        smItem = new JMenuItem("软件版本");
        gyItem = new JMenuItem("功能说明");
        helpMenu.add(smItem);
        helpMenu.addSeparator();
        helpMenu.add(gyItem);                                //smItem、gyItem 都未注册监听器
        panel.setBackground(Color.CYAN);
        panel.setLayout(new BorderLayout(20, 20) );
        panel.add(new JLabel("this is a demo"),"South");
        panel.add(text,"Center");
        this.setBounds(180, 10, 1024, 680);
        this.setVisible(true);
        setDefaultCloseOperation(JFrame.EXIT_ON_CLOSE);
    }
        public static void main(String[ ] args){
            new Example13_3();
        }
    }

    class MenuHandle implements ActionListener {
        Example13_3 menu;
        public MenuHandle(Example13_3 m) {
            menu = m;
        }
        public void actionPerformed(ActionEvent e) {
            if (e.getActionCommand().equals("menu1")) //读取并判断事件源的字符串标识
                menu.text.append("你选择了添加学生 这里可以实现添加学生的功能\n\n");
            else if (e.getActionCommand().equals("menu2"))
                menu.text.append("你选择了查找学生 这里可以实现查找学生的功能\n\n");
        }
    }
```

如上程序的运行结果如图 13-5 所示。

程序首先创建了一个菜单条，并创建四个 JMenu 菜单依附在该菜单条上，每个 JMenu 菜单均包含了多个菜单项或分隔线。根据表 13-1 和表 13-4，单击菜单项 JMenuItem 触发的是 ActionEvent 事件，对该事件监听与处理的监听器需要实现 ActionListener 接口的

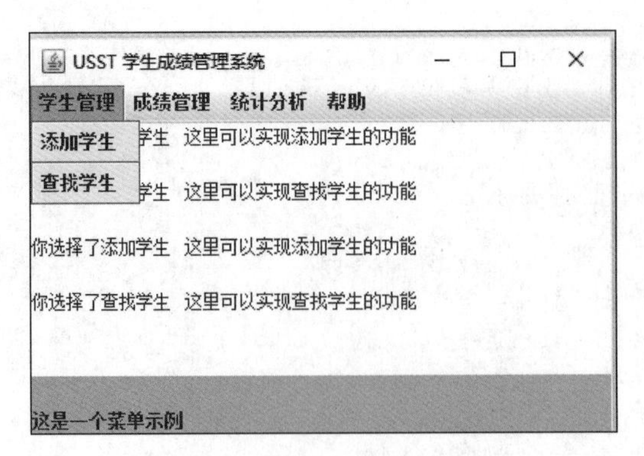

图 13-5 例 13-3 的运行结果

actionPerformed()方法。在程序的最后编写了一个 MenuHandle 监听器类就用来对菜单项事件进行响应和处理。

通常情况下,当菜单中的菜单项有很多的时候,只需要编写一个监听器实现类来处理所有这些菜单项的单击事件。为了能够识别用户具体选择的是哪一个菜单项目,事件源组件可以通过调用 setActionCommand()方法给每个事件源设置一个命令字符串标识,这种标识将会和事件对象一起传递给监听器,监听器中的事件处理方法就可以调用事件对象的 getActionCommand()方法来获取该字符串标识,并最终根据该字符串标识的值来确定事件是由哪个事件源产生的。

设置组件的命令字符串标识的语法格式如下：

```
组件对象名.setActionCommand(字符串标识);
```

事件处理程序中获取命令字符串标识的语法格式如下：

```
事件对象名.getActionCommand();
```

如果没有通过 setActionCommand()方法设置组件的字符串标识,则默认为构建该组件时的文本信息。当一个 GUI 中包含很多按钮、菜单项等组件时,可以只编写一个监听器实现类,并在事件处理方法中根据不同的字符串标识调用不同的功能。这种编写事件处理程序的方式可以大大地简化程序结构。

例 13-3 中的程序只对第一个菜单“学生管理”中的菜单项进行了事件处理,当用户选择其中的“添加学生”和“查找学生”两个菜单项时,窗体的文本框中就会显示出相关的处理信息。其他菜单项的事件监听与处理请读者自行完成。

观看视频

13.5.2 鼠标相关的交互操作

在图形用户界面中,鼠标是一种十分常用的输入设备。当鼠标在一个组件(如 JFrame 窗口、JPanel 面板)上进行移动、单击、移出或移进、按下或释放左键等动作时,都会触发相应的 MouseEvent 鼠标事件。鼠标事件对象中的属性包含事件发生的相关信息,例如事件源对象、事件发生时的鼠标位置坐标等,可以在事件处理程序中直接使用。

和其他事件不同,触发鼠标事件的动作种类比较多,Java 提供了两种监听器接口来处理鼠标事件,分别是 MouseListener 和 MouseMotionListener。MouseListener 可以处理鼠标键按下、释放、单击、进入组件、移出组件等触发的事件,而 MouseMotionListener 则可以处理鼠标拖动和移动事件,相应的处理方法参见表 13-4。

例 13-4 给出了一个处理鼠标事件的例子。程序的窗体中有一个文本框,当鼠标进入或移出窗体时,文本框会显示当前鼠标的状态;此外,在窗体中按下鼠标进行拖曳操作或者单击鼠标左键时,文本框中还可以动态显示鼠标的当前实时坐标。

由于程序需要同时处理鼠标进入/移出事件和鼠标拖曳事件,因此监听器类需要同时实现 MouseListener 和 MouseMotionListener 两个接口。鼠标的实时坐标位置则可以从事件对象中获取。

【例 13-4】 鼠标事件处理程序。

```
import javax.swing.*;
import java.awt.event.*;
public class Example13_4 extends JFrame {
private JTextField frameText;
private JLabel label ;
//构造窗体中的组件
public Example13_4(){
      setTitle("鼠标事件使用示例");
      label = new JLabel(" 请在窗体内按住鼠标左键拖动鼠标, 或者单击鼠标!");
      add(label,"North");
      frameText = new JTextField(30);
      add(frameText,"South");
      MouseListenerImp mouse = new MouseListenerImp(frameText);
      this.addMouseListener(mouse);              //注册监听器
      this.addMouseMotionListener(mouse);        //注册监听器
}
public static void main(String[] args) {
      Example13_4 frm = new Example13_4();
      frm.setLocationRelativeTo(null);
      frm.setDefaultCloseOperation(JFrame.EXIT_ON_CLOSE);
      frm.setBounds(500, 250, 400, 200);
      frm.setVisible(true);
    }
}
class MouseListenerImp implements MouseMotionListener, MouseListener {
    JTextField text;
    public MouseListenerImp(JTextField frameText) {
        text = frameText;
    }
    public void mouseDragged(MouseEvent e) {
        String s = "拖曳鼠标,坐标:X=" + e.getX() + ",Y=" + e.getY();
        text.setText(s);
    }
    public void mouseEntered(MouseEvent e) {
        String s = "鼠标进入了窗体";
        text.setText(s);
    }
    public void mouseExited(MouseEvent e) {
        String s = "鼠标离开了窗体";
```

```
            text.setText(s);
        }
        public void mouseMoved(MouseEvent e) {
            String s = "移动鼠标,坐标:X=" + e.getX() + ",Y=" + e.getY();
            text.setText(s);
        }
        public void mouseClicked(MouseEvent e) {
            String s = "你在坐标:X=" + e.getX() + ",Y=" + e.getY() + "单击了鼠标";
            text.setText(s);
        }
        //不打算实现新功能的方法,让方法体为空即可
        public void mousePressed(MouseEvent e) {
        }
        public void mouseReleased(MouseEvent e) {
        }
}
```

例 13-4 的运行结果如图 13-6 所示。

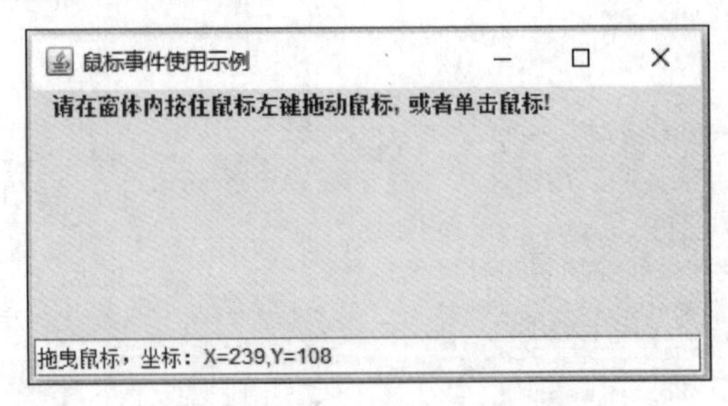

图 13-6 例 13-4 的运行结果

从图 13-6 可以看出，程序的运行界面比较简单，其功能主要是监听若干鼠标事件。当鼠标进入该窗体或移出该窗体时，文本框中将分别显示“鼠标进入了窗体”和“鼠标离开了窗体”信息。如果在窗体上拖曳鼠标，则会在文本框中显示鼠标的坐标位置。因此在本例当中，事件源是整个窗体对象，需要在窗体上注册两种鼠标监听器，以便监听所有的鼠标事件。

MouseListenerImp 类实现了两个鼠标事件的监听器，由于需要访问窗体中的文本框对象进行文本处理，MouseListenerImp 声明了一个 JFieldText 成员变量 text，并通过构造方法将窗体上的文本框对象 frameText 传给监听器的成员变量 text，这使得监听器程序能够对 GUI 上的组件对象进行操作。此外，在事件处理程序中，鼠标的当前坐标位置等各种鼠标信息可以通过事件对象 e 来获得。

13.6 监听器实现类的代码简化

Java 的事件处理机制设计精巧，实现方便，但在编写事件处理程序时，需要额外编写一个事件监听器接口实现类，Java 提供了一些方法可以简化这个过程，让程序的结构更加简洁明了，让开发工作更快捷。

13.6.1 监听器的内部类实现

在例 13-4 中，MouseListenerImp 类的定义在主界面入口类 Example13_4 的外面。考虑到 MouseListenerImp 类只会在 Example13_4 中被调用，可以把 MouseListenerImp 类的

定义移入 Example13_4 的内部。于是,例 13-4 的整个程序的主要代码内容可以进行如下修改调整。

```
public class Example13_4 extends JFrame{
        private JTextField frameText;
        private JLabel label ;
        //构造窗体中的组件
        public Example13_4 (){
        .............
        }
        public static void main(String[ ] args) {
            ......................//main()方法其他代码
            //此处修改,调用默认构造方法,不需要传参数
            MouseListenerImp mouse = new MouseListenerImp();
            ......................//main()方法其他代码
        }
//MouseListenerImp类的定义
class MouseListenerImp implements MouseMotionListener, MouseListener,
{//去掉例 13 - 3 中原有的构造方法,内部类可以直接使用 frameText
      / * JTextField text;
            public MouseListenerImp(JTextField frameText) {
            text = frameText;
            }
        * /


              public void mouseDragged(MouseEvent e) {
                  String s = "拖曳鼠标,坐标:X = " + e.getX() + ",Y = " + e.getY();
                  frameText.setText(s);       //直接调用 Example13_4 类的私有成员 frameText
            }
        ..........................//其他各个事件动作处理方法
}//MouseListenerImp内部类的定义结束
}//Example13_4 外部类的定义结束
```

从上面的程序片段中可以看出,MouseListenerImp 类被移入 Example13_4 类的定义内部,成为了 Example13_4 的一个内部类。由于 MouseListenerImp 类中的方法可以直接访问外部类 Example13_4 的私有成员 private JTextField frameText,无须再通过构造方法传入,因此可以去掉 MouseListenerImp 构造方法。

通常,当一个监听器只在某一个界面内部注册使用,且不会在其他任何地方被调用时,就可以把监听器实现类的定义放在主界面类的内部。此外,正如本例所示,一个窗体内容面板中的组件通常被定义为类的私有成员。采用内部类,监听器中的方法就可以直接访问窗体里的这些私有组件成员了。

13.6.2 监听器的匿名类

在事件驱动编程中,如果监听器实现类不会被主界面以外的其他程序代码调用,就可以把它设计成主界面的内部类,从而使得编译出来的目标代码更加简洁,其本身也可以直接访问主界面的所有私有成员。

内部类还可以进一步地简化成匿名类。匿名类实际上是一种特殊的、没有名字的内部类,它只需要编写一条语句就可以完成内部类的定义和实例化。例如,对一个 JButton 按钮

注册一个事件监听器，需要预先额外定义 ActionEvent 事件的监听器实现类。为了简化代码，可以把这个监听器实现类改成用匿名实现类。下面给出一个完整的匿名实现类的例子。

【例 13-5】 监听器的匿名实现类。

```
import java.awt.BorderLayout;
import java.awt.event.*;
import javax.swing.*;
public class Example13_5 extends JFrame {
public static void main(String[] args) {
    JFrame frm = new Example13_5();
    JTextArea lb = new JTextArea("");
    frm.setLayout(new BorderLayout());
    JPanel p = new JPanel();
    JButton btn1 = new JButton("理解匿名类 1");
    JButton btn2 = new JButton("理解匿名类 2");
    p.add(btn1);
    p.add(btn2);
    frm.add(p,"North");
      frm.add(lb, "South");
      btn1.addActionListener(new ActionListener() {
          public void actionPerformed(ActionEvent e) {
            System.out.println("发生了单击事件");
            lb.append(" 单击了 button-1\n");
          }});
      btn2.addActionListener(new ActionListener() {
        public void actionPerformed(ActionEvent e) {
           System.out.println("发生了单击事件");
           lb.append(" 单击了 button-2\n");
      }});
   frm.setBounds(400, 200, 400, 200);
   frm.setVisible(true);
   frm.setDefaultCloseOperation(JFrame.EXIT_ON_CLOSE);
  }
}
```

程序的运行界面如图 13-7 所示。

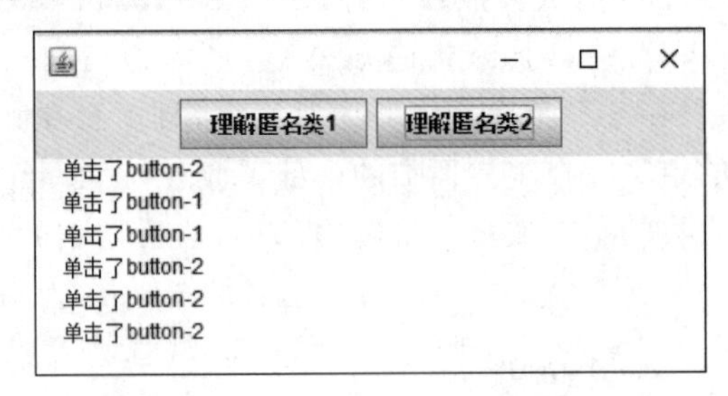

图 13-7　例 13-5 的运行结果

在 Java 的图形用户界面编程中，往往会采用匿名类完成事件监听器的实现和注册，这样可以极大地简化程序。匿名类是一种特殊的内部类，因此在匿名类中仍然需要实现接口中的所有方法。

13.7　JOptionPane 对话框

在图形用户界面编程中，对话框是一种常用的交互手段，通常用来弹出一个临时的小窗口，以便显示某些提示信息或者接收简单的用户输入和选择。Java 提供了 JOptionPane 类，可以实现多种不同类型的对话框，实现图形化的输入/输出交互功能。

JOptionPane 类具有多个形如 showXxxxDialog 的静态方法，它们的使用比较类似。调用该静态方法将显示一个对话框，对话框的内容包括图标、显示文字、输入区域、各种按钮，这些对话框的布局结构也比较接近，都可以用图 13-8 来表示。

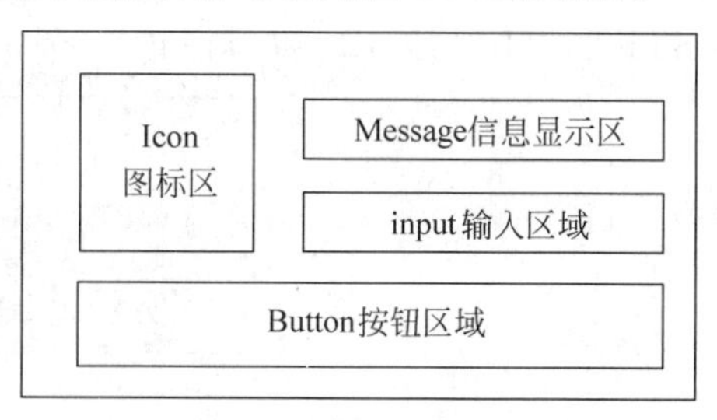

图 13-8　对话框的内容布局

13.7.1　Message Dialog 消息对话框

消息对话框一般用于将输出信息显示在屏幕上，并等待用户单击“确定”按钮来关闭对话框。JOptionPane 类是调用 showMessageDialog()静态方法来显示消息对话框的，showMessageDialog()方法没有返回值，该方法有如下三种重载形式，提供了五个参数供调用时选择，以便设置各种不同的显示风格和内容。

```
public static void showMessageDialog(Component parentComponent,
                                     Object message)
public static void showMessageDialog(Component parentComponent,
                                     Object message,
                                     String title,
                                     int messageType)
public static void showMessageDialog(Component parentComponent,
                                     Object message,
                                     String title,
                                     int messageType,
                                     Icon icon)
```

其中，parentComponent 参数是对话框所在的父容器，一般是 JFrame 对象，如果不需要指定父容器可以直接给该参数传递 null 值。

message 参数是需要显示在对话框上的信息，它是一个 Object 类型，可以是一个组件对象或字符串，在实际应用中往往都传递一个 String 字符串类型变量，其内容将显示在对话框中的信息显示区。

上面这两个参数是对话框中必须要指定的。其他三个参数(title、messageType 和 icon)都是可选的。如果省略这三个参数，Java 将用默认值替代。

title 参数用来设置对话框的标题。

messageType 参数是一个整数，用来设置对话框的类型，不同的类型将在图标区中显示不同的图标。一般可以选用 Java 提供的如下几个整数常量来显示几个不同的图标，如图 13-9 所示，分别代表了不同类型的消息提示，默认值为 JOptionPane. INFORMATION_MESSAGE。

- JOptionPane. ERROR_MESSAGE：错误图标。
- JOptionPane. INFORMATION_MESSAGE：提示图标。
- JOptionPane. PLAIN_MESSAGE：纯文字无图标。
- JOptionPane. WARNING_MESSAGE：警告图标。
- JOptionPane. QUESTION_MESSAGE：问题图标。

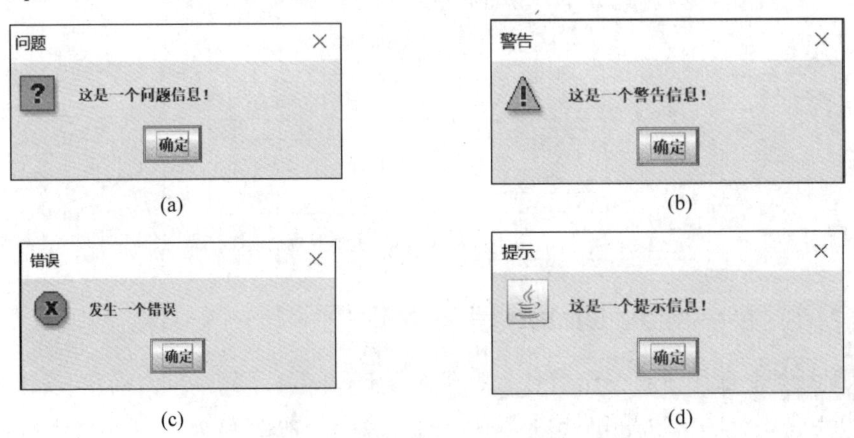

图 13-9　不同类型的信息对话框

icon 参数用来设置对话框的图标，通常不需要指定，其图标样式取决于 messageType 参数。如果不想显示系统默认图标，也可以设置自定义的 icon 图标对象。

下面给出一个完整的信息对话框的例子，程序运行后，单击主界面上的四个不同的按钮，将弹出图 13-9 中所示的四种类型的信息对话框。

【例 13-6】 信息对话框示例。

```
import javax.swing.*;
import java.awt.event.*;
public class Example13_6 {
    static JButton btn1, btn2, btn3, btn4;
    public static void main(String[] args) {
        JFrame frm = new JFrame();
        JPanel jp = new JPanel();
        btn1 = new JButton("问题对话框");
        btn2 = new JButton("警告信息框");
        btn3 = new JButton("错误提示框");
        btn4 = new JButton("提示信息框");
        jp.add(btn1);
        jp.add(btn2);
        jp.add(btn3);
        jp.add(btn4);
        frm.add(jp, "Center");
```

```
            ButtonHandler1 btnHandler = new ButtonHandler1();
            btn1.addActionListener(btnHandler);
            btn2.addActionListener(btnHandler);
            btn3.addActionListener(btnHandler);
            btn4.addActionListener(btnHandler);
            frm.setBounds(400, 200, 200, 200);
            frm.setDefaultCloseOperation(JFrame.EXIT_ON_CLOSE);
            frm.setVisible(true);
        }
}
class ButtonHandler1 implements ActionListener {
    public void actionPerformed(ActionEvent e) {
        if (e.getSource() == Example13_6.btn1)
            JOptionPane.showMessageDialog(null, "这是一个问题信息!", "问题",JOptionPane.
QUESTION_MESSAGE);
        if (e.getSource() == Example13_6.btn2)
            JOptionPane.showMessageDialog(null, "这是一个警告信息!", "警告",JOptionPane.
WARNING_MESSAGE);
        if (e.getSource() == Example13_6.btn3)
            JOptionPane.showMessageDialog(null, "发生一个错误", "错误",JOptionPane.ERROR_
MESSAGE);
        if (e.getSource() == Example13_6.btn4)
            JOptionPane.showMessageDialog(null, "这是一个提示信息!","提示",JOptionPane.
PLAIN_MESSAGE);
    }
}
```

13.7.2 Confirmation Dialog 确认对话框

通过 showMessageDialog()方法实现的消息对话框只能单向显示消息给用户，不能与用户进行任何交互。当用户单击信息对话框中的“确定”按钮后，会关闭对话框，且 showMessageDialog()方法的调用不会有任何返回值。

JOptionPane 的 showConfirmDialog()静态方法会显示一个确认对话框与用户进行交互，对话框的按钮区域往往包含多个按钮，通常被用来询问用户一个简单的问题，并等候用户按“是”“否”等按钮进行确认，该方法将会返回用户的回答结果。showConfirmDialog()方法有以下四种重载形式。

```
public static int showConfirmDialog(Component parentComponent,
                                    Object message)
public static int showConfirmDialog(Component parentComponent,
                                    Object message,
                                    String title,
                                    int optionType)
public static int showConfirmDialog(Component parentComponent,
                                    Object message,
                                    String title,
                                    int optionType,
                                    int messageType)
public static int showConfirmDialog(Component parentComponent,
                                    Object message,
```

```
                                    String title,
                                    int optionType,
                                    int messageType,
                                    Icon icon)
```

showConfirmDialog()方法的大多数参数和 showMessageDialog()是一样的，只不过多了整数类型的 optionType 参数，该参数可以用来设置在按钮区域中显示哪些按钮，Java 提供了三种类型的整数常量来进行设置，这三种整数常量分别代表三种类型不同的按钮组合。

- JOptionPane.YES_NO_OPTION：显示"是"和"否"两个按钮。
- JOptionPane.YES_NO_CANCEL_OPTION：显示"是"、"否"和"取消"三个按钮。
- JOptionPane.OK_CANCEL_OPTION：显示"确定"和"取消"两个按钮。

确认框的三种按钮组合如图 13-10 所示。

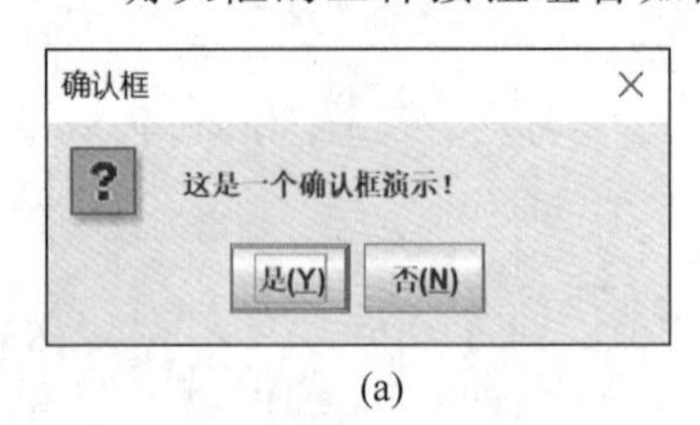

(a)

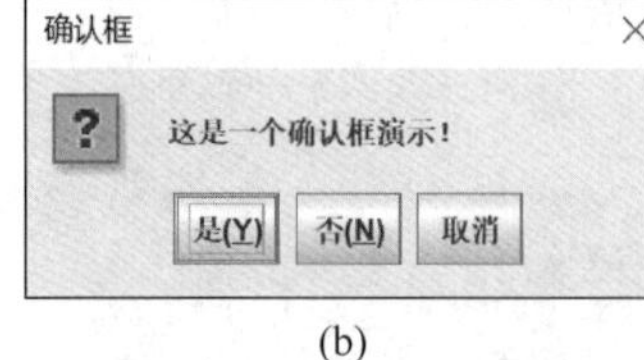

(b)

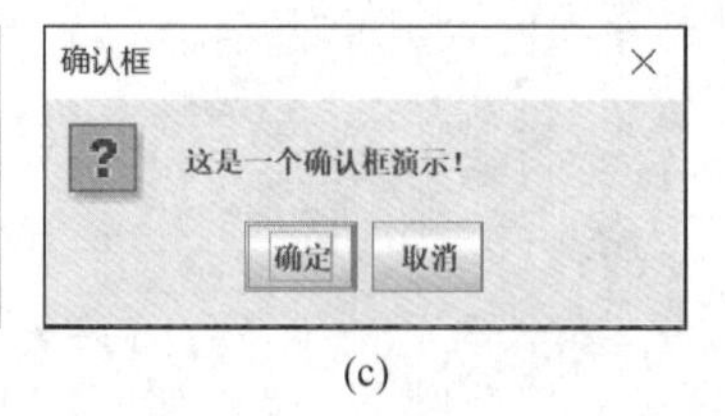

(c)

图 13-10　确认框的三种按钮组合

showConfirmDialog()方法会返回用户所选择的按钮，该返回值是一个整数类型变量，Java 也提供了相应的整数常量来表示这些选择结果。

- JOptionPane.YES_OPTION：选择了"是"按钮。
- JOptionPane.NO_OPTION：选择了"否"按钮。
- JOptionPane.CANCEL_OPTION：选择了"取消"按钮。
- JOptionPane.OK_OPTION：选择了"确定"按钮。
- JOptionPane.CLOSED_OPTION：选择了右上角的"关闭"按钮。

下面的程序运行后，将弹出一个对话框来询问用户的选择，并根据用户的选择在控制台输出最后的结果信息。

【例 13-7】 确认对话框的程序示例。

```
import javax.swing.JOptionPane;
public class Example13_7{
    public static void main(String[] args) {
        int result = JOptionPane.showConfirmDialog(null,
            "请问你喜欢 Java 吗?",
            "调查问卷",
        JOptionPane.YES_NO_CANCEL_OPTION);
        if (JOptionPane.YES_OPTION == result)
            System.out.println("我知道了,你喜欢 Java");
        if (JOptionPane.NO_OPTION == result)
            System.out.println("看来你还不太喜欢 Java");
    }
}
```

程序的运行结果如图 13-11 所示。当单击“是(Y)”按钮后，在控制台输出“我知道了，你喜欢 Java”，当单击“否(N)”按钮后，在控制台输出“看来你还不太喜欢 Java”。

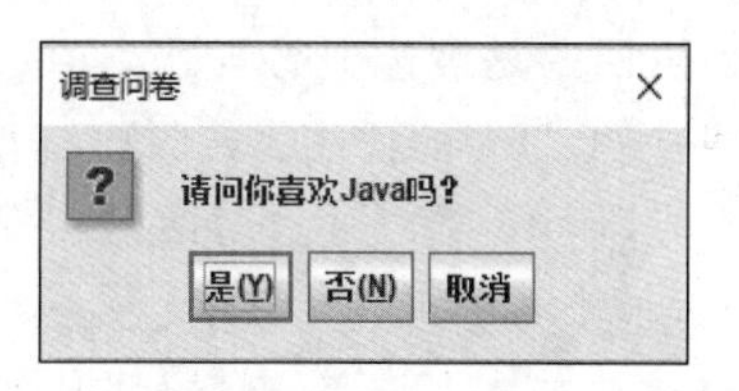

图 13-11　例 13-7 的运行结果

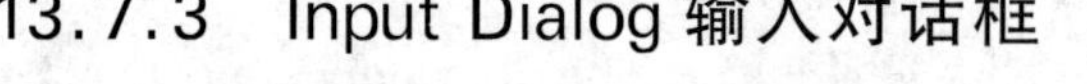

13.7.3　Input Dialog 输入对话框

在控制台程序中，Java 通过 I/O 流的方式来获取用户的键盘输入，而在图形用户界面下，Java 提供了输入对话框来获取用户的键盘输入。JOptionPane 类可以调用 showInputDialog()静态方法显示一个输入对话框，用户可以通过文本框、下拉选择框或者列表框等多种方式来完成信息输入。不同类型的输入对话框如图 13-12 所示。

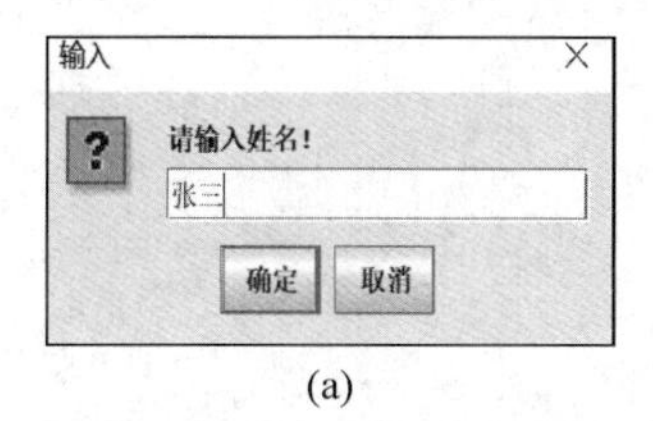

(a)

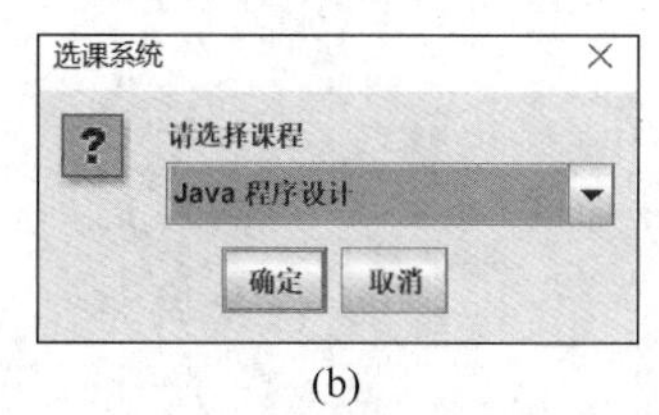

(b)

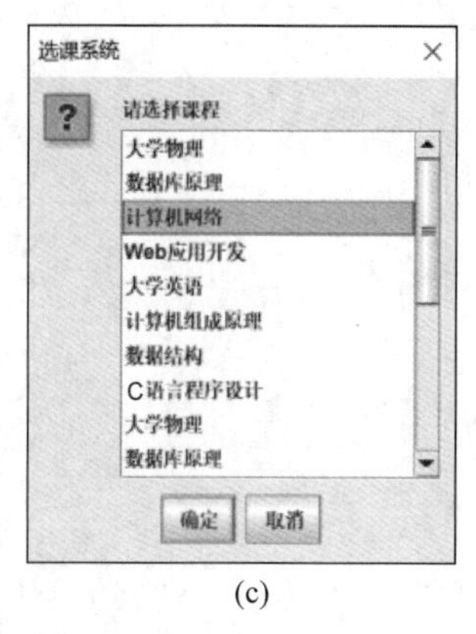

(c)

图 13-12　不同类型的输入对话框

JOptionPane 类共有以下四种 showInputDialog()重载方法。

```
public static String showInputDialog(Object message)
public static String showInputDialog(Component parentComponent,
                                     Object message)
public static String showInputDialog(Component parentComponent,
                                     Object message,
                                     String title,
                                     int messageType)
public static Object showInputDialog(Component parentComponent,
                                     Object message,
                                     String title,
                                     int messageType,
                                     Icon icon,
                                     Object[ ] selectionValues,
                                     Object initialSelectionValue)
```

前三种 showInputDialog()重载方法都将在对话框上显示一个文本框，接收用户由键盘录入的数据，方法的返回值为录入信息的字符串变量。

第四种方法含有 selectionValues 参数，这是一个 Object 类型的数组，数组内容通常是一组供用户选择输入的字符串数据。当数组的大小低于 20 时，对话框显示 ComboBox 下拉选择框来接收用户选择；而当数组容量大于或等于 20 时，对话框则显示一个 ListBox 列表框来接收用户选择。initialSelectionValue 参数用来设置默认被选中的数据项。方法最后返回的是被选中的项目。

例 13-8 的程序为接收由键盘输入的内容，读取内容并根据内容执行不同的动作。

【例 13-8】 通过对话框实现数据输入并根据输入内容执行不同的动作。

```
import javax.swing.*;
public class Example13_8 {
    public static void main(String[] args) {
        while (true) {
            String str = inputTemperature();
            if (str == null)
            {JOptionPane.showMessageDialog(null,
                        "您取消了当前输入",
                        "输入结果",
                        JOptionPane.INFORMATION_MESSAGE);
            }
            else if(str.equals("exit"))
            {   System.out.println("--程序终止--");
                JOptionPane.showMessageDialog(null,
                        "程序已终止,感谢您的使用",
                        "退出输入",
                        JOptionPane.INFORMATION_MESSAGE);
                break;
            }
            else{
               JOptionPane.showMessageDialog(null,"您输入的数据是" + str,
                        "输入结果",JOptionPane.INFORMATION_MESSAGE);
               }
        }
    }
    public static String inputTemperature() {
        String string = JOptionPane.showInputDialog(null,
                "请输入一个数据.终止程序请输入\"exit\"", "输入展示", JOptionPane.
QUESTION_MESSAGE);
        return string;
    }
}
```

如上程序运行后，将显示一个对话框等待用户输入数据，如图 13-13(a) 所示，当用户在输入框输入内容后，单击“确定”按钮，会弹出如图 13-13(b)所示的信息框，单击“取消”按钮，会弹出如图 13-13(c)所示的信息框。如果输入数据为 exit，则程序结束。

可以看出，当需要进行简单的输入/输出对话交互时，可以采用 JOptionPane 设计出比较方便的交互程序，省去了烦琐的事件监听与处理程序。

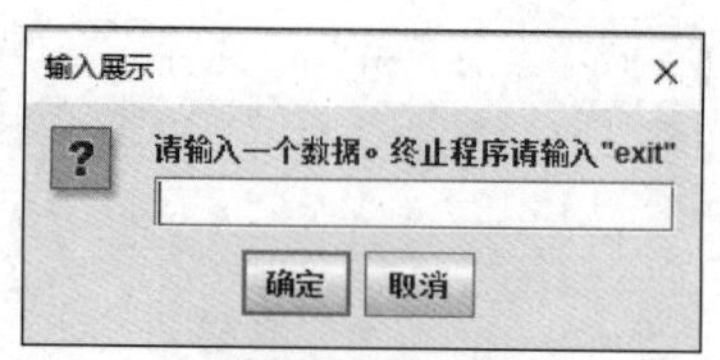

(a) 等待用户输入

(b) 单击“确定”后的显示

(c) 单击“取消”后的显示

图 13-13　例 13-8 的运行结果

习题

1. 什么是事件源？什么是监听器？

2. 简述常用组件可产生的事件。

3. 基于委托模型的 Java 事件处理机制的编程可以分为哪些步骤？

4. 为什么事件监听器必须是一个合适的监听器接口的实现对象？请简述如何在一个事件源对象上注册监听器以及如何实现一个监听器接口。

5. 一个事件源是否可以注册多个监听器？一个监听器是否可以监听多个事件源？

6. 下面的两个代码片段分别是带有事件处理程序的两个窗体，如果不考虑 main()入口方法的话，它们是否能够正确地执行相关的事件响应？

```
import javax.swing.*;
import java.awt.event.*;
public class Test extends JFrame{
  public Test(){
    JButton jbtOK = new JButton("OK");
    add(jbtOK);
  }
private class Listener implements ActionListener{
  public void actionPerformed(ActionEvent e){
    System.Out.println(jbtOK.getActionCommand());
  }
}
/** 主方法省略 */
}

import javax.swing.*;
import java.awt.event.*;
public class Test extends JFrame{
  public Test(){
    JButton jbtOK = new JButton("OK");
    add(jbtOK);
    jbtOK.addActionListener(new ActionListener(){
      public void actionPerformed(ActionEvent e){
```

```
            System.out.println(jbtOK.getActionCommand());
        }
    });
}
/** 主方法省略 */
}
```

7. 简述 GUI 编程的注意事项，给出事件处理的基本步骤。

8. 设计一个图形化的简易计算器模拟界面，可以不借助键盘，完全通过单击按钮实现加、减、乘、除等运算，并能在图形界面上显示计算结果。

9. 设计一个带有 JPanel 面板的窗体，当鼠标在上面按下左键的时候，面板的颜色变为红色，当释放鼠标左键的时候，面板的颜色变为黄色。

10. 编写一个窗体程序，可以接收用户的键盘输入。用户可以输入任意一串字符序列，每当按下 Enter 键都将在界面上清除上一次输入的字符串信息，并显示最新输入的字符串信息。

11. 请采用对话框的形式编写程序，对用户输入的一个分数（分别输入整数类型的分子和分母）进行约分，并且输出约分后的分数（分别输出分子和分母）。例如输入分子为 6 并且分母为 12，那么输出结果为 1/2。要求对所有人机交互过程设计合适的对话框，并具有必要的输入数据格式检测和错误提醒机制。

12. 请选用合适的 Swing 组件，综合设计一个学生基本信息录入 GUI 程序。录入界面包括两部分，第一部分可以参考第 12 章的习题 15。第二部分以二维表格显示当前所有学生的所有信息。当用户录入一名新的学生时，单击“确定”按钮则录入新的学生信息，并在二维表格中刷新学生数据。

第14章 集合类

本章练习

引 言

在程序设计过程中，有时需要一个数据结构来存放大量的对象，如数组。这个数据结构在 Java 中称为容器，容器不仅能够存放对象，还提供了对对象的访问操作。Java 的集合容器分为两大类：Collection 与 Map。Collection 容器可以存放多个对象，Map 容器用来存放大量的<键,值>对。本章主要介绍 Collection 与 Map 的子类与它们的使用方法。

14.1 集合与 Collection 框架

数据结构是以某种方式组织的数据集合。结构不仅规定了数据存储方式，而且支持数据的访问操作。在编写面向对象的程序时，使用过数组来集中存放大量相同类型的数据，包括对象。数组的使用也存在一些问题，一是数组一经定义便不能改变大小，二是有些操作处理起来比较麻烦，例如，从对象数组中移去一个对象且保持剩余对象连续存放。为此，Java 提供了一个高效组织存储和操作数据的 Java 集合框架（Collections Framework），该框架定义了一组接口和类，使得处理对象集合更容易。

Java 集合框架由两种类型构成，一个是 Collection 类型，另一个是 Map 类型。Collection 类型的对象中可以存放一组对象，Map 类型的对象中可以存放一组<键,值>对。在 Java 集合框架中 Collection 和 Map 是最基本的接口，它们又有子接口和子类。图 14-1 所示为 Collection 接口的层次关系，Map 接口将在 14.4 节介绍。

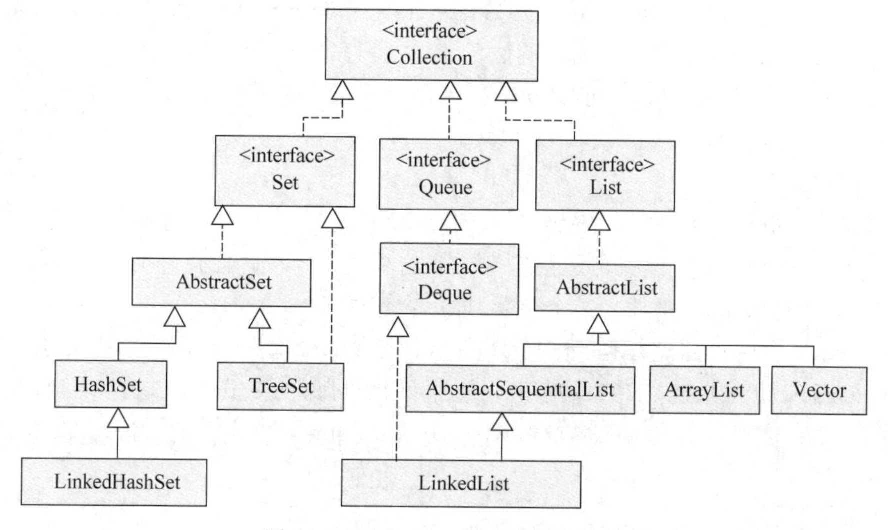

图 14-1 Collection 接口的层次关系

14.2 Collection 接口

Collection 接口及其相关子类主要包含在 java. util 包中，Collection 的子接口 Set、List 都在该包中。Collection 接口中定义了用于集合操作的主要方法。Collection 接口的主要方法见表 14-1。

表 14-1　Collection 接口的主要方法

方　　法	描　　述
boolean add (Object obj)	向集合中添加指定元素 obj
boolean addAll(Colletion coll)	将 coll 集合的所有元素添加到集合中
void clear()	清空集合
boolean contains(Object obj)	判断集合中是否包含指定的 obj 元素
boolean constainsAll(Collection coll)	判断当前集合中是否包含 coll 集合的所有元素
int hashCode()	返回集合的哈希值
boolean isEmpty()	判断这个集合是否为空
Iterator iterator()	返回一个 Iterator 接口实现类的对象，可用该对象遍历集合
boolean remove(Object obj)	删除集合中的 obj 元素，若删除成功，返回 true，否则返回 false
boolean removeAll(Collection coll)	从当前集合中删除与 coll 中相同的元素，如果当前集合发生改变，返回 true，否则返回 false
boolean rentainAll(Collection coll)	求当前集合与 coll 的共有集合元素，返回给当前集合，如果当前集合发生改变，返回 true，否则返回 false
int size()	返回集合中元素的个数
Object[] toArray()	将集合转换为对象数组

观看视频

14.2.1 Set 接口与实现类

Set 接口实现了 Collection 接口。Set 接口只包含从 Collection 接口继承的方法，没有增加任何新的方法，但 Set 的实例对象中不允许有重复的元素。Set 的实例对象类似于数学上的集合概念，在数学上，集合是不允许有重复元素的。

Set 接口有两个常用实现类，分别是 HashSet 类和 TreeSet 类，其中 HashSet 类根据对象的哈希值来确定元素在集合中的存储位置，具有良好的存取和查询性能，而 TreeSet 类则以二叉树的方式来存储元素，它可以实现对集合中元素进行排序。HashSet 和 TreeSet 集合中都不允许有重复的元素。

1. HashSet 类

HashSet 类是实现 Set 接口的具体类。HashSet 是一个不允许有重复元素的集合，允许有 null 值。HashSet 的优点是能快速定位集合中的元素，具有较好的存取性能，缺点是不能保证 Set 集合中的元素插入某个位置，即不会记录插入的顺序。

HashSet 集合的存储流程是：当向 HashSet 集合中添加一个对象时，首先会调用该对象的 hashCode()方法来确定对象的位置，然后再调用对象的 equals()方法来确保该位置没有重复的元素。注意，hashCode()与 equals()方法是 Object 中定义的方法。图 14-2 是其存储流程图。

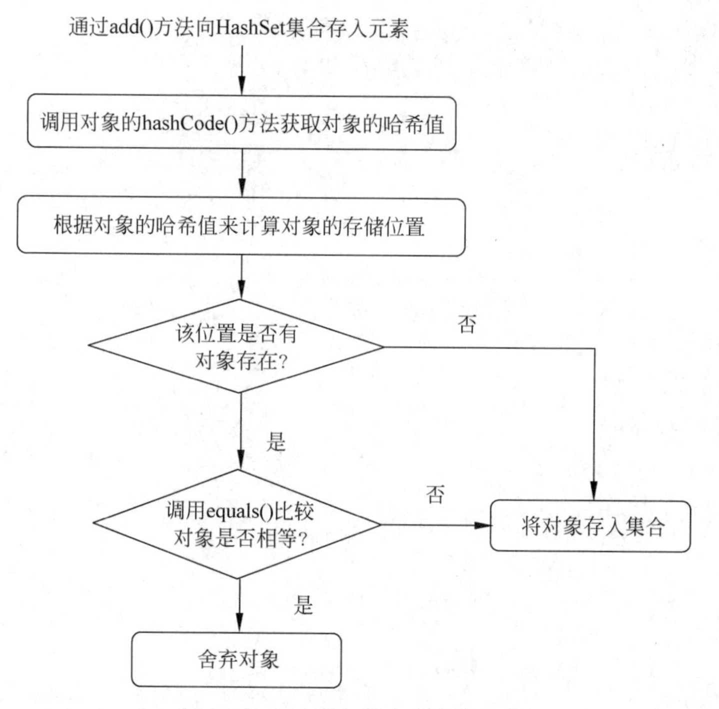

图 14-2　HashSet 集合的存储流程

【例 14-1】 将字符串存入 HashSet 集合。

```
public class Example14_1 {
public static void main(String[ ] args) {
    //创建一个 HashSet 集合
        HashSet < String > set = new HashSet < String >();
        //向哈希集合中添加元素
        set.add("上海");
        set.add("北京");
        set.add("深圳");
        set.add("重庆");
        set.add("上海");
        System.out.println("此哈希集合中的元素是:" + set);
        System.out.println("此哈希集合中的元素个数是" + set.size());
}
}
```

程序的运行结果如下：

```
此哈希集合中的元素是:[上海,重庆,北京,深圳]
此哈希集合中的元素个数是 4
```

在 Example14_1 中，字符串被添加到 HashSet 类型的 set 集合中。程序中 set.add("上海")执行两次，但字符串对象"上海"只存储一个，因为集合中不允许有重复的元素。如运行结果所示，显示输出的字符串不是按 add()方法的添加顺序存储到集合中的，而是根据插入对象的哈希值的大小，决定添加到集合中的顺序。这里 set 集合中添加的是 String 类型的对象，而 String 类提供了字符串的 hashCode()与 equals()方法分别用来计算哈希值与判断对象是否相等。

【例 14-2】 将 Student 对象存入 HashSet 集合。

```
public class Example14_2 {
    public static void main(String[] args) {
        HashSet set = new HashSet<Student>();
        Student s1 = new Student("202201","张三",18);
        Student s2 = new Student("202202","李四",20);
        Student s3 = new Student("202201","张三",18);
        set.add(s1);
        set.add(s2);
        set.add(s3);
        System.out.println(set);

    }
}
class Student{
    String id;
    String name;
    int age;

    public Student(String id, String name, int age) {
        this.id = id;
        this.name = name;
        this.age = age;
    }

    @Override
    public String toString() {
        return "学生信息{" +
                "学号 = " + id +
                ", 姓名 = '" + name + '\'' +
                ", 年龄 = " + age +
                '}';
    }
}
```

程序的运行结果如下：

```
[学生信息{学号 = 202201, 姓名 = '张三', 年龄 = 18},学生信息{学号 = 202202, 姓名 = '李四', 年龄 =
20},学生信息{学号 = 202201, 姓名 = '张三', 年龄 = 18}]
```

在 Example14_2 中，向 HashSet 集合中存入三个对象，其中两个对象的信息完全一样，我们认为是同一名学生，这样的信息被认定为重复对象，但是运行结果依然会显示重复对象。但是 HashSet 集合是不能存储重复对象的，为什么会出现这样的情况？这是因为在定义 Student 类时并没有重写 hashCode()方法和 equals()方法，也就是说 Student 类中没有提供自己的哈希值码与对象是否相等的判断方法，而是使用父类 Object 类中的方法。

假设我们认为学号是唯一区分学生的信息，那么集合中就不应该有两个学号相同的同学。为了判断两个学生对象是否相同，需要在 Student 类中覆盖父类的 hashCode()和 equals()方法。

【例 14-3】　覆盖 hashCode()和 equals()方法的 Student 类。

```
public class Example14_3 {
    public static void main(String[] args) {
        HashSet set = new HashSet<Student>();
        Student s1 = new Student("202201","张三",18);
        Student s2 = new Student("202202","李四",20);
        Student s3 = new Student("202201","张三",18);
        set.add(s1);
        set.add(s2);
        set.add(s3);
        System.out.println(set);

    }
}
class Student{
   String id;
    String name;
    int age;

    public Student(String id, String name, int age) {
        this.id = id;
        this.name = name;
        this.age = age;
    }

    @Override
    public String toString() {
        return "学生信息{" +"学号 =" + id +", 姓名 ='" + name + '\'' + ", 年龄 =" +
age + '}';
    }
   @Override
    public int hashCode() {
        return id.hashCode();              //返回 id 属性的哈希值
    }
    @Override
    public boolean equals(Object obj) {
        if(this == obj){                   //判断是否是同一个对象
            return true;
        }
        if(!(obj instanceof Student)){     //判断对象是否是 Student 类型
            return false;
        }
        Student s = (Student)obj;          //将对象 obj 强制转换为 Student 类型
        return (this.id).equals(s.id);     //判断 id 值是否相同

    }
}
```

程序的运行结果如下：

```
[学生信息{学号 = 202201, 姓名 = '张三', 年龄 = 18}, 学生信息{学号 = 202202, 姓名 = '李四', 年龄
= 20}]
```

在例 14-3 中 Student 类重写了 Obiect 类的 hashCode()和 equals()方法。在 hashCode()方法中返回 id 属性的哈希值，在 equals()方法中比较对象的 id 属性是否相等，并返回结果。当调用 HashSet 集合的 add()方法添加相同 Student 对象时，按照图 14-2 的存储流程，先计算该对象的哈希值，如果哈希值对应的位置上没有对象，则把该对象放到集合中；否则再判断该对象 id 与对应位置上的对象 id 是否相等，如果不等则把该对象放到集合中，否则放弃该对象。

2. TreeSet 类

TreeSet 是 Set 接口的另一个实现类，它内部采用自平衡的排序二叉树来存储元素，这样的结构可以保证 TreeSet 集合中没有重复的元素，并且可以对元素进行排序。

二叉树就是每个节点最多有两个子节点的有序树，每个节点及其子节点组成的树称为子树，通常左侧的子节点称为“左子树”，右侧的子节点称为“右子树”。二叉树分为很多种，TreeSet 采用的是自平衡的排序二叉树，特点是存储的元素是会按照大小排序，并能去除重复的元素。

【例 14-4】 向一个空的二叉树中存入 10 个元素，依次是 25、12、34、1、74、33、12、17、45、27。用 TreeSet 存储这 10 个元素的并输出排序好的结果。

```
public class Example14_4 {
public static void main(String[] args) {
    // 创建 TreeSet 对象
        Set treeSet = new TreeSet();
        treeSet.add(25);
        treeSet.add(12);
        treeSet.add(34);
        treeSet.add(1);
        treeSet.add(74);
        treeSet.add(33);
        treeSet.add(12);
        treeSet.add(17);
        treeSet.add(45);
        treeSet.add(27);
        System.out.println("TreeSet 集合中的元素是" + treeSet);
        System.out.println("TreeSet 集合中的元素个数是" + treeSet.size());
    }
}
```

程序的运行结果如下：

```
TreeSet 集合中的元素是[1,12,17,25,27,33,34,45,74]
TreeSet 集合中的元素个数是 9
```

在 Example14_4 中，Set 集合元素的顺序和加入时的顺序没有任何联系，Set 是不记录元素的加入顺序的，重复的元素是不能被加入的。只不过 TreeSet 输出时是按照自然排序显示的。在向 TreeSet 集合依次存入元素时，首先将第一个存入的元素放在二叉树的最顶端，之后存入的元素与第一个元素比较，如果小于第一个元素就将该元素放在左子树上，如果大于第一个元素，就将该元素放在右子树上，以此类推，按照左子树元素小于右子树元素的顺序进行排序。当二叉树中已经存入一个 12 的元素，而再向集合中存入一个为 12 的元素时，TreeSet 会将重复的元素放弃掉。

在编程时，只需要向 TreeSet 对象中添加对象即可，至于 TreeSet 如何构建这个平衡二叉树，编程人员不用关心。需要注意的是，由于在向 TreeSet 添加对象时，需要比较两个对象的大小，因此，要求对象是可以比较的。

Java 中的对象通过实现 Comparable 接口的 compareTo()方法，实现两个对象的比较。在 Comparable 接口的定义中只有一个 compareTo()方法。

```
public interface Comparable{
    int compareTo(Object obj);
}
```

在例 14-4 中，添加到 Set 中的数据是整数，这些整数会自动打包成 Integer 类型的对象，然后添加到集合中，而 Integer 类型已经实现了 Comparable 接口。

【例 14-5】 创建若干 Student 对象并添加到 TreeSet 类型的对象中。

Student 类中有三个属性：学号(id)、姓名(name)、年龄(age)。在以下代码中是根据 id 的大小来决定对象的大小的。

```
public class Example14_5 {
    public static void main(String[] args) {
        TreeSet set = new TreeSet<Student>();
        Student s1 = new Student("202201","张三",18);
        Student s2 = new Student("202202","李四",20);
        Student s3 = new Student("202201","赵五",19);
        set.add(s1);
        set.add(s2);
        set.add(s3);
        System.out.println(set);
    }
}
class Student implements Comparable{
    String id;
    String name;
    int age;
    public Student(String id, String name, int age) {
        this.id = id;
        this.name = name;
        this.age = age;
    }
    @Override
    public String toString() {
        return "学生信息{" +"学号=" + id +", 姓名='" + name + '\'' + ", 年龄=" +
age + '}';
    }
    @Override
    public int compareTo(Object o) {
        Student st = (Student)o;
        return this.id.compareTo(st.id);
    }
}
```

程序的运行结果如下：

```
[学生信息{学号 = 202281,姓名 = '张三',年龄 = 18},学生信息{学号 = 202202,姓名 = '李四',年龄 =
20}]
```

从上面的运行结果可以看出，由于程序中是根据 id 来比较对象大小的，因而如果两个对象的 id 相同，则认为是相同的对象。当 s3 添加到 Set 中时，由于它与 s1 的 id 相同，被认为是重复的元素，因而被放弃。

3. Iterator 接口

为了方便地遍历集合中的元素，Java 提供了 java. util. Iterator 接口，该接口又称为迭代器接口。实现了 Iterator 接口的迭代器可以方便地遍历集合中每个元素的对象。Iterator 接口的主要方法见表 14-2。

表 14-2 Iterator 接口的主要方法

方　　法	说　　明
boolean hasNext()	如果迭代器中还有对象，返回 true，否则返回 false
default void remove()	删除迭代器中的当前对象
E next()	返回迭代器中的下一个对象，E 表示迭代器返回的元素的类型

在 Collection 接口中，提供了 iterator()方法（见表 14-1），通过该方法可以获得集合对象的 Iterator 对象。有了 Iterator 对象，再调用 Iterator 对象的方法就可以遍历集合中的每个元素。Iterator 对象使用一个内部指针，开始它指向第一个元素的前面。如果在指针的后面还有元素，hasNext()方法返回 true，否则返回 false。调用 next()方法，指针将移到下一个元素，并返回指针所指的元素。remove()方法将删除指针所指的元素。

【例 14-6】 修改例 14-5 中的程序，使之能输出集合中每个对象的 name 值。

```java
public class Example14_6 {
public static void main(String[] args) {
    TreeSet set = new TreeSet < Student >();
    Student s1 = new Student("202201","张三",18);
    Student s2 = new Student("202202","李四",20);
    Student s3 = new Student("202208","赵五",19);
    set.add(s1);
    set.add(s2);
    set.add(s3);
    System.out.println("用迭代器访问树集中的元素:");
    Iterator it = set.iterator(); //获取集合类的迭代器对象
    Student st;
    while(it.hasNext()){
        st = (Student)it.next();
        System.out.println("此树集中的有元素:" + st.name);
    }
}
}
```

在上面的程序中，当需要遍历集合中的元素时，首先通过调用 set 集合的 iterator()方法获得迭代器对象，然后使用 hasNext()方法判断集合中是否存在下一个元素，如果存在，则调用 next()方法将元素取出，否则说明已到达了集合末尾，停止遍历元素。需要注意的是，在通过 next( )方法获取元素时，必须保证要获取的元素存在，否则会抛出 NoSuchElementException 异常。

程序的运行结果如下：

```
用迭代器访问树集中的元素：
此树集中的有元素：张三
此树集中的有元素：李四
此树集中的有元素：赵五
```

14.2.2 List 接口与实现类

List 接口继承自 Collection 接口，该继承关系见图 14-1。存放在 List 中的所有元素都有一个索引(又称为下标)，该索引的取值与数组类似，也是从 0 开始，可以通过索引访问 List 中的元素。List 接口的实现类主要有 ArrayList、LinkedList。与 Set 接口不同的是 List 中可以包含重复的元素，同时允许有 null 元素，从这点来看，List 集合与数学上集合的概念不完全一致。在 List 集合中所有的元素以线性表的方式进行存储，可以通过索引来访问集合中指定的元素。List 不但继承了 Collection 接口中的全部方法，还增加了一些根据元素位置索引来操作集合的特有方法。使用这些方法可以实现集合元素的定位访问、查找、迭代等操作，表 14-3 所示为 List 集合常用的方法。

表 14-3 List 集合常用的方法

方 法 名	方 法 描 述
boolean add(E obj)	向集合中添加数据，将 obj 添加到表尾
void add(int index,E obj)	将对象 obj 插入 List 集合的 index 处，原位置的元素往后移
E get(int index)	获取集合中索引位置为 index 的元素
E set(int index,E obj)	将索引 index 处的元素替换成 obj 对象，返回原来 index 处的元素
int size()	获取集合的长度
boolean isEmpty()	判断集合是否为空，若为空返回 true，否则返回 false
boolean contains(E obj)	判断集合中是否含有 obj 元素，若含有返回 true，否则返回 false
Object[] toArray()	将集合转换为数组
boolean remove(int index)	删除集合中索引位置为 index 的元素
boolean remove(E obj)	删除集合中的 obj 对象
void clear()	清空集合元素
int indexOf(E ob)	返回对象 obj 在 List 集合中出现的位置索引
int lastIndexOf(E obj)	返回对象 object 在 List 集合中最后一次出现的位置索引
Iterator<E> iterator()	返回迭代器对象

1. ArrayList 类

ArrayList 是最常用的列表实现类，该类实际上实现了一个变长的对象数组，其元素可以动态地增加和删除。它的定位访问时间是常量时间。ArrayList 的构造方法如下。

(1) 构建一个初始容量为 10 的空集。

```
ArrayList<E> list = new ArrayList<E>();
```

(2) 构建一个具有特定容量的空集。

```
ArrayList<E> list = new ArrayList<E>(int capability);
```

（3）构建一个包含指定集合元素 x 的集合。

```
ArrayList<E> list = new ArrayList<E>(Collection x);
```

【例 14-7】 ArrayList 类的使用。

```
public class Example14_7{
public static void main(String[] args) {
        //创建一个 list 集合
        ArrayList<String> list = new ArrayList<String>();
        list.add(0,"上海");
        System.out.println("(1) " + list);
        list.add(0, "北京");
        System.out.println("(2) " + list);
        list.add("广州");
        System.out.println("(3) " + list);
        list.add("重庆");
        System.out.println("(4) " + list);
        list.add(2, "深圳");              //把字符串对象插入到下标为 2 的位置
        System.out.println("(5) " + list);
        list.add(5, "天津");              //把字符串对象插入到下标为 5 的位置
        System.out.println("(6) " + list);
        list.remove("广州");
        System.out.println("(7) " + list);
        list.remove(2);                   //移除下标位置为 2 的对象
        System.out.println("(8) " + list);
        list.remove(list.size() - 1);    //移除最后一个对象
        System.out.println("(9) " + list);
        System.out.println("用下标访问所有的对象:");
        for (int i = 0; i <= list.size() - 1;i++){
            System.out.printf("第 %3d %10s\n",i,list.get(i));
        }
    }
}
```

程序的运行结果如下：

```
(1) [上海]
(2) [北京,上海]
(3) [北京,上海,广州]
(4) [北京,上海,广州,重庆]
(5) [北京,上海,深圳,广州,重庆]
(6) [北京,上海,深圳,广州,重庆,天津]
(7) [北京,上海,深圳,重庆,天津]
(8) [北京,上海,重庆,天津]
(9) [北京,上海,重庆]
用下标访问所有的对象:
第  0     北京
第  1     上海
第  2     重庆
```

通过本例可以看出,使用 ArrayList 集合存放对象非常方便,特别是在某个索引位置添加一个对象时,原位置如果有数据,就自动向后移,腾出位置让新对象插入。当需要访问某个 index 处的对象时,使用 get(index)就可以获得该对象。

2. LinkedList 类

LinkedList 类采用链表存储集合中的对象。虽然 LinkedList 集合与 ArrayList 集合对集合元素的底层组织方式不同,但是对集合中对象的操作方式是相同的,它们都实现了 List 集合常用的方法。LinkedList 的构建方法如下。

(1) 构建一个空的列表。

```
LinkedList<E> list = new LinkedList<E>()
```

(2) 利用一个集合中的元素构建列表。

```
LinkedList<E> list = new LinkedList<E>(Collection x)
```

【例 14-8】 LinkedList 类的使用。

```
public class Example14_8 {
public static void main(String[] args) {
        List<Integer> arrayList = new ArrayList<Integer>();
        arrayList.add(1);           //1 会自动打包成 Integer(1)
        arrayList.add(2);
        arrayList.add(3);
        arrayList.add(1);
        arrayList.add(4);
        arrayList.add(0, 10);
        arrayList.add(3, 30);
        System.out.println("arrayList 集合为:");
        System.out.println(arrayList);
        //用 arrayList 集合创建 LinkedList 对象
        LinkedList<Object> linkedList = new LinkedList<Object>(arrayList);
        linkedList.add(1, "red");
        linkedList.removeLast();
        linkedList.addFirst("green");
        System.out.println("用下标访问 linkedList 所有的对象:");
        for (int i = 0; i <= linkedList.size() - 1;i++){
            System.out.printf("第 %3d %10s\n",i,linkedList.get(i));
        }
    }
```

程序的运行结果如下:

```
arrayList 集合为:
[10,1,2,30,3,1,4]
用下标访问 LinkedList 所有的对象:
第  0     green
第  1        10
第  2       red
第  3         1
第  4         2
```

```
第 5        30
第 6         3
第 7         1
```

在程序中,先创建了一个 arrayList 集合,然后调用 new LinkedList < Object >(arrayList)创建了 linkedList 集合,最后展示了如何用 linkedList. get(i)访问 linkedList 中的对象。

14.3 List 的遍历

对于 Set 与 List 集合的遍历,采用增强的 for 循环与基于迭代器的循环也是非常方便的。

14.3.1 增强的 for 循环

Java 5 以后版本引入了一种主要用于数组或集合遍历的增强型 for 循环。该循环的语法格式如下:

```
for(声明语句:数组或集合) {
    //代码语句
}
```

在声明语句中,可以声明新的循环变量,该循环变量是一个局部变量,它只在循环语句中有效,该变量的类型要与数组或集合中元素的类型相同。增强的 for 循环不但可以遍历数组的每个元素,还可以遍历集合中的每个元素。

【例 14-9】 增强型 for 循环遍历 List 集合。

```
public class Example14_9 {
public static void main(String[] args) {
    List < String > list = new ArrayList < String >();
    list.add("北京");
    list.add("上海");
    list.add("广州");
    list.add("南京");
    //通过增强 for 循环遍历集合
    for (String s : list) {
        System.out.print(s + " ");
    }
}
```

程序的运行结果如下:

```
北京  上海  广州  南京
```

14.3.2 使用 Iterator 迭代器遍历

如果要遍历集合中的每个元素,可以先获取该集合的迭代器对象,再通过该对象访问集合中的每个元素。前面已经介绍了如何使用迭代器访问 Set 中的对象,例 14-10 给出了调用集合对象的 iterator()方法获取迭代器对象，并使用该对象遍历 List 集合中对象的代码。

【例 14-10】 使用迭代器 Iterator 遍历集合中的元素。

```
public class Example14_10 {
public static void main(String[] args) {
    ArrayList list = new ArrayList();                    //创建集合
        list.add("数据 1");                              //添加元素
        list.add("数据 2");
        list.add("数据 3");
        list.add("数据 4");
        //获取迭代器对象
        Iterator it = list.iterator();
        //判断集合中是否存在下一个元素，如存在则获取并打印出
        while (it.hasNext()){
        String st = (String)it.next();
        System.out.println(st);
        }
}
}
```

程序的运行结果如下：

```
数据 1
数据 2
数据 3
数据 4
```

以上代码是 Iterator 遍历集合的整个过程。当遍历元素时，首先通过调用 list 集合的 iterator()方法获得迭代器对象，然后使用 hasNext()方法判断集合中是否存在下一个元素，如果存在，则调用 next()方法将元素取出，否则说明已到达了集合末尾，停止遍历元素。

14.4 Map 接口

在学生的信息中，学生都有唯一的学号，通过学号可以查询到学生的信息，学号可以理解为键，学生信息是键所对应的值，这种关系通常用<键,值>对表示。在许多应用软件的登录模块中，账号与密码也存在<键,值>关系。在 Java 中，Map 接口及其子类主要用于存放与操作大量的<键,值>对，Map 对象中的每个元素都含有一个键对象 Key 和一个值对象 Value。在 Map 中存储的关键字和值都必须是对象，并要求键 key 是唯一的，而值 value 可以重复。图 14-3 所示为 Map 接口与相关的子类。Map 接口的基本操作方法包括添加<键,值>对、返回指定键的值、删除<键,值>对等。

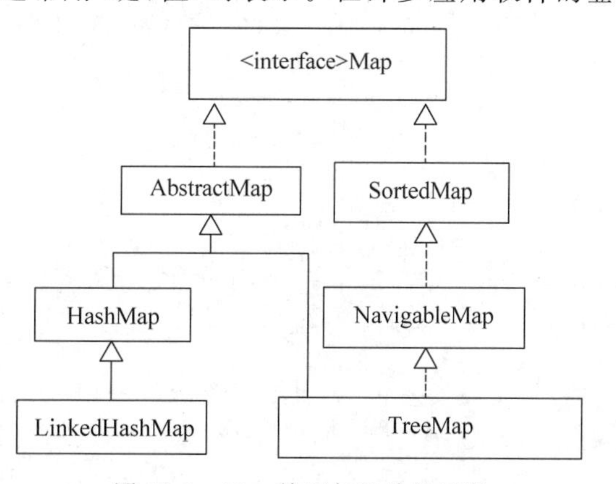

图 14-3 Map 接口与相关的子类

Map 接口的主要方法见表 14-4。

表 14-4　Map 接口的主要方法

方　法	描　述
V put(K key,V value)	向集合中添加一对<键,值>对
V remove(Object key)	删除键 key 对应的元素
V get(Object key)	返回键 key 对应的元素
int size()	获取 Map 中的元素个数
boolean isEmpty()	如果不包含任何<键,值>对,返回 true,否则返回 false
void clear()	清除所有元素
boolean containsKey(Object key)	如果包含 key 所对应的<键,值>对,则返回 true,否则返回 false
boolean contains(Object value)	如果有一个或多个 key,其值为 value,则返回 true,否则返回 false

实现 Map 接口的常用类主要有两个,HashMap 和 TreeMap,它们之间的继承关系见图 14-3。下面主要介绍这两个类的使用。

14.4.1　HashMap 集合

HashMap 集合是 Map 接口的实现类,用来存储键值映射关系。HashMap 类是以散列方法存放<键,值>对的,其中元素的 key 值不能重复,排列顺序是由键的哈希值决定,而不是由插入的顺序决定的。如果插入的<键,值>对在 HashMap 对象中键已经存在,则用新的值代替老的值。

14.4.2　TreeMap 集合

TreeMap 是 Map 接口的实现类,通常用于储存键值映射关系,其中所有的元素都是根据<键,值>对的键值排序的。由于 TreeMap 对象插入需要根据“键”值排序,因而“键”值一定是可比较的。

如果需要得到一个排序的 Map 对象就应该使用 TreeMap。TreeMap 类实现了 SortedMap 接口,它保证 Map 中的<键,值>对按键 key 的升序排序。

【例 14-11】 Map 类编程示例。

```
public class Example14_11 {
public static void main(String[] args) {

        //创建一个 HashMap
        HashMap < String, Integer > hashMap = new HashMap < String, Integer>();
        hashMap.put("Tom", 30);
        hashMap.put("Nancy", 31);
        hashMap.put("Tomash", 29);
        hashMap.put("Wang ping", 29);
        hashMap.put("Tony", 33);

        System.out.println("显示 HashMap 集合");
        System.out.println(hashMap + "\n");

        //创建一个 TreeMap 传入参数为 hashMap
```

```
        TreeMap<String, Integer> treeMap = new TreeMap<String, Integer>(hashMap);
        System.out.println("按照顺序显示 treeMap 集合");
        System.out.println(treeMap);
        System.out.println("数列中是否含有 Anderson:" + treeMap.containsKey("Anderson"));
        //显示 Tony 的年龄
        System.out.println("Tony 的年龄是: " + treeMap.get("Tony"));
    }
}
```

程序的运行结果如下：

```
显示 HashMap 集合
{Tony = 33,Tomash = 29,Tom = 30,Wang ping = 29,Nancy = 31}

按照顺序显示 treeMap 集合
{Nancy = 31,Tom = 30,Tomash = 29,Tony = 33,Wang ping = 29}
数列中是否含有 Anderson: false
Tony 的年龄是: 33
```

从以上运行结果可以看出，Map 中键是唯一、不能重复的，如果存储了相同的键，后存储的值会覆盖原来的值。简单说就是键相同值覆盖。另外就是 HashMap 中的条目不是按插入顺序排列的，而是使用哈希算法定位 key 的逻辑存储位置。

说明：如果在更新 Map 中的数据时，不关心<键，值>对的顺序，可以使用 HashMap。当需要根据"键"值对 Map 中的<键，值>对进行排序时，需要使用 TreeMap。当需要维护 Map 中的插入顺序或访问顺序时，需要使用 LinkedHashMap。

【例 14-12】 LinkedHashMap 的应用举例。LinkedHashMap 是 HashMap 的子类，见图 14-3。

```
public class Example14_12 {
    public static void main(String args[]){
        LinkedHashMap<String,String> list = new LinkedHashMap<String,String>();
        list.put("s2022022","张伟华");
        list.put("s2022000","邓光荣");
        list.put("s1999001","李明威");

        System.out.println("显示学生的学号姓名");
        Iterator it = list.keySet().iterator();
        while (it.hasNext()){
            String key = (String )it.next();
            System.out.printf("学号: %10s 姓名: %10s\n",key,list.get(key));
            }
        }
}
```

程序的运行结果如下：

```
显示学生的学号姓名
学号: s2022022   姓名: 张伟华
学号: s2022000   姓名: 邓光荣
学号: s1999001   姓名: 李明威
```

程序中 list.keySet()获得 list 的键的集合，然后用该集合求出迭代器对象 it=list.keySet().iterator()。有了该迭代器对象，就可以访问 list 中所有的<键，值>对。

14.5 向量、堆栈、队列

除了集合、Map 与数组外，Java 中还提供了一些常用的数据结构来存放对象，向量(Vector)、堆栈(Stack)和队列(Queue)就是其中最重要、最常用的数据结构。

向量类似于数组的顺序存储结构，但其具有比数组更强大的功能，它允许不同类型的元素共存，而且长度可变。

堆栈是操作受限的线性表，它只允许在线性表的一端进行插入和删除操作，虽然这种限制降低了其灵活性，但是却提高了操作效率，更容易实现。

和堆栈类似，队列也是操作受限的线性表，它只允许在一端进行插入操作，在另一端进行出队操作。

为了实现以上这些数据结构的基本功能，Java 中引入了向量类 Vector、堆栈类 Stack 和队列类 LinkedList。下面将分别对其进行详细介绍。

14.5.1 Vector

1. Vector 类

Java. util. Vector 包提供了 Vector 类以实现类似动态数组的功能。它可以利用下标对数据元素进行访问。

创建了一个 Vector 类的对象后，可以往其中随意地插入不同的类对象，它既不需考虑类型也不需要设定容量，而且可以方便地进行查找。Vector 可以理解成一个动态伸缩的数组，它的存储空间可以根据实际需要动态地扩展或缩减。

2. Vector 类的成员变量

Vector 类有三个成员变量，见表 14-5。

表 14-5 Vector 类的成员变量

成员变量	描述
protected Object[] elementData	存放向量对象元素的数组缓冲区
protected int elementCount	当前向量中的元素数量
protected int capacityIncrement	当向量中对象数多于其容量时，向量容量的自动增加值

3. Vector 类的方法

表 14-6 所示为 Vector 类的常用构造方法与成员方法。

表 14-6 Vector 类常用的构造方法与成员方法

方法类别	方法名	描述
构造方法	public Vector()	构造一个空向量，使其内部数据数组的大小为 10，标准容量增量为 0
	public Vector(int initialCapacity)	构造具有指定初始容量并且其容量增量等于 0 的空向量
	public Vector (int initialCapacity, int capacityIncrement)	构造具有指定的初始容量和容量增量的空向量。当初始容量放满数据后，每次增加容量的大小为 capacityIncrement 个

续表

方法类别	方法名	描述
成员方法	boolean add(Object obj)	将 obj 追加到此 Vector 的末尾
	void add(int index,Object obj)	在指定的 index 位置插入指定的元素 obj
	int capacity()	返回此向量的当前容量
	void clear()	删除向量中的所有元素
	boolean contains(Object obj)	如果此向量包含指定的元素 obj,则返回 true,否则返回 false
	E elementAt(int index)	返回指定 index 位置处的元素
	E firstElement()	返回此向量的第一个元素(索引号为 0 的项目)
	E lastElement()	返回向量的最后一个元素
	boolean isEmpty()	判断向量是否为空,若为空返回 true,否则返回 false
	int size()	返回此向量中的元素的个数
	boolean remove(Object obj)	删除此向量中的元素 obj
	boolean removeElementAt (int index)	删除指定索引 index 处的元素
	boolean removeAllElements()	从该向量中删除所有元素,并将其大小设置为 0
	void setSize(int newSize)	设置此向量的大小

【例 14-13】 Vector 类的操作。

```
public class Example14_13 {
    public static void main(String[] args) {
    Vector v = new Vector();
    v.add("上海 021");
    v.add("北京 010");
    v.add("南京 025");
    System.out.println("向量的初始元素:" + v);
    //输出向量的存储空间大小
    System.out.println("向量的空间大小是:" + v.capacity());
    System.out.println("向量的元素个数是:" + v.size());
    v.setSize(5);            //设置向量长度为 5
    System.out.println("第一次修改后向量元素是:" + v);
    System.out.println("修改后向量的空间大小是:" + v.capacity());
    System.out.println("修改后向量的元素个数是:" + v.size());
    v.setSize(2);            //设置向量长度为 2
    System.out.println("第二次修改后向量元素是:" + v);
    System.out.println("第二次修改后向量的空间大小是:" + v.capacity());
    System.out.println("第二次修改后向量的元素个数是:" + v.size());
    System.out.println("向量的第 2 元素个数是:" + v.elementAt(1));
}
}
```

程序的运行结果如下:

```
向量的初始元素:[上海 021,北京 010,南京 025]
向量的空间大小是:10
```

```
向量的元素个数是：3
第一次修改后向量元素是：[上海 021,北京 010,南京 025,null,null]
修改后向量的空间大小是：10
修改后向量的元素个数是：5
第二次修改后向量元素是：[上海 021,北京 010]
第二次修改后向量的空间大小是：10
第二次修改后向量的元素个数是：2
向量的第 2 元素个数是：北京 010
```

通过例 14-13 可以看出，Vector 类实现的向量默认长度为 10，Vector 类的 capacity()方法获取的是向量中可供存储的空间大小，这些空间有些或许是空的，不一定都存储了实际元素，size()方法获取的是向量中实际存储的元素个数。

14.5.2 Stack

Stack 是一种“后进先出”的数据结构，它是一种操作受限的线性表，限定仅在表尾(又称栈顶(Top))进行插入和删除操作的线性表。相对地，把另一端称为表头(又称栈底(Bottom))。向一个栈插入新元素又称作进栈、入栈或压栈，它是把新元素放到栈顶元素的上面，使之成为新的栈顶元素；从一个栈删除元素又称作出栈或退栈，它是把栈顶元素删除，使其相邻的元素成为新的栈顶元素。入栈、出栈示意如图 14-4 所示。

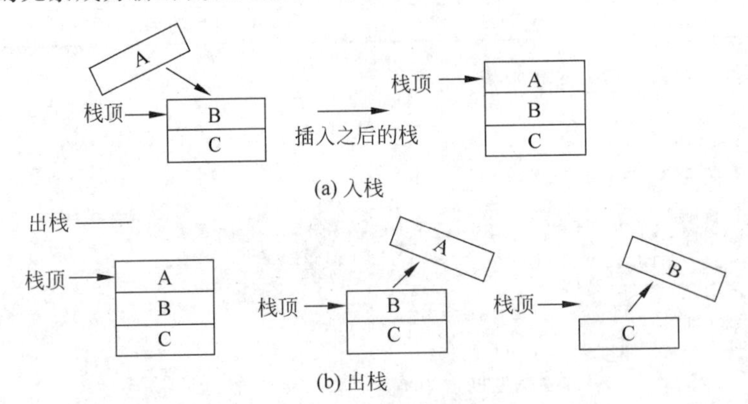

图 14-4 入栈、出栈示意

Stack 类是 Java 用来实现堆栈的类，它是 Vector 的一个子类。Stack 类只定义了默认构造函数，用来创建一个空栈。堆栈除了包括 Vector 定义的所有方法外，也定义了自己的一些方法，其中 push()是入栈方法，pop()是出栈方法。Stack 类的常用方法见表 14-7。

表 14-7 Stack 类常用方法

方　法	描　述
boolean empty()	判断堆栈是否为空。若为空返回 true，否则返回 false
Object peek()	返回栈顶端的元素，但不从堆栈中移除它
Object pop()	移除堆栈顶部的对象，并作为该方法的值返回该对象
Object push (Object element)	把 element 对象压入栈，与 add(Object element)功能相同
int search(Object element)	返回对象在堆栈中相对栈顶的位置，它是以 1 为基数的。如果对象不存在，返回－1

【例 14-14】 Stack 的压栈和出栈的过程。

```
public class Example14_14 {
    public static void main(String args[]) {
        Stack<Integer> stack = new Stack<Integer>();
        System.out.println("堆栈: " + stack);
        showPush(stack, 24);
        showPush(stack, 48);
        showPush(stack, 82);
        showPop(stack);
        showPop(stack);
        showPop(stack);
            try {
                showPop(stack);
            } catch (EmptyStackException e) {
                System.out.println("是空栈");
            }
        }

        //创建压栈的方法
        static void showPush(Stack<Integer> st, int a) {
            st.push(new Integer(a));
            System.out.println("压栈(" + a + ")");
            System.out.println("堆栈: " + st);
        }
        //创建出栈的方法
        static void showPop(Stack<Integer> stack) {
            System.out.print("出栈 ->");
            Integer a = (Integer) stack.pop();
            System.out.println(a);
            System.out.println("堆栈: " + stack);
        }
}
```

程序的运行结果如下：

```
堆栈: []
压栈(24)
堆栈: [24]
压栈(48)
堆栈: [24,48]
压栈(82)
堆栈: [24,48,82]
移除 ->82
堆栈: [24,48]
移除 ->48
堆栈: [24]
移除 ->24
堆栈: []
移除 ->是空栈
```

由程序的运行结果可以看出，堆栈的操作是遵循先进后出、后进先出的原则。

14.5.3 LinkedList 队列

队列是一个先进先出的数据结构，固定在一端输入数据（入队），另外一端输出数据（出队），也就是说队列的数据插入和删除都必须在队列的两端进行，不可以在队列的中间随便插入或删除操作。

LinkedList 类是一个比较特别的类，它既是 List 接口的实现类，也是 Deque 接口的实现类。Deque 接口是 Collection 接口的子接口，它代表一个双向队列（Double Queue），Deque 接口里定义了一些可以双向操作队列的方法，即可以在队列的两端进行入队与出队操作。这意味着 LinkedList 既是一个 List 集合，可以根据索引来随机访问集合中的元素，也是一个双向队列，可以在双向队列的首尾进行操作，实现队列的功能。因此，我们可以理解为 LinkedList 就是一个队列。

队列是一个重要的数据结构，在许多算法中经常用到。图 14-5 所示为队列操作的示意图。

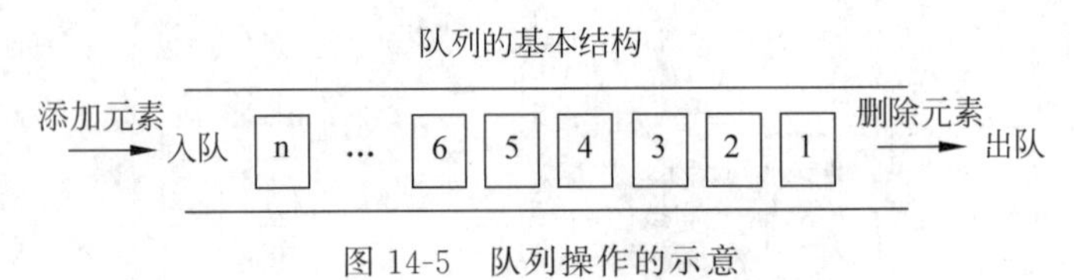

图 14-5 队列操作的示意

LinkedList 类是一个功能强大的类，只要在 LinkedList 对象中限定只在首尾操作，它就是一个队列。LinkedList 类的常用方法见表 14-8。

表 14-8 LinkedList 的常用方法

方 法 名	描 述
void add(E e)	对象 e 入队，加在队列的尾端
E removeFirst()	队列的队首元素出队
int size()	返回此队列中的对象数
boolean contains(Object obj)	判断 obj 是否在队列中，若在则返回 true，否则返回 false

【例 14-15】 入队与出队程序示例。

```
import java.util.LinkedList;
public class Example14_15 {
    public static void main(String[] args) {
        LinkedList list = new LinkedList();                //创建队列
        //向队列中添加元素
        list.add("1 上海");
        list.add("2 南京");
        list.add("3 青岛");
        System.out.println("两个元素出队:");
        System.out.println(list.removeFirst() + "出队");
        System.out.println(list.removeFirst() + "出队");
        list.add("4 深圳");
        list.add("5 广州");
        list.add("6 重庆");
        System.out.println("\n 三个元素出队:");
```

```
        System.out.println(list.removeFirst() + "出队");
        System.out.println(list.removeFirst() + "出队");
        System.out.println(list.removeFirst() + "出队");
    }
}
```

程序的运行结果如下：

```
两个元素出队:
1 上海出队
2 南京出队

三个元素出队
3 青岛出队
4 深圳出队
5 广州出队
```

通过例 14-15 的运行结果看出，队列最先添加的对象放在最前面，后添加的元素放在队尾。当出队时，总是从队首取数据，实现先进先出。

习题

1. 简述集合 List、Set 和 Map 的区别。
2. 简述 ArrayList 和 LinkedList 的区别。
3. 简述 java.util.Iterator 迭代器的工作原理。
4. 已给出如下一个 Map 集合，请使用迭代器输出 Map 集合中的 key 值和 value 值。

```
Map<String,String> hashMap = new HashMap<String,String>();
hashMap.put("key1", "value1");
hashMap.put("key2", "value2");
hashMap.put("key3", "value3");
```

5. 有一个二维数组 int[][] arr={{1,2,3},{4,5,6},{7,8,9}}，请编写程序，使用增强型 for 循环对数组进行遍历，将结果打印到控制台上。
6. 简述 TreeSet 集合为什么可以对添加的元素进行排序。
7. 有连续字符：("C"、"Z"、"B"、"K")，请使用 Collections 工具类的相关方法，分别执行添加元素、反转元素、按自然排序、随机打乱集合元素、将集合元素首尾互换操作。
8. 编写一个程序，实现下列要求：

- 创建一个 Student 类实现 Comparable 接口，包含属性(int)id、(String)name、(int)age、(String)sex。
- 只提供了有参构造函数 Student(int id,String name,int age,String sex)。
- 重写 toString()方法，输出学生的所有信息。

9. 编写一个测试类 Demo：

(1) 在测试类 Demo 中，创建三名学生，属性分别为

```
id = 1 name = tom age = 20 sex = 男
id = 3 name = fox age = 19 sex = 男
id = 2 name = james age = 21 sex = 男
```

(2) 创建一个 TreeMap < Student,String >集合,令 key 值为学生对象,value 值为学生的姓名,要求得到所有的 key 值,并根据学生的 age 从大到小排序输出学生信息。

第15章 数据库编程

本章练习

Java语言本身提供了文件系统，通过文件系统提供的类实现对数据的存储与访问。对于简单的软件，使用Java文件系统存储数据是可以的，但是当需要向一个大型文件中插入数据、查找数据时，操作的效率就比较低，因而对于大型的应用，通常都是采用数据库系统管理数据。本章首先介绍数据库系统中存储数据的关系模型与关系表；然后基于一个具体的实例，介绍关系数据库操作语言SQL(Structured Query Language，结构化查询语言)的主要操作语句；最后在介绍MySQL数据库系统的下载与安装后，展示如何通过Java API(Java JDBC)操作数据库中的数据并给出具体的编程示例。

在众多的关系数据库系统中，MySQL数据库是一个广泛使用、功能完善、开源的软件系统。本章首先通过几个关系模型实例，简要介绍关系数据库系统中关系模型的概念，然后给出SQL的几条基本语句，包括数据库表的创建语句、查询语句、表的添加/删除/更新语句。以MySQL数据库系统为例，介绍了数据库系统的下载、安装以及使用。为了便于读者学习数据库操作，以图示的形式介绍了Oracle公司提供的Workbench数据库管理平台如何与数据库系统建立连接、如何使用Workbench平台对数据库进行交互式操作。在此基础上，本章最后讲解了Java应用程序如何通过接口访问并操作数据库中的数据。

对于已熟悉MySQL数据库的读者，可以跳过前面几节，直接阅读15.5节。

15.1 关系数据库系统与关系模型

观看视频

1. 关系数据库系统

数据库系统是一个专门管理数据的软件，又称为数据库管理系统(DBMS)。从广义上划分，数据库系统可简单分为关系型与非关系型两大类。当前流行的大多数数据库系统都是关系型的，如MySQL、Oracle、SQL Server、DB2。关系数据库系统主要包含关系模型与数据库操作语言。关系模型由关系模式和关系实例组成，关系模式用来描述关系表中的各列信息，关系实例为关系表中的具体数据。操作语言提供了访问和操作数据的手段。

2. 关系模型

在关系数据库中存在大量的关系。一个关系实际上是一个由非重复的行组成的数据表(又称为关系表)。数据表是一种强大的数据表示方法，它易于理解，易于使用。表的一行表示一条记录，表的一列表示记录的属性值。在关系数据库理论中，一行被称为一个元组，而一列被称为一个属性。表15-1所示为一个存储学生信息的表，该表的表名（又称关系名）为student，该表的表头（stu_id、name、gender、major、phone）构成了关系模式，表中的5个元组构成了关系实例，每个元组都有5个属性值。

表15-1　学生（student）表

stu_id	name	gender	major	phone
2020060011	王益昆	男	计算机科学与技术	189××××3445
2020060042	李虎	男	计算机科学与技术	189××××3446
2020060063	栗雪	女	计算机科学与技术	189××××3448
2020060071	谭广强	男	计算机科学与技术	189××××3449
2020060051	吴强盛	男	计算机科学与技术	189××××3447

表15-2是学校开设的课程（course）表，该表记录每一门课程的课程编号（course_id）、课程名（course_name）、专业（major）、学分（credits）、开设学期（semester）、课时数（class_hours）。

表15-2　课程（course）表

course_id	course_name	major	credits	semester	class_hours
12002910	Java编程	计算机科学与技术	3	3	48
12002070	数据结构	计算机科学与技术	3	3	64
12002920	计算机网络	计算机科学与技术	3	4	48
12002950	软件工程	计算机科学与技术	3	4	48
12001780	数据库原理	计算机科学与技术	4	4	64

表15-3是一个学生成绩表（score_list）表，它记录了某名学生所修课程的得分。该表给出学生-课程的关系，也可以说score_list表给出了student表与course表之间的一种关联关系。

表15-3　学生成绩（score_list）表

course_id	course_name	stu_id	gdate	grade
12002910	Java编程	2020060011	2020-12-20	86
12002070	数据结构	2020060011	2020-12-28	90
12002910	Java编程	2020060042	2020-12-20	76
12002070	数据结构	2020060042	2020-12-28	88
12002910	Java编程	2020060063	2020-12-20	90
12002070	数据结构	2020060063	2020-12-28	87

在关系表中，通常有一列或多列的组合的值能唯一地标识表中的一行记录。这样的一列或多列的组合称为表的主键（PRIMARY KEY）。表15-1中的学号（stu_id）、表15-2中的课程编号（course_id）的一个值可以唯一地确定所在表中的一条记录，它们被称为主键。而表15-3中的course_id与stu_id的联合构成了score_list表的主键，由于属性course_id与stu_id分别在不同的表中出现，它们又被称作公共属性，表15-3通过这两个公共属性（course_id与stu_id）与其他表相关联，因此，course_id与stu_id又称为score_list表的外键。

15.2 SQL

SQL 是标准的关系数据库操作语言，所有的关系数据库系统都支持 SQL。SQL 主要用来定义数据库中的表以及表的访问和操作。SQL 的结构简单、易学且功能强大。下面使用 MySQL 数据库系统展示 SQL 的使用，包括创建数据库、建立数据库的表以及对表中数据的增/删/改/查。

观看视频

15.2.1 表的创建与删除

在数据库中，表是最基本的对象。SQL 提供了一条非常简单的表创建语句，使用 create table 语句指定表名、属性和类型。表 15-1 的创建语句如下。

```
use stu_edu;
create table student (
    stu_id char(10),
    name varchar(25),
    gender char(1),
    major varchar(20),
    phone char(11),
    primary key (stu_id)
    ) default character set = 'utf8';
```

如上代码中的 use 是 SQL 的关键字，stu_edu 是数据库的名字，use stu_edu 的含义是打开数据库 stu_edu。通常情况下，一个数据库系统中可以创建多个数据库，每个数据库都有自己的名字，用户可以在一个数据库中创建多个表。在上面的代码中 create table student 表示在当前打开的 stu_edu 数据库中，创建一个名为 student 的表，表的属性是 stu_id、name、gender、major、phone，并定义了每个属性的取值类型与数据长度。char(10) 指出 stu_id 为 10 个字符(固定长度)，varchar(25) 指出 name 是长度不超过 25 个字符的可变长字符串，primary key(stu_id) 指定表的主键是 stu_id。character set = 'utf8'指定表中数据的字符集是 utf8。

下面给出 course 表的创建语句。

```
use stu_edu;
create table course (
      course_id char(8),
      course_name varchar(25),
      major varchar(200),
      credits inter,
      semester inter,
      class_hours inter,
      primary key (course_id)
      ) default character set = 'utf8';
```

如下代码给出了 score_list 表的创建语句，其中 primary key()指出了本表的主键是 stu_id 和 course_id，用 foreign key()指出了外键是 stu_id 和 course_id。foreign key(stu_id) references student(stu_id)说明外键 stu_id 是 student 表的主键。

```
use stu_edu;
create table score_list (
        course_id char(8),
        course_name varchar(25),
        stu_id varchar(10),
        gdate date,
        grade integer,
        primary key (stu_id, course_id),
        foreign key (stu_id) references student (stu_id),
        foreign key (course_id) references course(course_id)
        ) default character set = 'utf8';
```

如果一个表不再需要,则可以使用 drop table 命令永久删除。例如,以下语句将删除 student 表。

```
use stu_edu;
drop table student;
```

15.2.2 表的添加、删除与更新

一个表创建好以后,就可以用 SQL 语句向其中添加、更新和删除记录。

1. 添加记录

insert 语句用于向数据库表格中添加一条新的记录。insert 语句的语法格式如下。

```
insert into tableName [(column1, column2, …, column)] values (value1, value2, …, valuen);
```

例如,使用下面的语句能够向 student 表中添加一条记录。

```
insert into student (stu_id, name, gender, major, phone) values ('202006008', '王卉', '女', '数学', '13318123345');
```

可以看出,当向数据库表中添加记录时,在 insert into 后面输入所要添加的表名,然后在括号中列出将要添加新值的列的名称,最后在关键词 values 的后面按照前面给出的列的顺序,对应地填上所有要添加的属性值。

2. 更新记录

update 语句用于对满足条件的记录进行更新。update 语句的语法格式如下。

```
update tableName set column1 = newValue1 [, column2 = newValue2, … ]
[where condition];
```

例如,使用下面的语句可以把 course 表中 class_hours 为 64 课时的课程学分 credits 都改成 4。

```
update course set credits = 4 where class_hours = 64;
```

3. 删除记录

delete 语句可以从表中删除满足条件的记录。该语句的语法格式如下。

```
delete from tableName [where condition];
```

例如，使用下面的语句可以把 course 表中“软件工程”课程删掉。

```
delete from course where course_name = '软件工程';
```

下面的语句可以把 course 表中的全部记录删除，使之成为一个空表，即只有表头没有数据记录。

```
delete * from course;
```

或者

```
delete from course;
```

15.2.3 表的数据查询

一个表创建好以后，除了使用 SQL 语句向其中添加、更新和删除记录外，还可以使用 select 语句查找记录。在 SQL 语句中，select 语句是使用最频繁的语句，其功能是对数据库进行查询并返回查询结果。select 语句的语法格式如下。

```
select column - list from table - list [where condition];
```

select 子句使用 column-list 给出需要返回结果的列名，各列名用“,”(半角)隔开。from 子句给出与查询相关的表，各表名也用“,”(半角)隔开。where 子句后的 condition 规定哪些行的数据将作为查询结果返回，该 where 子句是可选择的，如果没有该子句，表示所有行都满足条件。

例如，选择 student 表中所有男生的学号、姓名、电话号码的语句如下：

```
select stu_id, name, phone from student where gender = '男';
```

15.2.4 查询条件

SQL 语句中经常用到[where condition]指出对表中的记录进行操作的条件，条件 condition 会用到比较与逻辑运算。SQL 的比较与逻辑运算的符号与 Java 稍有不同，在 SQL 中，相等的符号是“=”，而在 Java 中是“==”，在 SQL 中不等于用<>或者!=，而在 Java 中用!=。not、and 和 or 符号在 Java 中是 !、&& 与||。表 15-4 所示为 SQL 的运算符及其说明。

表 15-4 SQL 的运算符及其说明

类　型	运 算 符	说　明
比较运算	=	等于
	<>或!=	不等于
	<	小于
	<=	小于或等于
	>	大于
	>=	大于或等于

续表

类　型	运 算 符	说　明
逻辑运算	not	逻辑非
	and	逻辑与
	or	逻辑或

SQL 语句中的比较与逻辑运算的含义与 Java 语言中一样。在运算优先级上，比较运算符高于逻辑运算符，可以使用小括号来提高运算优先级。

例如，选择 score_list 表中“数据结构”成绩超过 80 分的记录语句如下：

```
select * from score_list where course_name = '数据结构' and grade >= 80;
```

其中，* 表示输出所有的行，where 子句后是一个复合条件，表示课程名是“数据结构”而且成绩大于 80 分的同学。需要注意的是在 SQL 语句中，字符串用单引号括起来，如'数据结构'。

本节只给出基本的 SQL 语句，为后面的 Java 语言访问数据库做准备。实际上，SQL 还提供了排序与索引、表的连接、多表联合查询等强大的功能，在这里不进行深入讨论，有兴趣的读者可以阅读数据库原理等相关内容的图书。

前面介绍的各种 SQL 语句功能实现需要数据库系统环境支持。下面以 MySQL 数据库系统为例，介绍其下载、安装及使用。

观看视频

15.3　MySQL 数据库的下载与安装

15.3.1　MySQL 的下载

（1）在浏览器中输入网址 https://www.MySQL.com/进入 MySQL 主页，单击 Download，选择 MySQL Community (GPL) Downloads，进入图 15-1 所示的页面。

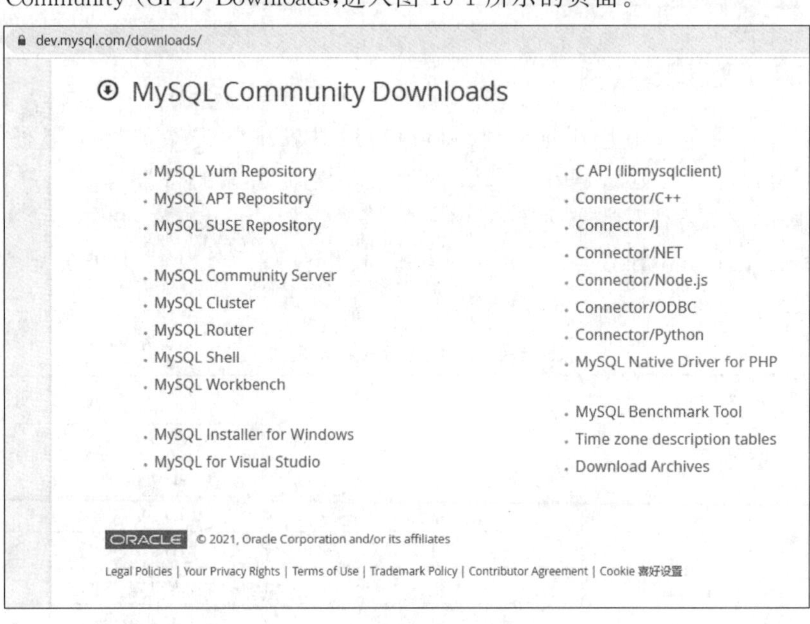

图 15-1　MySQL 下载页面

（2）选择 MySQL Installer for Windows 选项，进入图 15-2 所示的页面。

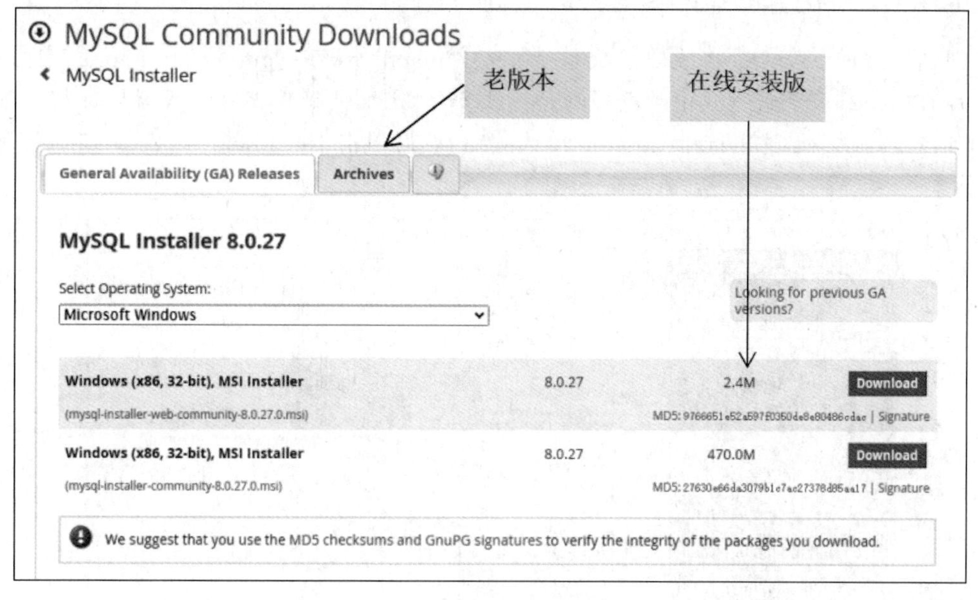

图 15-2　MySQL 安装包下载

MySQL 安装包只有 32 位的软件，但它在 64 位的 Windows 系统上也可以安装。这里有两个安装包(MSI Installer)，一个是在线安装包，另一个是把压缩包下载到本地后再安装。选择在线安装版下载并安装，单击后会进入图 15-3 所示的注册页面，无须单击 Login 或 Sign UP 按钮，直接选择页面下方的 No thanks，just start my download。这时会下载在线安装文件 MySQL-installer-web-community-8.0.27.1.msi。

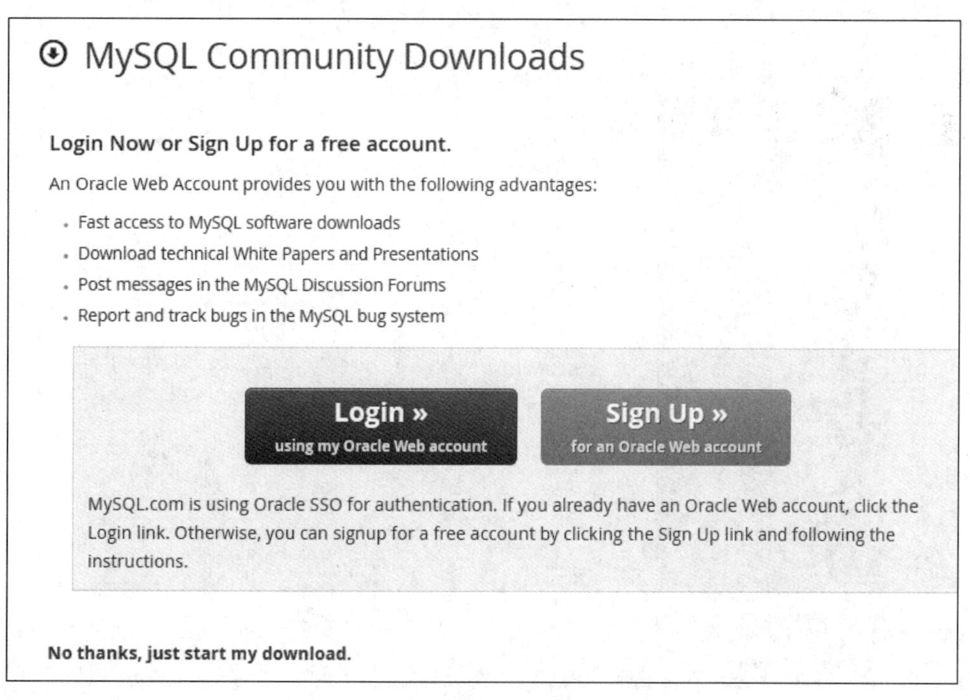

图 15-3　MySQL 注册页面

15.3.2 MySQL 的安装

单击下载的 MySQL 在线安装文件 MySQL-installer-web-community-8.0.27.1.msi，会启动在线下载安装过程。由于选择的是在线安装，因而要确保安装过程联网在线。安装界面如图 15-4 所示，这里选中 Custom 单选按钮，然后单击 Next 按钮，进入图 15-5 所示的页面。

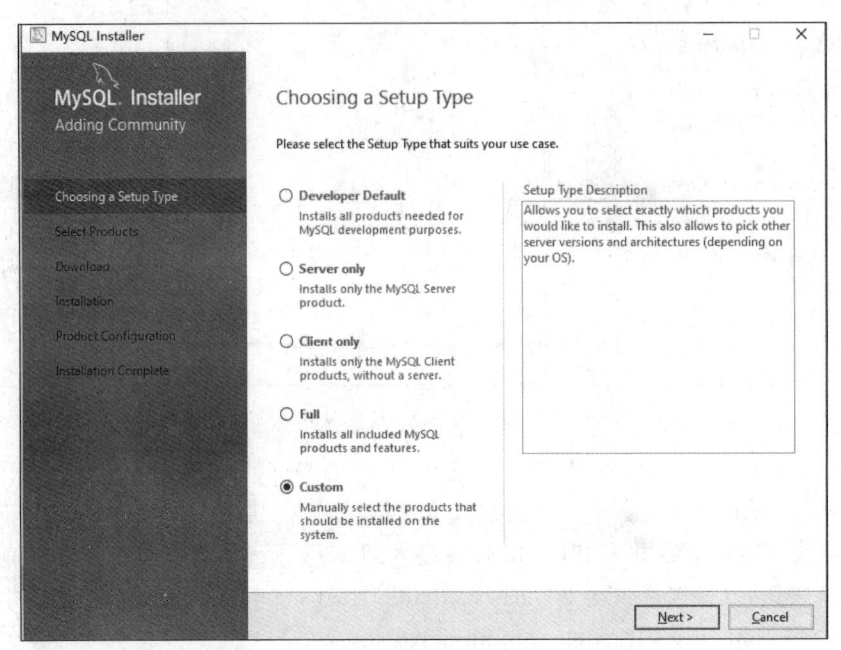

图 15-4 选择安装类型

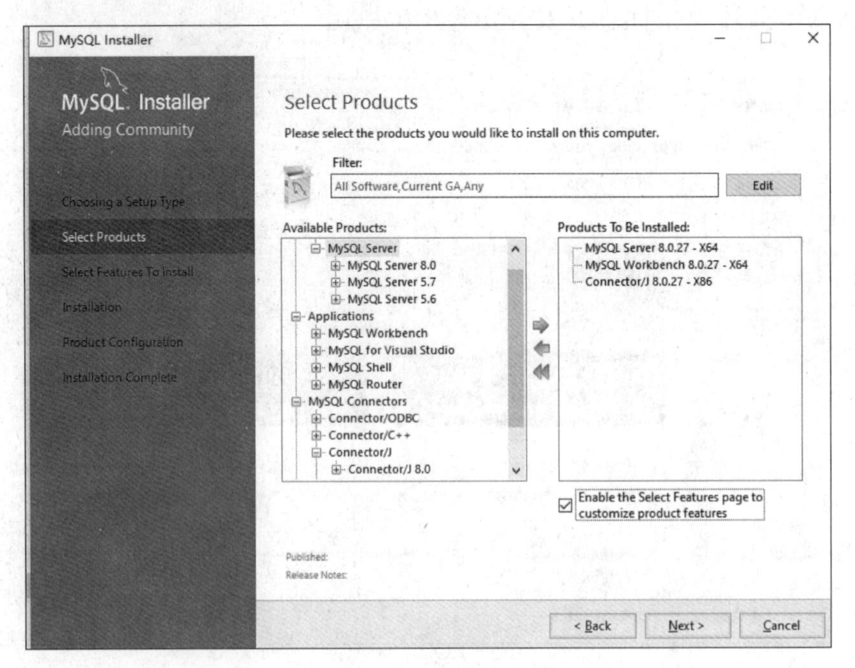

图 15-5 选择下载的软件

在图 15-5 所示的页面中选择 MySQL Server、Applications 下的 MySQL Workbench 与 MySQL Connectors 下的 Connector/J 的具体版本。然后单击 Next 按钮，进入图 15-6 所示的页面。

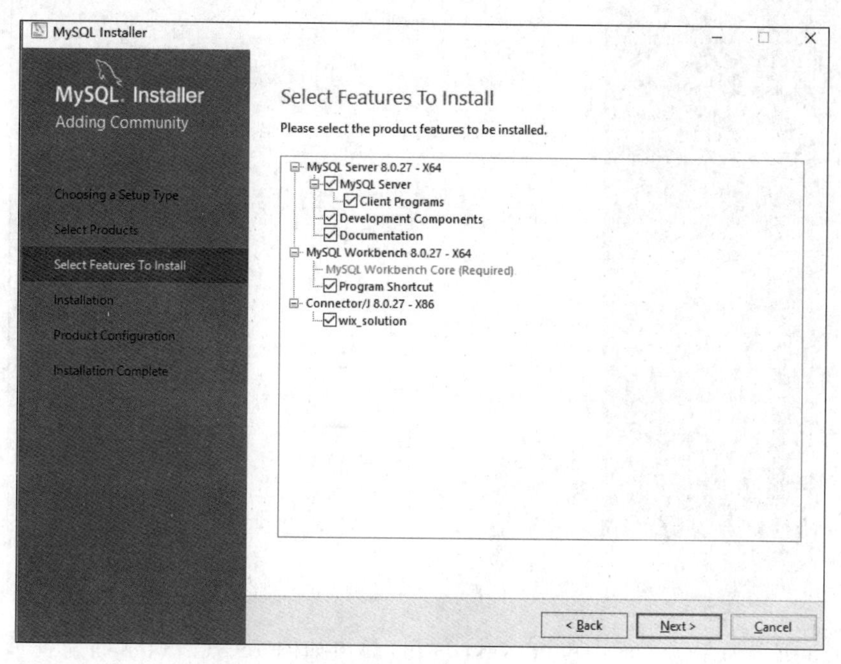

图 15-6　展示将要安装的软件

在图 15-6 所示的页面中单击 Next 按钮进入图 15-7(a)所示的页面，为安装做好准备。然后单击 Execute 按钮，等待下载安装完成。弹出如图 15-7(b)所示的页面，单击 Next 进入图 15-8 所示的页面。

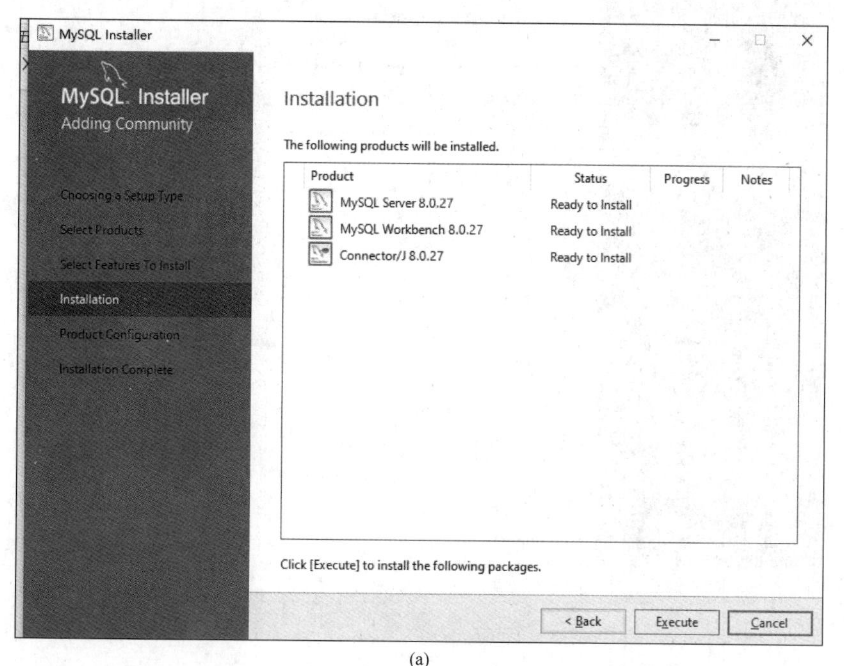

(a)

图 15-7　准备安装

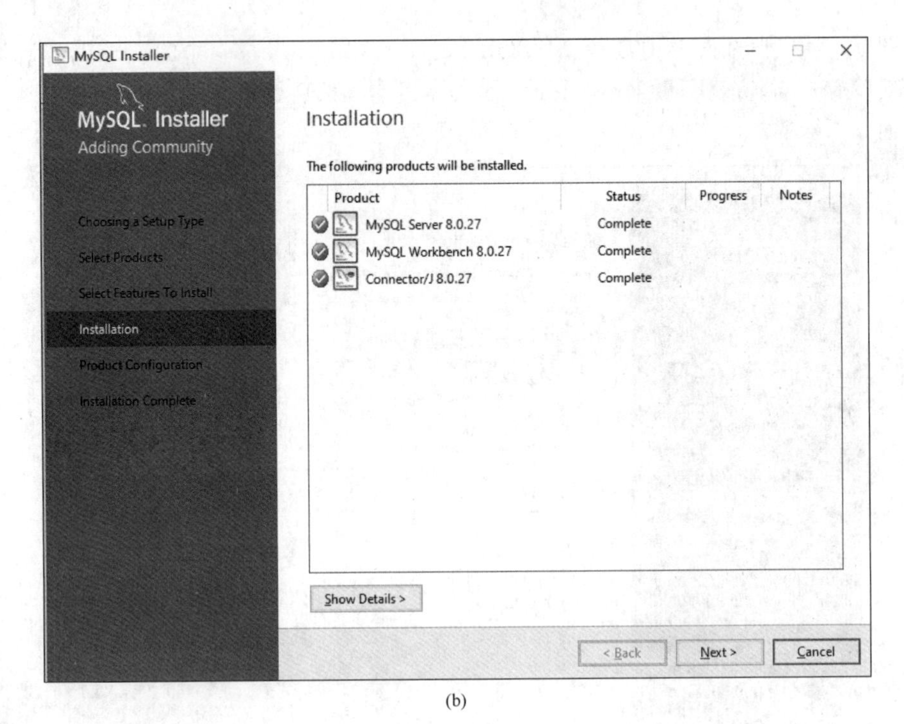

(b)

图 15-7 （续）

在图 15-8(a)所示的页面中单击 Next 按钮，弹出如图 15-8(b)所示的配置页面。在按照图 15-8(b)配置好 TCP/IP 和 Port 后，单击 Next 按钮，弹出如图 15-9(a)所示的页面，选择口令的加密验证方法。

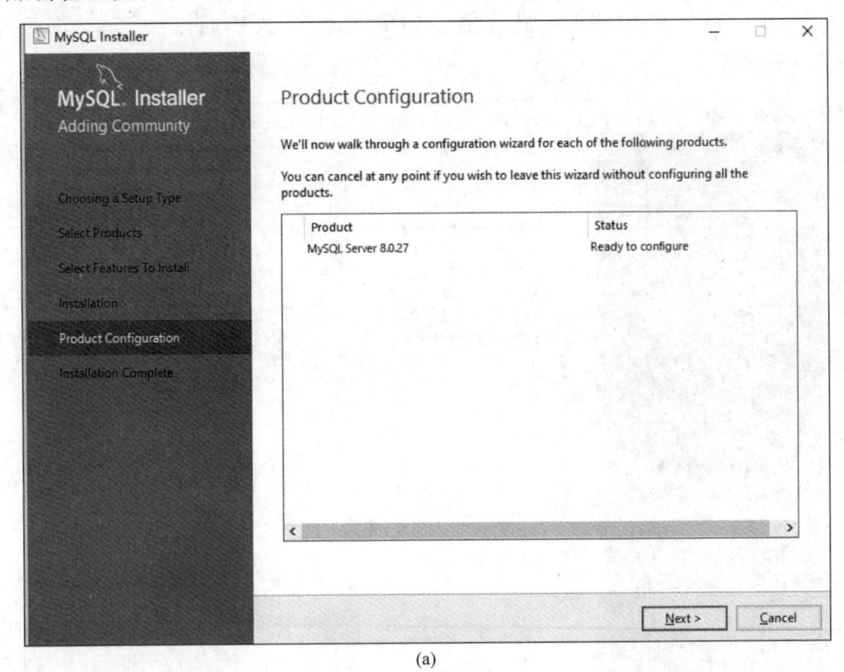

(a)

图 15-8 配置页面 1

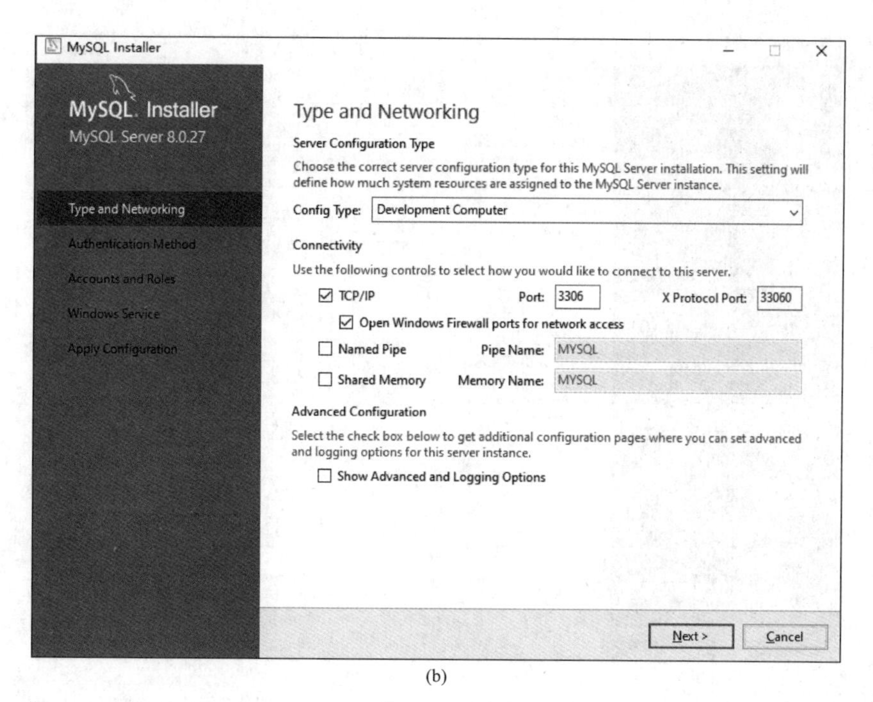

(b)

图 15-8 （续）

图 15-9(b)所示页面提示输入 MySQL 数据库系统根账号的口令与角色，然后单击 Next 按钮。在输入口令时，需要记下自己设置的口令，避免以后无法进入数据库。

在图 15-10(a)中输入 Windows 服务的名字，该名字会出现在 Windows 任务管理器中。用户可以在 Windows 任务管理器中启动或关闭该服务。单击 Next 按钮，进入图 15-10(b)所示的配置过程，然后单击 Execute 按钮，完成配置。

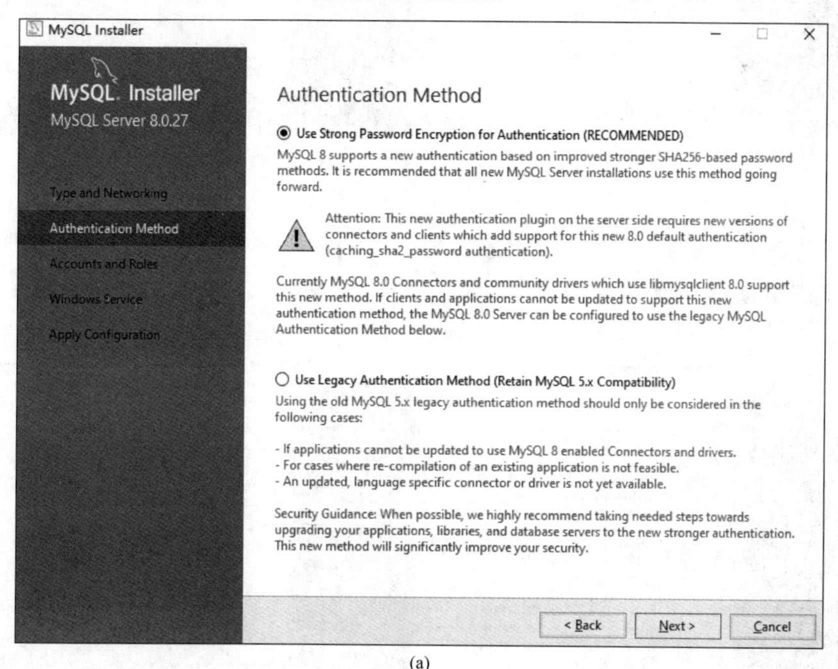

(a)

图 15-9 配置页面 2

MySQL Installer
MySQL Installer
MySQL Server 8.0.27
Type and Networking
Authentication Method
Accounts and Roles
Windows Service
Apply Configuration
Accounts and Roles
Root Account Password
Enter the password for the root account. Please remember to store this password in a secure place.
MySQL Root Password: ••••
Repeat Password: ••••
Password strength: Weak
MySQL User Accounts
Create MySQL user accounts for your users and applications. Assign a role to the user that consists of a set of privileges.
MySQL User Name | Host | User Role
Add User
Edit User
Delete
< Back
Next >
Cancel

(b)

图 15-9 （续）

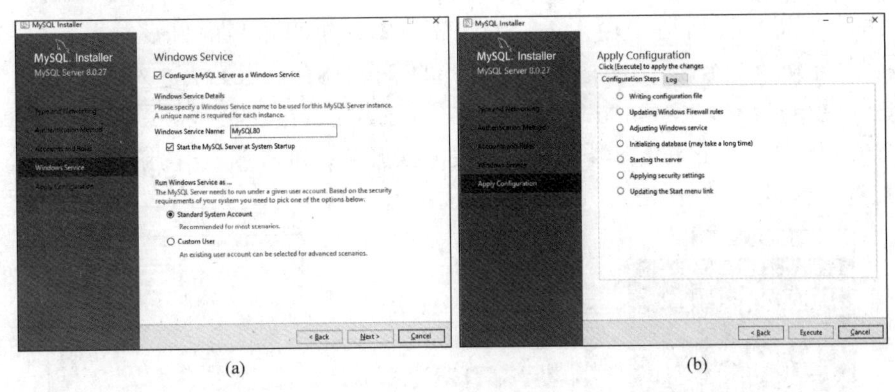

(a) (b)

图 15-10 配置页面 3

配置操作执行完成后，继续根据提示完成 MySQL 的其他安装步骤。在安装过程中会提示安装配置情况，如果安装过程没有问题，会显示如图 15-11 所示的页面。定制安装的软件自动默认安装在 C:\Program Files\MySQL 文件夹下，见图 15-12。

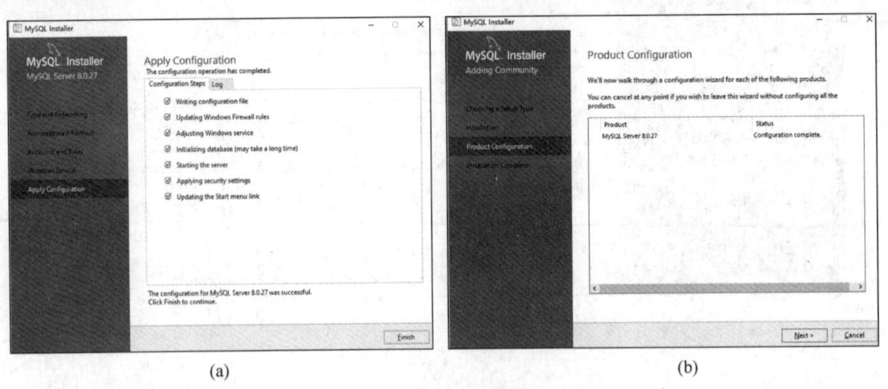

(a) (b)

图 15-11 完成配置

本地磁盘 (C:) › Program Files › MySQL

名称	修改日期	类型	大小
MySQL Server 8.0	2021/11/11 20:55	文件夹	
MySQL Workbench 8.0	2021/11/11 20:55	文件夹	
mysql-connector-java-8.0.27	2021/11/1 16:35	文件夹	

图 15-12　安装的文件

15.4　数据库管理平台 MySQL Workbench 的使用

MySQL Workbench 是 MySQL 数据库管理平台，该平台提供了一个可视化的数据库创建、管理与操作的界面。图 15-12 中显示该软件已安装在 C:\Program Files\MySQL\MySQL Workbench 8.0 目录下，运行 MySQLWorkbench.exe，启动 MySQL Workbench。

15.4.1　创建连接

在启动 MySQL Workbench 后，在页面上可以看到**MySQL Connections ⊕⊗**，参见图 15-13。在使用 MySQL Workbench 创建数据库之前，首先要单击**MySQL Connections ⊕⊗**中的⊕创建连接。单击⊕号，会弹出图 15-13 所示的窗体，窗体中给出创建连接页面时的参数输入框，其中 Connection Name 是创建的连接名，Password 为安装 MySQL 时设立的密码(见图 15-9(b))。单击 Test Connection 按钮可以测试创建连接是否成功。单击 OK 按钮完成创建连接。

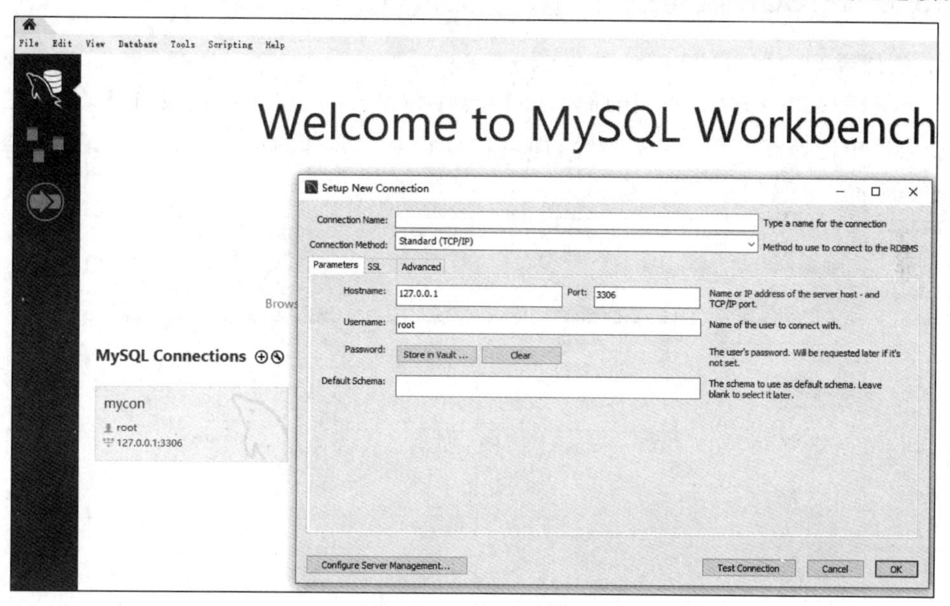

图 15-13　创建连接

15.4.2　创建数据库实例与表

在图 15-13 中，mycon 是创建好的连接，单击该连接后，进入图 15-14(a)所示的页面，在该页面中右击 SCHEMAS 中的空白处，然后在弹出的快捷菜单中选择 Create Schema 命令，显示如图 15-14(b)所示的页面，输入数据库名称，选择编码方式 utf8，单击右下角 Apply 按钮。

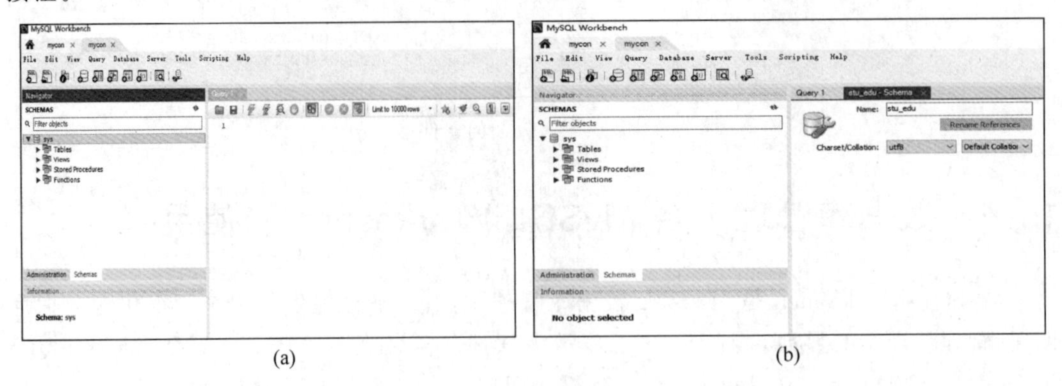

(a)　　　　(b)

图 15-14　创建数据库

在创建数据库的对话框中完成设置之后，可以预览当前操作的 SQL 脚本，即“CREATE SCHEMA ‘stu_edu’ DEFAULT CHARACTER SET utf8;”，然后单击 Apply 按钮，最后在下一个弹出的对话框中直接单击 Finish 按钮，即可完成数据库 stu_edu 的创建。这时，在 Schema 中，可以看到创建的数据库 stu_edu。创建好数据库后，就可以在数据库中创建各种表了。

15.4.3　SQL 语句执行

1. 创建表

在 SCHEMAS 列表中展开当前默认的 stu_edu 数据库，在 Tables 菜单上右击，在弹出的快捷菜单中选择 Create Table 命令，即可在 stu_edu 数据库中创建数据表，操作界面如图 15-15 所示。

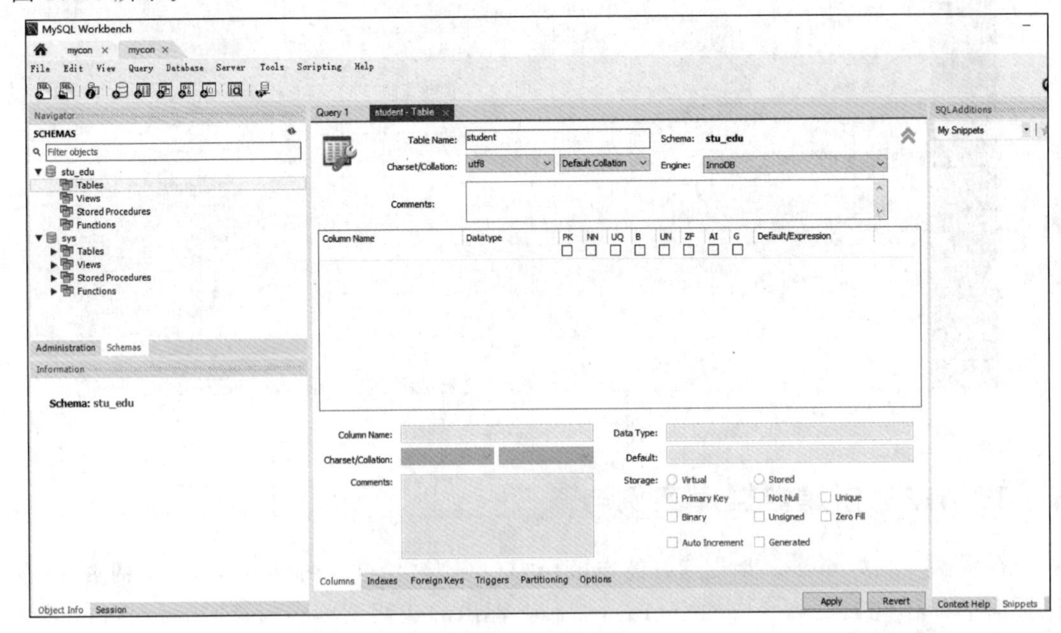

图 15-15　创建表

在创建数据表的对话框中，在 Table Name 文本框中输入数据表的名称，这里 Table Name 为 student，字符集选择 utf8。在图 15-15 中的方框部分编辑数据表的列信息，编辑完成后，单击 Apply 按钮即可成功创建数据表，操作过程如图 15-16 所示。

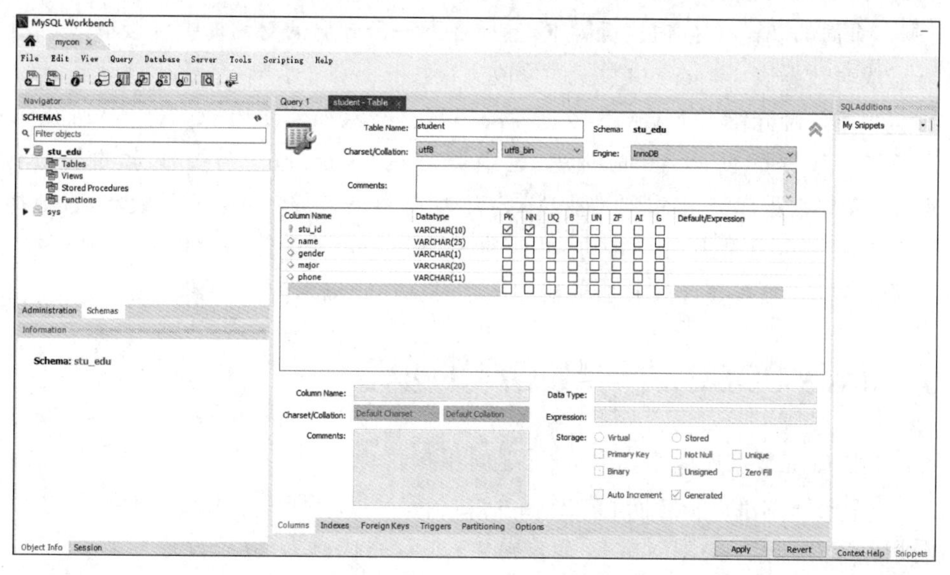

图 15-16　创建表 student

设置完成之后，可以预览当前操作的 SQL 脚本，即 SQL 代码，然后单击 Apply 按钮，最后在下一个弹出的对话框中直接单击 Finish 按钮，即可完成数据表 student 的创建。

2．编辑表中的记录

在 SCHEMAS 列表中展开当前默认的 stu_edu 数据库，展开 Tables 菜单，单击 student 表上右侧的图标，即可对 student 表中的数据进行编辑(录入记录)操作，如图 15-17 所示。

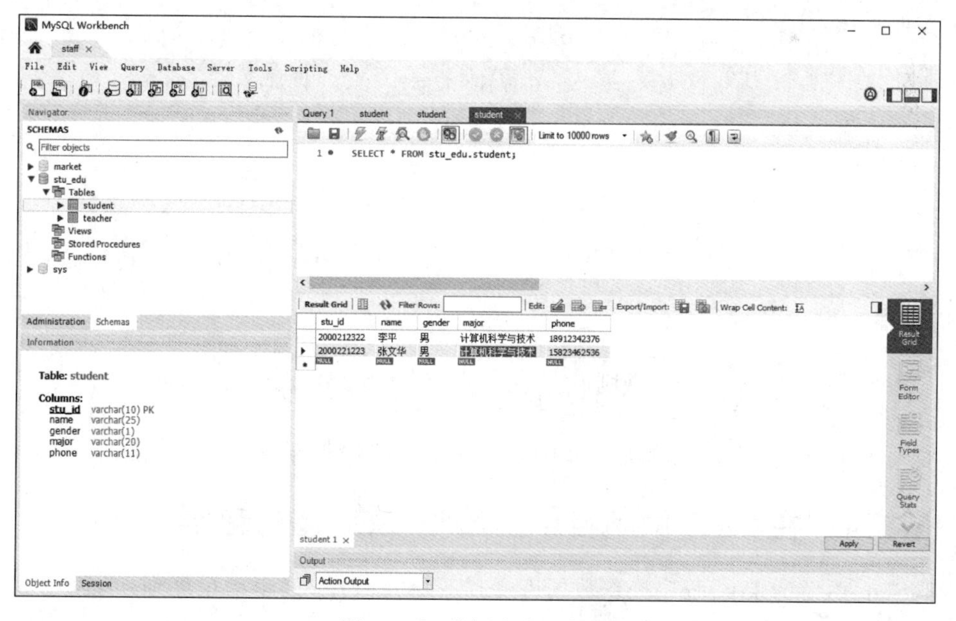

图 15-17　编辑表中的数据

在图 15-17 中，可以录入学生的记录，包括学号、姓名、性别、专业与电话号码。这个界面提供的数据录入与 Excel 表格的编辑操作类似，该页面既可以录入新记录又可以编辑老记录。在数据录入完成后，单击右下角的 Apply 按钮，可以显示当前操作的 SQL 脚本，然后单击脚本页面的 Apply 按钮执行脚本，最后在下一个弹出的对话框中直接单击 Finish 按钮，即可完成对数据表 student 中数据的修改。

至此，本章已经介绍了 MySQL 数据库的下载/安装、如何使用 MySQL Workbench 可视化工具进行数据库创建、表的创建、表中数据的增/删/改。需要注意的是，MySQL Workbench 建立数据库连接时，要确保 MySQL 服务器安装成功并且已经启动，否则将连接失败。MySQL 服务器是否已经启动，可以通过 Windows 的"任务管理器"→"服务"查看 MySQL 服务器的状态。MySQL 服务器的名字是由用户输入的，参见图 15-10。

观看视频

15.5 Java JDBC 访问数据库的步骤

用于开发 Java 数据库应用程序的 Java 应用接口称为 JDBC API。JDBC 为 Java 程序员提供了一个统一的接口来访问和操作各种关系数据库。使用 JDBC API 编写的 Java 程序可以执行 SQL 语句，实现对数据库的操作，进而完成 Java 应用程序对数据库系统的访问。

图 15-18 所示为 Java 应用程序通过统一的 JDBC API 访问不同数据库系统的原理图，从图中可以看出，不同的数据库系统分别提供了 JDBC API 访问数据库的驱动程序，这个驱动程序由数据库系统的开发公司提供，程序开发人员可以到数据库系统的网址上下载。Connector/J 是 MySQL 官方 JDBC 驱动程序，用户可以到 MySQL 网站下载该驱动程序。在 MySQL 的下载与安装中已经下载了 Java 操作数据库的驱动程序 Connector/J8.0.27-X86（参见图 15-5）。

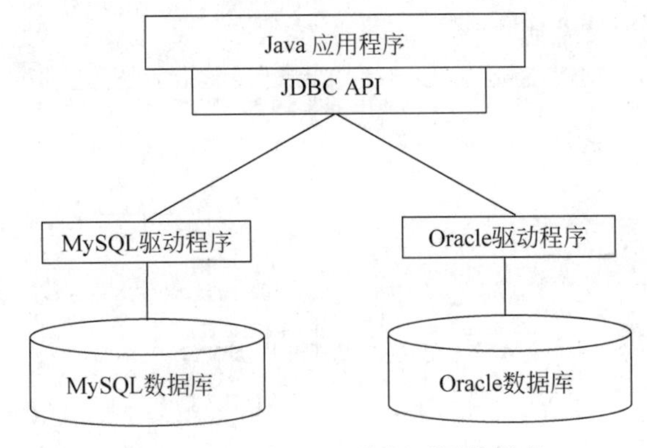

图 15-18　JDBC API 访问不同数据库

15.5.1 在 IDEA 的项目中添加 MySQL 驱动程序

MySQL 系统为 Java 程序操作数据库提供了驱动程序，该驱动程序在 MySQL 的下载和安装时已经下载，其存放路径见图 15-12。IntelliJ IDEA 软件中的应用程序要访问数据库,需要把该驱动程序添加到 Java 项目 External Libraries 中,这样 Java 应用程序在访问数据库时,会自动在 Java 项目中查找该驱动程序包实现对数据库的操作。把 MySQL-connector-Java-8.0.27.jar 添加到 Java 项目中的步骤如下。

(1) 打开 IntelliJ IDEA 软件,进入首页界面,单击 File,在弹出的选项框中,单击 Project Structure。

(2) 在 Project Structure 对话框中,选择 Modules 选项,见图 15-19,单击左下角的+号后,会弹出如图 15-20 所示的菜单选项。

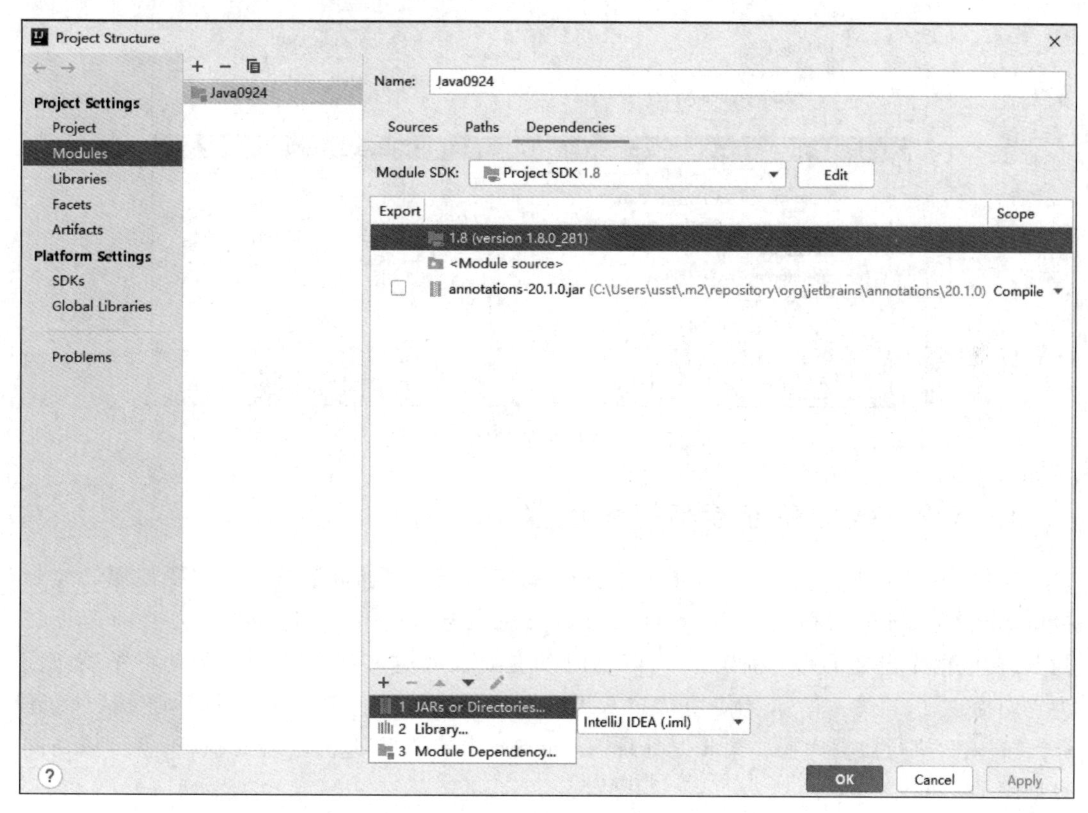

图 15-19 项目结构设置

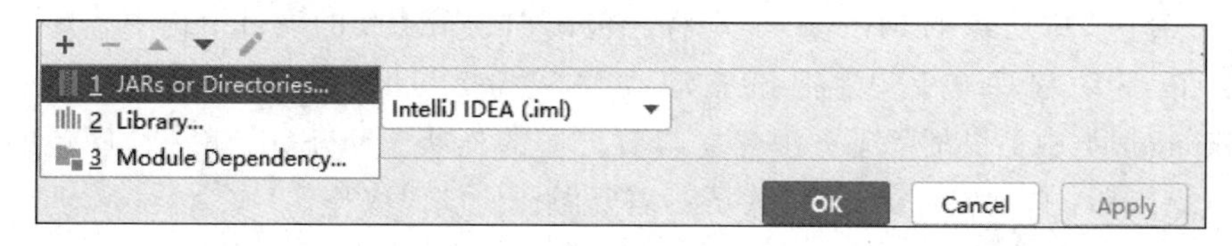

图 15-20 选择添加文件类型

(3) 选择 1 JARs or Directories 选项后单击 OK 按钮,进入如图 15-21 所示的页面,选择下载好的 MySQL 的 MySQL-connector-Java-8.0.27.jar 包,然后单击 OK 按钮。

(4) 回到 IntelliJ IDEA 软件界面,可以看到 External Libraries 目录下已经有成功导入的 MySQL-connector-Java-8.0.27.jar 包了。

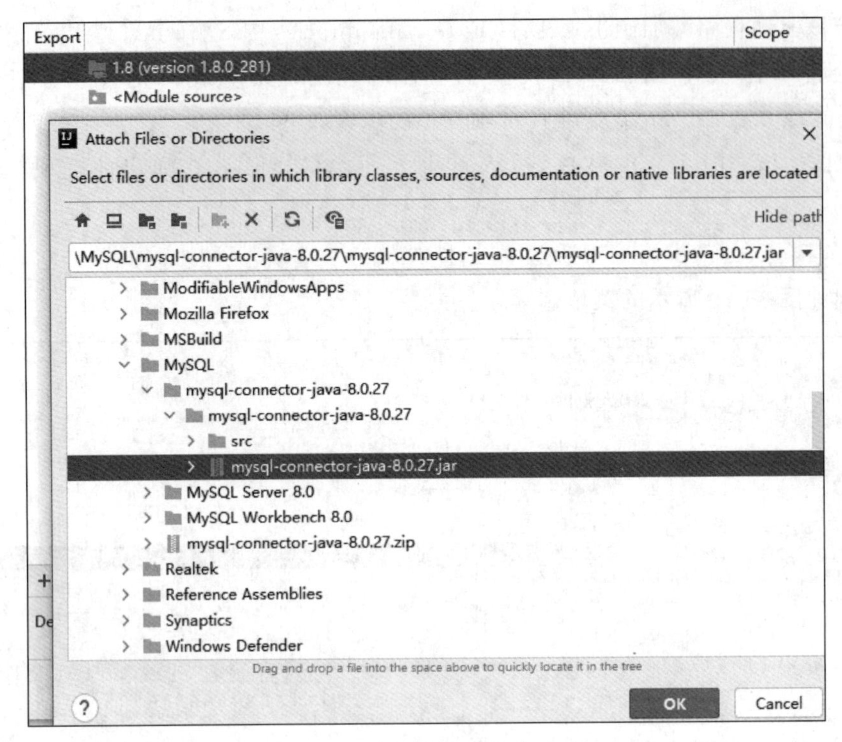

图 15-21　选择添加的驱动 jar 包

15.5.2　数据库连接与操作步骤

JDBC API 主要由 java. sql 包提供。Java 的应用程序在访问数据库时主要使用其 4 个接口，分别为 DriverManager、Connection、Statement 与 ResultSet，这些接口为 Java 程序访问 SQL 数据库定义了一个框架。JDBC API 只是定义了这些接口，JDBC 驱动程序供应商为它们提供了实现。程序员使用接口只要按照"加载驱动包""建立数据库连接""创建 statement""执行数据库操作语句""处理 ResultSet 中的数据"这几个步骤执行，就可以访问数据库了。

1. 加载驱动包

在 15.5.1 节中已经把 MySQL 驱动程序包添加到 IDEA 的项目结构中。Java 应用程序在找到该驱动程序包后，会把该驱动程序注册到 DriverManager 类中，然后通过 DriverManager 类中提供的静态方法建立与数据库的连接。MySQL 驱动程序包的查找与加载操作是 IDEA 自动完成的，编程人员不需要做任何编码操作。

2. 建立数据库连接

Java 应用程序在访问数据库之前，首先需要指定数据库服务器所在的地址、要访问的数据库名、账号与口令，然后建立与数据库的连接。使用 DriverManager 类中的静态方法 getConnection()建立连接对象，该静态方法 getConnection()的定义格式为：

```
public static Connection getConnection(String databaseURL, String user, String password)
```

其中，databaseURL 是数据库服务器在互联网上的地址，表 15-5 所示为不同数据库的 URL

格式。在表15-5中，该URL中jdbc:MySQL指出连接对象的数据库系统是MySQL。如果建立连接失败将抛出SQLException异常。

表15-5　不同数据库的URL格式

数据库类型	URL格式
MySQL	jdbc:MySQL://hostname:port#/dbname
SQL Server	jdbc:sqlserver://hostname:port; databaseName=dbname
Oracle	jdbc:oracle:thin:@hostname:port#:oracleDBSID
Access	jdbc:odbc:dataSource

对于MySQL数据库，其databaseURL中包含了数据库的主机名hostname数据库服务器的端口号和数据库名dbname。例如，下面的语句将为具有账户名root和密码"root"的本地数据库stu_edu创建连接对象：

```
Connection connection = DriverManager.getConnection("jdbc:MySQL://localhost:3306/stu_edu","root","root");
```

其中，//localhost:3306表示的是本地数据库的端口号是3306，这个3306端口是在安装MySQL数据库时设置的访问端口(见图15-8(b))。在MySQL高版本系统中，数据库系统会检查数据库时区与传输安全性设置，这里可以把时区设置成GMT，使用安全传输useSSL设为false，否则编译时会报安全性错误。最后两个root分别是安装MySQL数据库系统时设置的中长号与密码。

```
Connection connection = DriverManager.getConnection("jdbc:MySQL://localhost:3306/stu_edu?serverTimezone=GMT&useSSL=false","root","root");
```

3. 创建statement

如果Connection对象可以设想为连接程序到数据库的通道，则Statement对象可以视为购物车，该购物车负责提供需要执行的SQL语句，并将结果带回到Java程序。创建连接对象后，可以创建用来执行SQL语句的Statement对象：

```
Statement statement = connection.createStatement();
```

4. 执行数据库操作语句

Statement对象主要用于执行一般的SQL语句，Statement对象常用的方法有：

(1) 执行SQL查询语句。

```
public ResultSet executeQuery(String sql)
```

参数sql是用字符串表示的SQL查询语句。查询结果以ResultSet对象返回。例如，下面的executeQuery()使用SELECT语句在数据库的student表中执行查询操作，返回查找到的所有记录集合rset。

```
Statement stmt = conn.createStatement();
ResultSet rset = stmt.executeQuery("SELECT * FROM student ");
```

(2) 执行 SQL 更新语句。

```
public int executeUpdate(String sql)
```

参数 sql 用来指定更新语句，该更新语句可以是 INSERT、DELETE、UPDATE 语句或无返回的 SQL 语句，如创建表的语句 CREATE TABLE。该方法的返回值是一个整数，该整数为被更新的行数。

例如，下面的 executeUpdate()对 student 表中“王益昆”的电话号码进行修改。

```
String newPhone = "18912345678";
Statement stmt = conn.createStatement();
String temp = "UPDATE student SET phone = '" + newPhone + "' WHERE name = '王益昆'";
stmt.executeUpdate(temp);
```

这里需要说明的是，SQL 语句中的字符串用单引号，如上面语句中'王益昆'。

Stringtemp = "UPDATE student SET phone='" + newPhone + "' WHERE name='王益昆'"实际上是把三个字符串"UPDATE student SET phone='" 、newPhone、"'WHERE name='王益昆'"加在一起，形成完整的 SQL 语句：

```
UPDATE student SET phone = '18912345678' WHERE name = '王益昆'
```

5. 处理 ResultSet 中的数据

ResultSet 对象表示 SQL 查询语句返回的记录集合，称为结果集。结果集一般是一个记录表，其中包含列标题和多个记录行。

ResultSet 对象包含一个位置游标，该游标的值初始为 null，可以用 next()方法使游标定位到下一条记录，然后用 getXX()方法获得当前记录中各属性的值。例如，下面的代码是从 score_list 中显示所有不及格同学的信息。

```
    String sql = "select * from score_list where grade < 60";
    ResultSet rst = statement.executeQuery(sql);
    while (rst.next()){
    String str; str = rst.getString(1) + rst.getString(2) + rst.getString(3) + rst.getDate(4)
+ rst.getInt(5);
    System.out.print(str);
}
```

getXX(9)方法是获取当前行中某字段的值。由于字段值的类型不同，使用的 getXX()方法也不同，方法中的参数 9 可以是整数也可以是字符串，如果是整数表示是列号（列号从 1 开始，从左到右），如果是字符串则表示是列名。下面给出了从记录中获得不同数据类型使用的方法。

- public String getString(int columIndex)：返回指定列的 String 值。
- public int getInt(int columIndex)：返回指定列的 int 值。
- public float getFloat(int columIndex)：返回指定列的 float 值。
- public boolean getBoolean(int columIndex)：返回指定列的 boolean 值。
- public Date getDate(int columIndex)：返回指定列的 Date 值。

例 15-1 是一个完整的查询并显示数据库中记录的示例，它展示了连接到数据库、执行一个简单的查询、查询结果集的处理与显示。该程序连接到一个本地的 MySQL 数据库，该数据库的名字为 stu_edu，账号与密码都是 root，数据库中有建立好的 student 表，表中存有学生的信息。

【例 15-1】 查找并显示数据库中所有学生的信息。

```
import java.sql. * ;
public class Example15_1 {
    public static void main (String args[ ])
    {
        Connection conn = null;
        try
        {
conn = DriverManager.getConnection("jdbc:MySQL://localhost:3306/stu_edu?serverTimezone =
GMT&useSSL = false","root","root");
            if (conn != null)                                       //检查连接对象
            {
                Statement stmt = conn.createStatement();
                ResultSet rset = stmt. executeQuery("SELECT * FROM student ");
                Example15_1.showResults("student", rset);   //显示 rset 集中的值
                conn.close();                                       //关闭数据库
            }
        }
catch (SQLException ex) {
            System.out.println("SQLException: " + ex.getMessage());
            ex.printStackTrace();
        }
catch (Exception ex) {
            System.out.println("Exception: " + ex.getMessage());
            ex.printStackTrace();
        }
    }
    //显示 student 表中的学生信息
public static void showResults(String tableName, ResultSet rSet)
    {
    String resultString;
    int numColumns = 5;
    System.out.println(" \n " + tableName + " 表" );
System.out.println( " ==========================================================
= ");
System.out.println("学号 姓名 性别 专业 电话 ");
System.out.println( " ==========================================================
= ");
        try{
            while (rSet.next())
            {
                resultString = "";
                for (int colNum = 1; colNum <= numColumns; colNum++)
                {
                    String column = rSet.getString(colNum);
                    if (column != null)
                        resultString += column + " ";
                }
```

```
                    System.out.println(resultString );
                    System.out.println("------------------------------------------
-------------------------");
                }
            }
    catch (SQLException ex) {
                System.out.println("SQLException: " + ex.getMessage());
                ex.printStackTrace();
            }
        }
    }
```

观看视频

15.6 数据库的增/删/改操作

15.6.1 向数据库增加记录

例 15-2 展示了如何向数据库中的 student 表插入一条记录。在运行该程序前，必须保证 student 表中没有 stu_id 为'2020060071'的记录，否则会有 Duplicate entry '2020060071' for key 'PRIMARY'的异常抛出。这是因为在建立 student 表时，设定 stu_id 为主键，那么就不允许两条记录具有相同的 stu_id。characterEncoding＝UTF-8 是设定 Java 向 MySQL 数据库中插入中文的编码为 UTF-8，否则会出现乱码。

【例 15-2】 向数据库的表中添加记录。

```
import java.sql.*;
public class Example15_2 {
    public static void main (String args[])
    {
        Connection conn = null;
        try
        {
conn = DriverManager.getConnection("jdbc:MySQL://localhost:3306/ stu_edu?characterEncoding =
UTF - 8&serverTimezone = GMT&useSSL = false" ,"root","root");
            if (conn != null)              //检查连接对象
            { Statement stmt = conn.createStatement();
                stmt.executeUpdate("INSERT student(stu_id, name, gender, major, phone)
VALUES ('2020060071','谭广强','男','计算机科学与技术','18917123449')");
                    conn.close();
            }
        }
    catch (SQLException ex) {
            System.out.println("SQLException: " + ex.getMessage());
```

```
                ex.printStackTrace();
            }
    catch (Exception ex) {
                System.out.println("Exception: " + ex.getMessage());
                ex.printStackTrace();
            }
        }
    }
```

在例15-2中，使用INSERT student(stu_id,name,gender,major,phone) VALUES ('2020060071','谭广强','男','计算机科学与技术','18917123449')向student表中添加了一条记录。这个程序一旦执行成功，学号为2020060071的同学就在student表中存在了。如果再运行这个程序，就会报Duplicate entry '2020060071' for key 'student.PRIMARY'的错误，这是因为stu_id是主键，不允许有两条记录相同的主键值，这样设置是为了保证数据库中的数据正确性。

在该例中，插入数据库表中的数据都是字符串常量：('2020060071','谭广强','男','计算机科学与技术','18917123449')。如果这些值事先存储在变量中，需要先把变量的值取出来，通过字符串运算形成一个正确的SQL字符串。例15-3展示了如何从变量中取值并形成一个SQL字符串temp。

【例15-3】 从键盘上输入一名学生的信息并添加到student表中。

```
import java.sql.*;
import java.util.Scanner;
public class Example15_3 {
    public static void main (String args[])
    {
        String id,name,gender,major,phone;
        String temp;
        Scanner sc = new Scanner(System.in);
        System.out.println(请输入一名学生的信息:"学号  姓名  性别  专业  电话");
        id = sc.next();
        name = sc.next();
        gender = sc.next();
        major = sc.next();
        phone = sc.next();
        Connection conn = null;
        temp = "INSERT student(stu_id, name, gender, major, phone) VALUES (";
        temp += "'" + id + "',";
        temp += "'" + name + "',";
        temp += "'" + gender + "',";
        temp += "'" + major + "',";
        temp += "'" + phone + "')";
        System.out.println(temp);                //控制台显示SQL语句
        try
          {conn = DriverManager.getConnection ( " jdbc: MySQL://localhost: 3306/stu _ edu?
characterEncoding = UTF - 8&serverTimezone = GMT&useSSL = false" ,"root","root");
            if (conn != null)                    //检查连接对象
            { Statement stmt = conn.createStatement();
```

```
                stmt.executeUpdate(temp);
                conn.close();
                System.out.println("操作成功");
            }
        } catch (SQLException ex) {
            System.out.println("SQLException: " + ex.getMessage());
            ex.printStackTrace();
        } catch (Exception ex) {
            System.out.println("Exception: " + ex.getMessage());
            ex.printStackTrace();
        }
    }
}
```

如下为本程序的一次运行结果。运行程序，程序等待输入一名学生的信息，temp 存放 SQL 字符串。在向 student 表中插入记录之前，使用 System.out.println(temp)在控制台显示了完整的 SQL 字符串，以检查是否正确形成了 SQL 字符串。

```
请输入一个学生的信息：学号  姓名  性别  专业  电话
202113023  周易  男  网络工程 15912345679
INSERT student(stu_id,name,gender,major,phone)VALUES('202113023','周易','男','网络工程',
'15912345678')
操作成功
```

15.6.2 数据库记录的修改与删除

例 15-4 展示了如何修改数据库中的记录。程序中，使用 UPDATE student SET phone='" + newPhone + "' WHERE name='王益昆'"实现对王益昆电话号码的修改。

【例 15-4】 修改数据库中的记录，更新“王益昆”的电话。

```
import java.sql.*;
public class Example15_4 {
    public static void main(String args[]) {
        Connection conn = null;
        String newPhone = "18912345678";
        try {
            conn = DriverManager.getConnection("jdbc:MySQL://localhost:3306/stu_edu?
            characterEncoding = UTF - 8&serverTimezone = GMT&useSSL = false" ,"root","root");
            if (conn != null) {
                Statement stmt = conn.createStatement();
                String temp = "UPDATE student SET phone = '
                            " + newPhone + "' WHERE name = '王益昆'";
                stmt.executeUpdate(temp);
                conn.close();
                System.out.println("电话号码已经修改");
```

```
            }
        }
    catch (SQLException ex) {
                System.out.println("SQLException: " + ex.getMessage());
                ex.printStackTrace();
        } catch (Exception ex) {
                System.out.println("Exception: " + ex.getMessage());
                ex.printStackTrace();
        }
    }
}
```

如果要删除满足某种条件的记录，只需要构建含有 DELETE 的字符串 temp，然后调用 stmt.executeUpdate(temp)操作即可。例如，如果要删除 student 表中的 gender 为“女”的同学，可以按如下的方式构建操作语句。

```
String temp = "DELETE from student WHERE gender = '女'";
stmt.executeUpdate(temp);
```

15.7 综合应用举例

本节以学生信息、课程信息与学生学习成绩管理为应用背景，使用 GUI 设计程序的用户界面，通过 Java 代码访问数据库中的记录，交互式实现对数据库的增、删、改与展示。

学生成绩管理系统程序的编程实现要求有如下 3 条。

(1) 使用 GUI 进行界面设计。

(2) 学生信息与学生成绩存在数据库中。

(3) 实现学生信息、课程信息与学生学习成绩的输入、修改、查找、增加、删除。

15.7.1 数据库设计

本应用的数据库中有 3 张表，分别是 student(stu_id、name、gender、major、phone)、course(course_id、course_name、major、credits、semester、class_hour)、score_list(course_id、course_name、stu_id、gdate、grade)。在本章前面的介绍中，这些表都已在 stu_edu 数据库中建好，可直接使用。

15.7.2 功能界面设计

图 15-22(a)是主界面，图 15-22(b)是功能菜单的设计界面。图 15-23(a)、(b)分别给出了学生信息录入与单击“提交”按钮后的界面设计。图 15-24 是学生信息的显示页面，这里采用 JTable 组件显示学生信息。

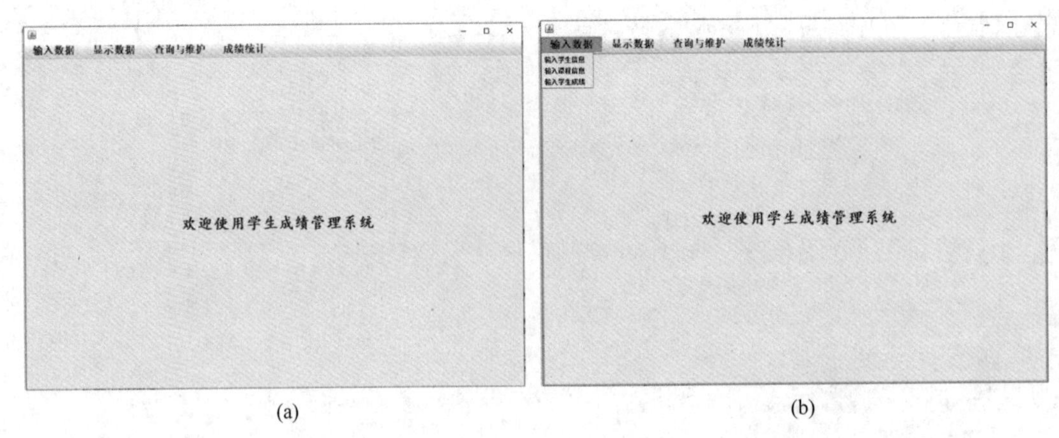

(a) (b)

图 15-22 主界面与功能菜单

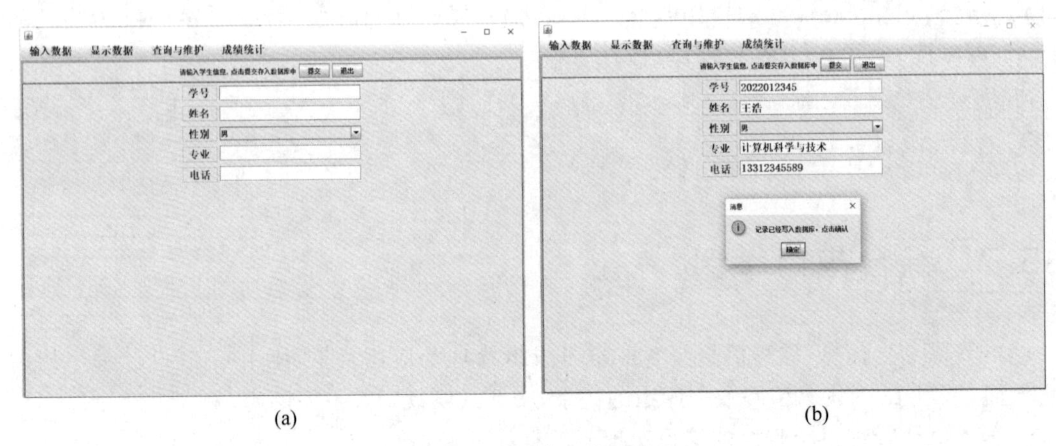

(a) (b)

图 15-23 学生信息输入界面

输入数据 显示数据 查询与维护 成绩统计

双击可隐藏空白 退出

学号	姓名	性别	专业	电话
2000212322	李平	男	计算机科学与技术	18912342376
2000221223	张文华	男	计算机科学与技术	15823462536
2020060071	谭广强	男	计算机科学与技术	18917123449
2022012345	王浩	男	计算机科学与技术	13312345589

图 15-24 学生信息的显示页面

15.7.3　主要类设计

根据上面的设计，程序中的主要类有主页面 MainGUI、欢迎页面 WelcomeJPanel、学生信息输入页面 StudentInputJPanel 与 InputJPanel、学生信息显示页面 StudentTable。程序中的其他功能这里没有给出设计，读者可以参考上面的设计自行完成。

15.7.4　代码实现

学生成绩管理系统程序的代码实现如下。

```
import java.sql.*;
import javax.swing.*;
import javax.swing.border.LineBorder;
import java.awt.*;
import java.awt.event.*;

public class Example15_4 {
    public static void main(String[] args) throws SQLException, ClassNotFoundException {
        MainGUI frame = new MainGUI();
        frame.setSize(1000,700);
        frame.setVisible(true);
        frame.setLocation(250,100);
    }
}
class MainGUI extends JFrame implements ActionListener {
  JMenuBar mbar = null;
  JMenu menu1,menu2,menu3,menu4;
  String itemString[][] = {{"输入学生信息","输入课程信息","输入学生成绩"},{"显示学生信息","显示课程信息","显示学生成绩"},{"查询并修改学生信息","查询并修改课程信息","查询并修改学生成绩"}};
  JMenuItem [][] item;
  Font font = new Font("宋体",Font.BOLD, 20);
  JPanel jp = new JPanel(new BorderLayout());
  public MainGUI()
  {
      mbar = new JMenuBar();
      menu1 = new JMenu(" 输入数据 ");
      menu2 = new JMenu(" 显示数据 ");
      menu3 = new JMenu(" 查询与维护 ");
      menu4 = new JMenu(" 成绩统计 ");
      mbar.add(menu1);
      mbar.add(menu2);
      mbar.add(menu3);
      mbar.add(menu4);
      menu1.setFont(font);
      menu2.setFont(font);
      menu3.setFont(font);
      menu4.setFont(font);
      item = new JMenuItem[3][3];
      for (int i = 0;i < 3;i++)
          for (int j = 0;j < 3;j++) {
```

```
                item[i][j] = new JMenuItem(itemString[i][j]);
                item[i][j].addActionListener(this);
                if (i == 0)
                    menu1.add(item[i][j]);
                else if (i == 1)
                    menu2.add(item[i][j]);
                else
                    menu3.add(item[i][j]);
            }
        jp = new WelcomeJpanel();
        this.add(mbar,"North");
        this.add(jp,"Center");
        this.setVisible(true);
    }
    public void actionPerformed(ActionEvent e){

        if (e.getSource() == item[0][0]){
            this.remove(jp);
            jp = new StudentInputJPanel();
            jp.setBorder(new LineBorder(Color.lightGray, 3));
            this.add(jp,"Center");
            this.setVisible(true);
        }
        else if (e.getSource() == item[1][0]){
            this.remove(jp);
              jp = new StudentTable();
            jp.setBorder(new LineBorder(Color.lightGray, 3));
            this.add(jp,"Center");
            this.setVisible(true);
            }
    }

}
class WelcomeJpanel extends JPanel{
    JLabel welcomeText = new JLabel(" 欢迎使用学生成绩管理系统",JLabel.CENTER);
    public WelcomeJpanel(){

        welcomeText.setFont(new Font("楷体",Font.BOLD, 30));
        welcomeText.setForeground(Color.blue);
        this.setLayout(new BorderLayout());
        this.add(welcomeText,"Center");
    }
}
class StudentInputJPanel extends JPanel implements ActionListener{
    JPanel jp1;
    InputJPanel jp2;
    JTextField [] value = new JTextField[5];
    Font font = new Font("宋体",Font.BOLD, 20);
    JButton submit = new JButton("提交");
    JButton exit = new JButton("退出");
    public StudentInputJPanel(){
        super();
        jp1 = new JPanel();
```

```
        jp1.setBorder(new LineBorder(Color.cyan, 2));
        jp1.add(new JLabel("请输入学生信息，单击提交存入数据库中",JLabel.CENTER));
        jp1.add(submit);
        jp1.add(exit);
        submit.addActionListener(this);
        exit.addActionListener(this);
        jp2 = new InputJPanel(value);
        jp2.setBorder(new LineBorder(Color.darkGray, 1));
        this.setLayout(new BorderLayout());
        this.add(jp1,"North");
        this.add(jp2,"Center");

    }

    @Override
    public void actionPerformed(ActionEvent e) {
      String[] record = new String[5];
      if (e.getSource() == submit) {
          for (int i = 0; i < 5; i++) {
              if(i == 2)
                  record[i] = jp2.comboBox.getSelectedItem().toString();
              else
                      record[i] = value[i].getText();
               System.out.println(record[i] + " ");     //显示在控制台上
          }

          boolean ok = writeStudent(record);          //record 数组中的内容写入数据库
          if (ok) {
              JOptionPane.showMessageDialog(jp2, "记录已经写入数据库,单击确认");
              for (int i = 0; i < 5; i++) {
                  if (i != 2) value[i].setText("");
              }
          }
        }
      else {
          jp1.setVisible(false);
          jp2.setVisible(false);
          this.removeAll();
          this.add(new WelcomeJpanel(),"Center");
          this.setVisible(true);
      }
    }
    boolean writeStudent(String[] rd){
          Connection conn = null;
                try
                { conn = DriverManager.getConnection("jdbc:mysql://localhost:3306/stu_
edu?characterEncoding = UTF - 8&serverTimezone = GMT&useSSL = false" ,"root","root");
                  if (conn != null)
                  {  Statement stmt = conn.createStatement();
                      //这里可以先用 stu_id 到数据库中查询该学生的记录是否已经存在,如
                      //果已存在,则跳过下面的 INSERT 语句
                       stmt.executeUpdate("INSERT student(stu_id, name, gender, major,
phone) VALUES ('" + rd[0] + "','" + rd[1] + "','" + rd[2] + "','" + rd[3] + "','" + rd[4] + "')");
```

```
                    conn.close();
                    return true;
                }
            } catch (SQLException ex) {
                System.out.println("SQLException: " + ex.getMessage());
                ex.printStackTrace();
            } catch (Exception ex) {
                System.out.println("Exception: " + ex.getMessage());
                ex.printStackTrace();
            }
            return false;
    }


}
class StudentTable extends JPanel implements ActionListener{
    JPanel jp1;
    JScrollPane jp2;

    Font font = new Font("宋体", Font.BOLD, 20);
    JButton exit = new JButton("退出");
    String[] columName = {" 学号 "," 姓名 "," 性别 "," 专业 "," 电话"};
    String data[][] = new String[1000][5];
    JTable table;
    public StudentTable() {
        super();
        jp1 = new JPanel();
        jp1.setBorder(new LineBorder(Color.cyan, 2));
        jp1.add(new JLabel("学生信息表", JLabel.CENTER));
        jp1.add(exit);
        exit.addActionListener(this);
        readData(data);                    //读取数据库中的数据,存入 data 数组
        table = new JTable(data,columName);
        jp2 = new JScrollPane(table);
        jp2.setBorder(new LineBorder(Color.darkGray, 1));
        this.setLayout(new BorderLayout());
        this.add(jp1, "North");
        this.add(jp2, "Center");

    }
    void readData(String[][] data){
        Connection conn = null;
        ResultSet rSet;
        int i = 0;
        try
          { conn = DriverManager.getConnection ( " jdbc: mysql://localhost: 3306/stu _ edu?
characterEncoding = UTF - 8&serverTimezone = GMT&useSSL = false" ,"root","root");
            if (conn != null)
            { Statement stmt = conn.createStatement();
                //这里可以先用 stu_id 到数据库中查询该学生的记录是否已经存在,如果
                //已存在,则跳过下面的 INSERT 语句
                rSet = stmt.executeQuery("SELECT * FROM student ");
                while (rSet.next())
```

```
                {
                    for (int colNum = 1; colNum <= 5; colNum++)
                    { String text = rSet.getString(colNum);
                        data[i][colNum - 1] = text;
                    }
                    i++;
                }
                conn.close();
                }
        } catch (SQLException ex) {
            System.out.println("SQLException: " + ex.getMessage());
            ex.printStackTrace();
        } catch (Exception ex) {
            System.out.println("Exception: " + ex.getMessage());
            ex.printStackTrace();
        }
    }

    @Override
    public void actionPerformed(ActionEvent e) {
        jp1.setVisible(false);
        jp2.setVisible(false);
        this.removeAll();
        this.add(new WelcomeJpanel(),"Center");
        this.setVisible(true);
    }
}
class InputJPanel extends JPanel{
    String[] term = {" 学号 "," 姓名 "," 性别 "," 专业 "," 电话"};
    Font font = new Font("宋体",Font.BOLD, 20);
    JTextField text;
    String[] choice = {"男","女"};
    public JComboBox comboBox = new JComboBox(choice);;
    public InputJPanel(JTextField [] value){

        Box tBox = Box.createVerticalBox();
        Box vBox = Box.createVerticalBox();
        tBox.setFont(font);
        vBox.setFont(font);
        for (int i = 0;i < 5;i++)
        { if (i == 2){
            text = new JTextField(" 性别 ");
            text.setEditable(false);
            text.setFont(font);
            tBox.add(text);
            vBox.add(comboBox);

            }
            else{
            text  =  new JTextField(term[i]);
            text.setEditable(false);
            text.setFont(font);
            tBox.add(text);
```

```
                value[i] = new JTextField(25);
                value[i].setFont(font);
                vBox.add(value[i]);

                }
                tBox.add(Box.createVerticalStrut(10));
                vBox.add(Box.createVerticalStrut(10));
            }

            this.setBorder(new LineBorder(Color.darkGray, 1));
            this.add(tBox);
            this.add(vBox);

        }
    }
```

该程序只实现了菜单中的部分功能，读者可以参考这些代码来完成其他功能。

习题

1. 什么是数据库系统？数据库系统的主要功能有哪些？

2. SQL 的作用是什么？给出 SQL 的创建表、查询、插入、更新表的语法格式。

3. 访问关系数据库的 JDBC API 由哪个包提供？它包含几个主要的接口？

4. MySQL 数据库系统为 Java 程序提供的驱动包是什么？该驱动包是 Java JDK 自带的吗？

5. 在 IDEA 项目中添加 MySQL 数据库驱动程序的目的是什么，如何添加？

6. 说明通过 JDBC 访问数据库的一般步骤。

7. 说明 JDBC 接口中 DriverManager、Connection、Statement 与 ResultSet 的主要功能。

8. ResultSet 中包含什么？如何遍历其中的每条记录？给出获取每条记录中各属性值的方法。

9. 访问数据库前，需要先建立连接，建立连接时需要提供哪些参数？如何创建连接对象？

10. 在 MySQL Workbench 数据库管理平台中创建一个 bank 数据库，该数据库中有两张表。

(1) customer(账户、姓名、地址、电话、密码)。

(2) account(账户、日期、存取款金额、余额)。

要求：

① 创建这两张表。

② 向这两张表中添加若干条记录。

③ 查询一次存款或取款金额大于 1 万元的客户。

④ 显示所有客户的余额。

11. 参考 15.7 节中的设计，使用图形用户界面与 Java JDBC 实现习题 10 的功能。

参考文献

[1] 相洁，呼克佑. Java 语言程序设计[M]. 北京：人民邮电出版社，2013.

[2] 耿祥义，张跃平. Java 程序设计实用教程[M]. 2 版. 北京：人民邮电出版社，2015.

[3] 沈泽刚，秦玉平. Java 语言程序设计[M]. 2 版. 北京：清华大学出版社，2017.

[4] 沈泽刚，伞晓丽. Java 语言程序设计题解与实验指导[M]. 2 版. 北京：清华大学出版社，2017.

[5] 李荣，段新娥. Java 语言程序设计实验指导与习题解答[M]. 北京：人民邮电出版社，2014.

[6] HORSTMANN C S. Java 核心技术基础知识：卷 I[M]. 林琪，苏钰涵，等译. 北京：机械工业出版社，2019.

[7] HORSTMANN C S. Java 核心技术高级特性：卷 II[M]. 林琪，苏钰涵，等译. 北京：机械工业出版社，2019.

[8] LIANG Y D. Java 语言程序设计[M]. 李娜，译. 北京：机械工业出版社，2011.

[9] JDK 20 Documentation[EB/OL]. [2023-07-17]. https://docs.oracle.com/javase/8/docs/api/index.html.

图书资源支持

感谢您一直以来对清华版图书的支持和爱护。为了配合本书的使用，本书提供配套的资源，有需求的读者请扫描下方的"书圈"微信公众号二维码，在图书专区下载，也可以拨打电话或发送电子邮件咨询。

如果您在使用本书的过程中遇到了什么问题，或者有相关图书出版计划，也请您发邮件告诉我们，以便我们更好地为您服务。

我们的联系方式：

地　　址：北京市海淀区双清路学研大厦 A 座 714

邮　　编：100084

电　　话：010-83470236　010-83470237

客服邮箱：2301891038@qq.com

QQ：2301891038（请写明您的单位和姓名）

资源下载：关注公众号"书圈"下载配套资源。

资源下载、样书申请

书圈

图书案例

清华计算机学堂

观看课程直播